東華書局

考試用書
IFRS 2013

會計學
歷屆考題詳解

徐惠慈　編著

新月圖書

國家圖書館出版品預行編目資料

會計學歷屆考題詳解．2013 / 徐惠慈著．-- 初版．
-- 臺北市：新月圖書，民 101.10

560 面；19x26 公分

ISBN 978-986-88913-0-2 (平裝)

1. 會計學 2. 問題集

495.1022　　　　　　　　　　101021792

版權所有．翻印必究

中華民國一○一年十一月初版

2013　IFRS
會計學 歷屆考題詳解

（外埠酌加運費匯費）

著　者	徐　　惠　　慈
發 行 人	卓　劉　慶　弟
出 版 者	新月圖書股份有限公司
	臺北市重慶南路一段一四三號三樓
	電話：(02)2331-7856
	傳真：(02)2331-7321
	郵撥：1077573-8
	網址：www.tunghua.com.tw
直營門市 1	臺北市重慶南路一段七十七號一樓
	電話：(02)2371-9311
直營門市 2	臺北市重慶南路一段一四七號一樓
	電話：(02)2382-1762

作者簡歷：

徐 惠 慈

現任：東吳大學會計學系專任講師

東吳大學會計學研究所碩士
裴陶裴榮譽學會會員
73年會計師考試第三名及格
71年高考會計審計人員第一名
71年普考會計審計人員第三名
內部稽核師(CIA)考試及格
國營事業會計處主管綜合帳務
東吳大學會計學系兼任講師

自　序

願以此書

獻給我最親愛的媽媽！

以及紀念最懷念的爸爸！

　　我國行政院金融監督管理委員於民國98年5月14日宣布，我國財務會計準則將以「直接採用」(不再制定我國自用的會計準則)的方式與國際財務報導準則(IFRS)接軌，我國企業並自民國102年起分階段採用國際財務報導準則。

　　考選部為因應我國將於民國102年起分階段採用國際財務報導準則(IFRS)，發布國家考試之會計學相關考科(中級會計學、會計學及會計學概要)的考試大綱，**並自今年**(民國101年)**起適用，全面改考國際財務報導準則(IFRS)之規定**；此項變革將影響眾多須考會計學相關考科之考生。

　　目前坊間極少有完全以國際財務報導準則(IFRS)為內容的會計學題庫，為使讀者能有一套以國際財務報導準則(IFRS)為內容的會計學題庫練習，本人以我國民國95年至101年之**普考**(會計學概要)、**初等特考**(會計學大意)、民國95年至100年(未納入民國101年之考題，係因為至截稿尚未考試)之**地方四等特考**(會計學概要)及**地方五等特考**(會計學大意)之所有考題(必要時並予以改編)，依主題按章節分類、詳解所有題目；本書特色為：

1. 每章均有加註「重點提示」。
2. **依國際財務報導準則(IFRS)之規定列示解題過程。**

3. 若原題已不符合國際財務報導準則(IFRS)之規定,則予以改編;若無法改編,會註明不適用之原因。

4. 除詳解所有的計算題及分錄題之外,**亦詳解選擇題,一般的題庫書籍並未列示選擇題的詳解過程,都只列示考選部公布的答案,相信本書此部分必對讀者有重大助益。**

5. 選擇題部分,除說明正確選項及補充國際財務報導準則(IFRS)相關規定之外,對於錯誤的選項也會分析及說明錯誤之處,可使讀者能舉一反三,並能應付變化題。

　　筆者撰寫本書,已力求內容正確與完整,若有疏漏及錯誤之處,請各位先進見諒並不吝指正,使本書更臻完善,嘉惠更多學子與讀者。非常感謝東華書局給予本書出版的機會。

徐惠慈　民國 101 年 10 月

考選部公布 (民國101年1月1日起適用)
國家考試　會計學科目　命題大綱

　　考選部因應國際財務報導準則(IFRS)之適用，公告普考及相當特種考試四等考試「會計學概要」科目命題大綱(民國101年1月1日起適用)，資料如下：

資料來源：考選部網站

命　題　大　綱
101年起國際會計準則(IFRS)納入公務人員高、普、特考會計相關科目命題範圍，但IFRS 9不列入考試試題範圍。
自民國101年起，試題如涉及財務會計準則規定，其作答以當次考試上一年度經行政院金融監督管理委員會認可之國際財務報導準則正體中文版〔包括財務報表編製及達之架構(Framework for the Preparation and Presentation of Financial Statements)、國際財務報導準則(IFRS)、國際會計準則(IAS)、國際財務報導解釋(IFRIC)及解釋公告(SIC)等〕之規定為準。另配合該會延後實施IFRS 9「金融工具」，IFRS 9不列入考試試題範圍。

會計學概要

(普通考試及地方四等考試)

適　用　考　試　名　稱	適用考試類科
公　務　人　員　普　通　考　試	財稅行政、金融保險、會計、審計
特種考試地方政府公務人員考試 四等考試	財稅行政、會計、審計
公務人員特種考試原住民族考試 四等考試	財稅行政、會計、外交行政人員
公務人員特種考試身心障礙人員考試 四等考試	財稅行政、金融保險、會計、審計
特種考試退除役軍人轉任公務人員考試 四等考試	會計
公務人員特種考試外交領事人員外交行政人員及國際新聞人員考試 四等考試	外交行政人員
公務人員特種考試關務人員考試 四等考試	關稅會計
公務人員特種考試稅務人員考試 四等考試	財稅行政
特種考試交通事業鐵路人員考試員級考試	會計
專業知識及核心能力	一、了解會計學的基本概念。 二、了解收入認列點與稅法規定銷售憑證開立時點之不同。 三、了解稅法與會計學對會計事項處理上的差異。 四、了解會計處理程序的實際操作。 五、了解會計理論新的原則。

命 題 大 綱

一、會計處理程序

　　（一）會計循環

　　（二）分錄與日記簿

　　（三）過帳與總分類帳

　　（四）試算與試算表

　　（五）會計基礎與期末調整

　　（六）結帳

　　（七）財務報導及財務報表

　　　　1. 財務狀況表

　　　　2. 綜合損益表

　　　　3. 現金流量表

　　　　4. 權益變動表

　　　　5. 附註

二、買賣業會計

　　（一）銷貨收入的會計處理

　　（二）進貨的會計處理

　　（三）營業稅的會計處理

　　（四）銷貨成本的計算

三、商品存貨與銷貨成本
　（一）存貨數量的決定
　　　　1. 定期盤存制（實地盤存制）
　　　　2. 永續盤存制（帳面結存制）
　（二）存貨成本之流動假設
　　　　1. 個別認定法
　　　　2. 先進先出法
　　　　3. 加權平均法
　（三）期末存貨之衡量
　（四）存貨之估計
　　　　1. 毛利法
　　　　2. 零售價法

四、現金與銀行存款
　（一）現金定義及內涵
　（二）現金的控制
　（三）銀行存款調節表
　（四）零用金

五、應收款項
　（一）應收款項的分類
　（二）應收帳款的認列
　　　　1. 壞帳的估計
　　　　2. 壞帳的會計處理
　（三）應收帳款的評價
　（四）應收票據的評價與會計處理
　（五）應收票據貼現

六、不動產、廠房及設備、遞耗資產（天然資源）及無形資產
　　（一）不動產、廠房及設備的成本
　　（二）折舊的意義及方法
　　（三）資本支出與收益支出
　　（四）不動產、廠房及設備的處分
　　（五）天然資源的成本與折耗
　　（六）無形資產成本的決定與攤銷（攤提）

七、流動負債及或有事項
　　（一）流動負債的意義
　　（二）流動負債的評價
　　（三）確定負債
　　（四）負債準備與或有事項

八、長期負債
　　（一）長期負債的內容與衡量
　　（二）應付公司債的會計處理
　　（三）應付公司債的清償及轉換

九、合夥會計
　　（一）合夥組織型態
　　（二）合夥組織的基本會計處理
　　（三）合夥損益的分配
　　（四）合夥人入夥與退夥
　　（五）合夥組織的清算

十、股東權益（公司會計）

　　（一）股東權益的內容

　　（二）股份的種類與發行

　　（三）庫藏股票

　　（四）股本發行與庫藏股票的會計處理

　　（五）每股帳面價值

　　（六）盈餘與保留盈餘

　　（七）普通股每股盈餘

　　（八）股利的種類及會計處理

　　（九）股票分割

　　（十）前期損益調整

十一、投資

　　（一）金融資產的分類

　　（二）金融資產的衡量與損益認列

　　（三）長期股權投資—權益法

　　（四）金融資產除列

　　（五）投資性不動產

十二、現金流量表

　　（一）現金流量表之目的與內容

　　（二）現金流量表之編制

十三、財務報表分析

　　（一）財務報表分析的意義

　　（二）水平分析

　　（三）垂直分析

　　（四）比率分析

　　（五）財務報表分析的限制

十四、製造業會計
  （一）製造業的部分財務報表
    1. 損益表
    2. 製造成本表及銷貨成本表
  （二）製造成本會計循環
  （三）製造業財務分析（損益兩平點…等）

備註	一、表列命題大綱為考試命題範圍之例示，實際試題仍可命擬相關之綜合性試題。 二、自民國101年起，試題如涉及財務會計準則規定，其作答以當次考試上一年度經行政院金融監督管理委員會認可之國際財務報導準則正體中文版〔包括財務報表編製及表達之架構(Framework for the Preparation and Presentation of Financial Statements)、國際財務報導準則(IFRS)、國際會計準則(IAS)、國際財務報導解釋(IFRIC)及解釋公告(SIC)等〕之規定為準。 三、配合行政院金融監督管理委員會延後實施IFRS 9「金融工具」，IFRS 9不列入考試試題範圍。

專門職業及技術人員普通考試記帳士考試專業科目命題大綱

專業科目數	共計4科目
業務範圍及核心能力	一、受委任辦理營業、變更、註銷、停業、復業及其他登記事項。 二、受委任辦理各項稅捐稽徵案件之申報及申請事項。 三、受理稅務諮詢事項。 四、受委任辦理商業會計事務。 五、其他經主管機關核可辦理與記帳及報稅事務有關之事項。 前項業務不包括受委任辦理各項稅捐之查核簽證申報及訴願、行政訴訟事項。

編號	科目名稱	命題大綱
一	會計學概要	一、會計原理及程序 　（一）會計基本概念 　（二）會計科目與原則 　（三）會計程序 　（四）獨資及合夥會計 　（五）公司會計 　（六）服務業及買賣業會計 　（七）會計憑證 　（八）帳簿組織 二、資產處理 　（一）現金、銀行存款及投資 　（二）應收帳款 　（三）存貨 　（四）固定資產及無形資產 三、負債及業主權益處理 　（一）負債 　（二）業主權益 四、製造業會計 五、現金流量表
備註		表列各應試科目命題大綱為考試命題範圍之例示，惟實際試題並不完全以此為限，仍可命擬相關之綜合性試題。

引用「會計科目名稱」之說明

會計科目之設訂為會計制度的重要環節，為配合我國自民國 102 年起將以直接採用方式與國際財務報導準則接軌，我國相關主管機關自民國 100 年陸續修訂發布及公告與會計科目設訂有關之法規及規定，如：

1. 行政院金融監督管理委員會於民國 100 年 12 月 22 日最新發布修正之「證券發行人財務報告編製準則」。
2. 臺灣證券交易所股份有限公司於民國 100 年 9 月 2 日公告修訂之「一般行業會計項目會計科目及代碼」。

因為過去我國發布之財務會計準則均附有釋例，由釋例中可以得知會計科目名稱；但國際財務報導準則較少釋例，即使有釋例，其使用之會計科目僅列示財務報表要素名稱(即資產、負債、權益、收益及費損)。為使與實務使用之會計科目相一致且符合相關法規之規定，**本書使用之會計科目係引用我國行政院金融監督管理委員會於民國 100 年 12 月 22 日最新發布修正之「證券發行人財務報告編製準則」及臺灣證券交易所股份有限公司於民國 100 年 9 月 2 日公告修訂之「一般行業會計項目會計科目及代碼」之相關項目及會計科目名稱。**

「會計用詞」對照表

以下分別列示過去財務會計準則所使用之用詞及適用國際財務報導準則(IFRS)使用之用詞。**本書所引用之題目均直接改為「適用國際財務報導準則使用之用詞」列示，不再個別註明。**

項目	過去財務會計準則所使用之用詞	適用國際財務報導準則使用之用詞
1.	資產負債表	財務狀況表 **補充說明：** 行政院金融監督管理委員會於民國 100 年 7 月 7 日發布修正(最近修正日期為民國 100 年 12 月 22 日)之「證券發行人財務報告編製準則」仍使用「資產負債表」之報表名稱。 本書則比照國際財務報導準則使用「財務狀況表」之報表名稱。
2.	業主權益或股東權益	權益 **補充說明：** 本書部分題目係以公司組織為出題依據，其仍使用「股東權益」之用詞。
3.	期後事項	報導期間後事項
4.	停止營業部門	停止營業單位

項目	過去財務會計準則所使用之用詞	適用國際財務報導準則使用之用詞
5.	純益或本期純益	淨利或本期淨利
6.	公平價值	公允價值
7.	壞帳或呆帳	呆帳
8.	備抵壞帳或備抵呆帳	備抵呆帳
9.	固定資產	不動產、廠房及設備
10.	帳面價值或帳面值	帳面金額
11.	「沖銷」資產或負債	「除列」資產或負債
12.	公平利率	公允利率
13.	產品保證	產品保固
14.	產品保證負債	保固之(短期或長期)負債準備
15.	資本公積－普通股發行溢價	資本公積－普通股股票溢價
16.	長期負債	非流動負債
17.	利息法或有效利率法	有效利息法
18.	金融商品	金融工具
19.	權益商品	權益工具
20.	債務商品	債務工具
21.	交易目的或經常性交易投資	持有供交易之金融資產
22.	備供出售證券投資	備供出售金融資產
23.	持有至到期日證券投資	持有至到期日金融資產
24.	長期股權投資	採用權益法之投資
25.	備供出售證券投資評價損益	備供出售金融資產未實現損益

項目	過去財務會計準則所使用之用詞	適用國際財務報導準則使用之用詞
26.	投資收益(權益法)	採用權益法認列之關聯企業(及合資)利益之份額
27.	投資損失(權益法)	採用權益法認列之關聯企業(及合資)損失之份額
28.	來自融資活動之現金流量	來自籌資活動之現金流量

目　　錄

自　　序

考選部公布（民國 101 年 1 月 1 日起適用）
國家考試會計學科目命題大綱

引用「會計科目名稱」之說明

「會計用詞」對照表

第一章　　會計理論及觀念架構

第二章　　調整分錄與財務報導

第三章　　存貨

第四章　　現金

第五章　　應收款項

第六章　　不動產、廠房及設備

第七章　　遞耗資產、農業、投資性不動產

第八章　　無形資產

第九章　　流動負債、負債準備、或有負債及資產

第十章　　非流動負債

第十一章　股東權益

第十二章　投資

第十三章　現金流量表

第十四章　財務報表比率及分析

第十五章　合夥

第十六章　製造業會計

第一章　會計理論及觀念架構

重點提示：

- 我國接軌國際財務報導準則之政策

  我國財務會計準則將以「**直接採用**」的方式與國際財務報導準則接軌，**並自 2013 年起分階段採用國際財務報導準則**。

- 國際財務報導準則(以下簡稱 IFRS)之沿革

  1. 1973 年成立國際會計準則委員會(International Accounting Standards Committee，縮寫為 IASC)。

  2. 2001 年國際會計準則委員會(IASC)改組，並將國際會計準則委員會(IASC)更名為**國際會計準則理事會**(International Accounting Standards Board，縮寫為 IASB)。

  3. 1973 年起至改組前(2001 年)，國際會計準則委員會(IASC)所發布的準則為國際會計準則(International Accounting Standards，縮寫為 IAS)。自 2001 年起，國際會計準則理事會(IASB)所發布的準則為國際財務報導準則(IFRS)。除非國際會計準則理事會(IASB)所發布的準則修正或廢止之前的國際會計準則(IAS)，其仍具效力。

  本書原則上將以「國際財務報導準則」一詞為國際財務報導準則(IFRS)及國際會計準則(IAS)之通稱。

- 我國適用國際財務報導準則之**版本**

  依我國考選部公布會計學考科之命題大綱，自民國 101 年起，試題如涉及財務會計準則規定，**其作答以當次考試上一年度經行政院金融監督管理委員會認可之國際財務報導準則正體中文版之規定為準**(目前為 2010 年版，IAS 39「金融工具：認列與衡量」因配合 IFRS 9「金融工具」延後實施，則為 2009 年版)。**故我國適用國際財務報導準則之版本為 2010 版(IAS 39「金融工具：認列與衡量」為 2009 年版)。**

● (2010 年版)國際財務報導準則之觀念架構中的品質特性
  1. 主要品質特性為「可了解性」、「攸關性」、「可靠性」及「可比性」。
  2. 攸關性之組成成分為「預測價值」及「驗證性」。
  3. 可靠性之組成成分為「忠實表述」、「實質重於形式」、「中立性」、「審慎性」及「完整性」。
  4. 限制條件為「時效性」及「效益與成本之均衡」。

● 補充：(2011 年版)國際財務報導準則之觀念架構中的品質特性
  1. 基本品質特性為「攸關性」及「忠實表述」。
  2. 攸關性之組成成分為「預測價值」及「確認價值」。
  3. 忠實表述之組成成分為「完整」、「中立」及「免於錯誤」。
  4. 資訊若要有用，必須兼具「攸關性」及「忠實表述」。
  5. 強化性品質特性為「可比性」、「可驗證性」、「時效性」及「可了解性」。國際財務報導準則說明強化性品質特性應儘可能予以最大化。
  6. 限制為「成本」。

● 會計假設
  1. 會計假設為一般會計理論及實務能夠運作而須存有的假設前提。
  2. **一般會計假設有繼續經營假設、經濟個體假設、會計期間假設及貨幣單位假設。**
  3. 國際財務報導準則之觀念架構僅列入(2011 版)「繼續經營個體」之基本假設(2010 年版則有「繼續經營個體」及「應計基礎」)二項基本假設)，並未明列其他假設項目；但經濟個體假設、會計期間假設及貨幣單位假設為會計理論及實務能夠運作而須存在的三項假設。

● 財務報表之要素
  財務報表要素包括**資產、負債、權益、收益**(包括收入及利益)**及費損**(包括費用及損失)。

【100年普考試題】

1.【依 IAS 或 IFRS 改編】借貸法則下，下列何者交易之分錄不成立？
(1)資產增加與收益增加　　　　　(2)資產增加與負債減少
(3)資產增加與權益增加　　　　　(4)資產減少與費用增加

答案：(2)

✎補充說明：

所謂借貸法則係指「分錄有借必有貸，借貸必相等」，本題須選擇該選項之交易的分錄並非有借、有貸者，分析如下：

1. 選項(1)：資產增加與收益增加，表示「借記」資產並「貸記」收益，此交易之分錄為一借一貸，是可以成立的。
2. 選項(2)：資產增加與負債減少，表示「借記」資產並「借記」負債，**此交易之分錄均為借記，是不成立的；故答案為本選項。**
3. 選項(3)：資產增加與權益增加，表示「借記」資產並「貸記」權益，此交易之分錄為一借一貸，是可以成立的。
4. 選項(4)：資產減少與費用增加，表示「借記」費用並「貸記」資產，此交易之分錄為一借一貸，是可以成立的。

【99年初等特考試題】

1.【本題僅適用(2010年版)「財務報表編製及表達之架構」】在接受繼續經營假設的前提下，下列何種原則對財務報表攸關性之減損程度得以降低，並提高可靠性？
(1)收入認列原則　　　　　　　(2)配合原則
(3)充分揭露原則　　　　　　　(4)成本原則

答案：(4)

✎補充說明：

本題答案為選項(4)成本原則，因為以成本入帳，其有交易憑證，具可靠性之品質特性。依(2011年版)「財務報導之觀念架構」之規定，則本題無適當答案，**因為2011年版的觀念架構已無「可靠性」之用詞，而是以「忠實表述」之品質特性涵蓋「可靠性」。**

2.【依 IAS 或 IFRS 改編】企業除編製主要財務報表外，另編製補充報表乃依循會計之：
(1)配合原則
(2)成本原則
(3)忠實表述品質特性
(4)一致性原則

答案：(3)

✎補充說明：
　　原題目之選項(3)為「充分揭露原則」，國際財務報導準則之觀念架構已無「充分揭露原則」的用詞，**其觀念已涵蓋在基本品質特性之一「忠實表述」內**，因為忠實表述之組成成分之一為「完整」，所謂「完整」係指應包括讓使用者了解所欲描述現象所須之所有資訊，包括所有必要之敘述及解釋。

3.在下列那一種會計基礎下，收入與費用最能密切的配合？
(1)現金基礎
(2)改良的現金收付基礎
(3)權責發生基礎(應計基礎)
(4)聯合基礎

答案：(3)

✎補充說明：
　　現行財務會計準則均採權責發生基礎(應計基礎)。

【99年四等地方特考試題】

1.【依 IAS 或 IFRS 改編】企業將資產、負債劃分為流動與非流動二類，係基於：
(1)經濟個體假設
(2)繼續經營假設
(3)會計期間假設
(4)貨幣單位假設

答案：(2)

✎補充說明：
　　資產及負債劃分為流動及非流動是基於「繼續經營假設」；若企業意圖或無法繼續經營時，所有資產均可能需陸續處分，所有負債也將立即償還，就沒有劃分流動及非流動之必要性。

【99 年五等地方特考試題】

1. 【依 IAS 或 IFRS 改編】獨資企業的業主雖然在法律上對企業的負債負有連帶清償責任，但企業的財務報表不得將業主個人的資產、負債列入，此係基於：
(1)繼續經營假設　　　　　　　　(2)會計期間假設
(3)重要性原則　　　　　　　　　(4)經濟個體假設

答案：(4)

> ✎補充說明：
>
> 所謂「經濟個體假設」係將企業視為與業主分離的經濟個體，能擁有資源並承擔義務；業主個人的資產、負債不得與其所經營企業之資產、負債相混淆，業主個人的交易也應與企業的交易有所劃分。

【98 年普考試題】

1. 【依 IAS 或 IFRS 改編】收入實現原則與配合原則，係基於：
(1)經濟個體假設　　　　　　　　(2)繼續經營假設
(3)會計期間假設　　　　　　　　(4)貨幣單位假設

答案：(3)

> ✎補充說明：
>
> 1. 收入實現原則與配合原則之目的在於使收益(含收入及利益)及費損(含費用及損失)於適當會計期間認列，此係基於會計期間假設。
>
> 2. 「會計期間假設」係為使各決策者能「及時(或即時)」了解企業之各種資訊以做適當的決策，會計上，以人為的方法將企業生命劃分段落以計算損益、編製報表，每一段落稱為會計期間。一般會計期間設定為一年，稱為會計年度。

【98年初等特考試題】

1.【依 IAS 或 IFRS 改編】每一企業的活動，必須與其業主及其他企業的活動分開，並作區隔。此假設稱之為：
(1)貨幣單位假設　　　　　　　　(2)經濟個體假設
(3)繼續經營假設　　　　　　　　(4)會計期間假設

答案：(2)

　　✎補充說明：
　　　　會計假設之說明，請參閱本章之「重點提示」。

【98年四等地方特考試題】

1.【依 IAS 或 IFRS 改編】當業主提取企業現金以繳交個人使用之水電費，而企業將其記錄為水電費時，係違反下列何種假設？
(1)會計期間假設　　　　　　　　(2)貨幣評價假設
(3)繼續經營假設　　　　　　　　(4)企業個體假設

答案：(4)

　　✎補充說明：
　　　　1.會計假設之說明，請參閱本章之「重點提示」。
　　　　2.選項(4)之「企業個體假設」即「經濟個體假設」。

【98年五等地方特考試題】

1.【依 IAS 或 IFRS 改編】下列何者並非一般目的財務報導之目的？
(1)提供有助於企業管理當局提升企業價值之資訊
(2)提供有關報導個體之財務資訊
(3)提供現有投資者、貸款人及其他債權人作決策時有用的資訊
(4)提供潛在投資者、貸款人及其他債權人作決策時有用的資訊

答案：(1)

　　✎補充說明如下：

國際財務報導準則之觀念架構說明，**一般目的財務報導**(此為我國翻譯(2010年版)「財務報表編製及表達之架構」之用詞；我國翻譯(2011年版)「財務報導之觀念架構」改稱為「一般用途財務報導」)**之目的係提供有關報導個體之財務資訊，該資訊對現有及潛在投資者、貸款人及其他債權人於作成有關提供資源予個體(企業)之決策時有用。**

2.配合原則是指何二者相互配合？
(1)資產與負債金額　　　　　　(2)收入與費用認列期間
(3)本期淨利與本期淨損　　　　(4)現金流入與現金流出

答案：(2)

✎補充說明：
　　配合原則之目的在**於使收益(含收入及利益)及費損(含費用及損失)於適當會計期間認列**。

【97年普考試題】

1.企業僱用員工，除認列薪資費用外，尚須認列員工將來退休後之退休金為當期費用，係基於下列何項原則？
(1)配合原則　　　　　　　　　(2)穩健原則
(3)一致性原則　　　　　　　　(4)成本原則

答案：(1)

✎補充說明：
　　退休金係於員工退休後方予支付，**但相關退休金費用須於員工服務期間認列為當期費用，係基於配合原則**，因為員工於服務期間為企業創造 收益 ，其相對應發生的退休金費用也應於當期認列為 費用 。

【97 年初等特考試題】

1. 【依 IAS 或 IFRS 改編】配合原則用於下列何種帳戶之認列基礎？
(1)費用 　　　　　　　　　　　　(2)資產
(3)負債 　　　　　　　　　　　　(4)權益

答案：(1)

✎ 補充說明：

　　配合原則為費用認列的遵循準則，指當某項收益在某一會計期間認列時，所有為創造該項收益之相關成本及費用亦應於同一期間認列。

2. 【依 IAS 或 IFRS 改編】會計恆等式，係指：
(1)毛利＝期初存貨＋進貨成本－期末存貨
(2)淨利＝收入－毛利－營業費用
(3)淨利＝收入－費用
(4)資產＝負債＋權益

答案：(4)

【97 年五等地方特考試題】

1. 【依 IAS 或 IFRS 改編】繼續經營假設在下列何種情況不適用？
(1)企業剛開始營運 　　　　　　　(2)進行清算
(3)公允價值較成本為高 　　　　　(4)變現價值無法取得

答案：(2)

✎ 補充說明：

　　國際財務報導準則之觀念架構說明，財務報表通常係基於個體為一繼續經營個體且於可預見之未來將持續營運之假設編製；若個體有意圖或需要清算或重大縮減其營運規模時，則財務報表可能須按不同基礎編製。

【96年初等特考試題】

1.【依 IAS 或 IFRS 改編】折舊性資產需提列折舊費用是根據：
(1)穩健原則　　　　　　　　　(2)一致性原則
(3)成本原則　　　　　　　　　(4)配合原則

答案：(4)

✎補充說明：

配合原則為費用認列的遵循準則；提列折舊費用是為使該折舊性資產所產生的收益與費用配合。

2.【依 IAS 或 IFRS 改編，本題僅適用(2010 年版)「財務報表編製及表達之架構」】關於財務資訊之品質特性，下列敘述何者正確？
(1)可比性意指不同企業對相同交易事項宜以一致之方法衡量與表達，故同業中所有公司之存貨成本計價方法應加以統一，而不應任由公司自由選擇
(2)一致性並不代表公司永遠不能改變其會計政策
(3)愈具攸關性之資訊，其可靠性較高
(4)時效性愈高之資訊通常愈能可靠性表述其資訊

答案：(2)

✎補充說明：

1.選項(1)：敘述是錯誤的，**因為可比性並不要求統一性**，即並不要求不同企業須採用相同的存貨計價方法。

2.選項(2)：敘述是正確的，企業只要符合國際財務報導準則之規定，**雖然違反一致性，但仍可以改變會計政策**(過去稱為「會計原則變動」)，**故答案為本選項**。

3.選項(3)：敘述是錯誤的，因為愈具攸關性之資訊，其可靠性可能會較低。

4.選項(4)：敘述是錯誤的，因為時效性愈高之資訊，**通常為了提供及時的資訊，可能無法愈可靠性表述其資訊**。

【95年五等地方特考試題】

1.關於成本原則，下列敘述何者為是？
(1)採用成本原則最主要係基於歷史成本較具攸關性之考量
(2)在資產取得日，成本通常等於公允價值
(3)依據成本原則，除非確定應收帳款無法收回，否則不得沖銷
(4)歷史成本係指目前若取得相同或近似資產所須支付之現金金額

答案：(2)

✎補充說明：

1.選項(1)：敘述是錯誤的，因為採用成本原則**主要係基於歷史成本符合忠實表述之品質特性及較具可驗證性**(國際財務報導準則已列入強化性品質特性)**之考量**。

2.選項(2)：敘述是正確的，**故答案為本選項**。

3.選項(3)：敘述是錯誤的，因為沖銷無法收回的應收帳款，**是為忠實表述應收帳款之淨變現價值而非依據成本原則**。

4.選項(4)：敘述是錯誤的，**因為歷史成本為交易時的成交價格**，而非目前若取得相同或近似資產所須支付之現金金額。

第二章　調整分錄與財務報導

重點提示：

- 本章主題
  1. 會計循環。
  2. 調整分錄。
  3. 財務報導內容。
  4. 報導期間後事項(即過去所稱之「期後事項」)。
  5. 結帳分錄。

- 會計循環與憑證、帳簿之關係
  1. **交易分析**：分析交易對於財務報表要素(資產、負債、權益、收益及費損)之影響。

  2. **編製分錄**：編製分錄，記載在**傳票**(此為記帳憑證)。分錄可分為一般交易之分錄、調整分錄及結帳分錄；若企業為改正先前之錯誤分錄所編製的分錄稱為更正分錄。

  3. **登帳**：將傳票之借、貸方會計科目、金額及摘要登錄至**日記簿**之程序，稱為登帳。

  4. **過帳**：將日記簿資料過入**分類帳**(簡化格式，稱為Ｔ字帳)之程序，稱為過帳。過帳的目的在彙總各會計科目於某期間內的變動金額。

  5. **試算**：依據各會計科目的分類帳餘額編製**試算表**，以驗證所有會計科目之餘額借、貸方總金額是否相等。可分為調整前試算表、調整後試算表及結帳後試算表。

  6. **編製財務報表**。

- 國際財務報導準則規定財務報表之種類
  1. 當期期末之**財務狀況表**。
  2. 當期之**綜合損益表**。

     企業應於下列報表表達某一期間所認列的所有收益及費損項目：
     (1) **單一綜合損益表**，或
     (2) **兩張財務報表**：**第一張財務報表為單獨損益表**，列示損益組成部分；**第二張財務報表為綜合損益表**。若企業選擇編製二張財務報表之方式，損益表則為整套財務報表之一部分並應列示於綜合損益表之前。
  3. 當期之**權益變動表**。
  4. 當期之**現金流量表**。
  5. **附註**，包含重大會計政策之彙總說明及其他解釋資訊。

- 國際財務報導準則所稱之「財務狀況表」，**我國行政院金融監督管理委員會**(簡稱「**金管會**」)於民國 100 年 7 月 7 日(最近修正日為民國 100 年 12 月 22 日)發布修正之「證券發行人財務報告編製準則」仍使用「資產負債表」之報表名稱；本書則比照國際財務報導準則使用「財務狀況表」之報表名稱。

- 財務報表之要素

  財務報表要素包括**資產、負債、權益、收益**(包括收入及利益)**及費損**(包括費用及損失)。

- 編製調整分錄須考量之因素

  編製調整分錄須確定交易發生時是採「**記實轉虛**」或「**記虛轉實**」之會計處理。調整分錄之議題亦涉及「**迴轉分錄**」之考量；**迴轉分錄為選擇性的帳務處理**。

- 企業若有發生停業單位損益，國際財務報導準則規定**停業單位之經營績效宜單獨列示於綜合損益表或損益表(如有列報時)中，並分列營業損益及處分損益**。

● 國際財務報導準則**不允許將損益分類為非常損益項目**，即已無非常損益項目之分類及表達。

● 國際財務報導準則**規定會計政策變動(過去稱為「會計原則變動」)均應追溯適用**，即須計算累積影響數並重編以前年度財務報表；累積影響數應列為當年度期初保留盈餘金額之調整數。

● 報導期間後事項之會計處理
  1. 所謂報導期間後事項即過去所稱之「期後事項」，**係指企業於報導期間結束日後至通過發布財務報表日前(即期後期間)發生的所有事項**。
  2. 依國際財務報導準則之規定，**報導期間後事項可分為報導期間後調整事項及非調整事項二種**，說明如下：
     (1) 報導期間後**調整事項**：
         指報導期間後事項的發生，**能提供證據以佐證存在於報導期間結束日之狀況**，而該狀況造成須調整原認列之金額或增加認列原未認列的項目及金額。

     (2) 報導期間後**非調整事項**：
         報導期間後事項的發生，**僅為發生於報導期間後某種狀況之事件**，此為報導期間後非調整事項；於此情況，企業不須調整財務報表已認列之金額；但該事項若屬重大，則應揭露表達。

【101年普考試題】

1. 宜蘭公司新進的會計人員剛編製完成之X2年度損益表如下所示：

宜蘭公司
損益表
X2年

收入		
銷貨淨額	$2,656,000	
其他收入	112,600	$2,768,600
銷貨成本		
進貨淨額	$1,846,800	
存貨增加數	46,400	(1,893,200)
銷貨毛利		$ 975,400
營業費用		
銷售費用	$ 548,400	
管理費用	235,100	(783,500)
稅前淨利		$ 91,900

該損益表經其會計主管覆核後發現下列事項：

(1) 銷貨淨額係銷貨總額$2,830,000扣除銷貨運費$100,000及銷貨退回與折讓$74,000後之餘額。

(2) 其他收入包括進貨折扣$75,000及租金收入$37,600。

(3) 進貨淨額包括進貨總額$1,762,400以及進貨運費$84,400。

(4) 存貨增加數占期初存貨之20%。

(5) 銷售費用包括：銷售人員薪資$264,000、運輸設備折舊$34,000、廣告費$176,400、銷售佣金$74,000，其中銷售佣金為本期付現部分，X2年期初無應付佣金，但X2年期末有應付佣金$16,000尚未入帳。

(6) 費用包括：管理人員薪資$115,200、雜費$13,900、利息費用$6,000、租金費用$100,000。租金費用中有$9,600係為預付X3年度之費用，X2年期初無預付租金。

試作：編製宜蘭公司正確詳細的多站式損益表。

解題：

宜蘭公司
損益表
X2 年

銷貨收入		$2,830,000	
減：銷貨退回及折讓		74,000	
銷貨淨額			$2,756,000
銷貨成本			
期初存貨		232,000	
本期進貨	$1,762,400		
減：進貨折扣	75,000		
加：進貨運費	84,400		
進貨淨額		1,771,800	
可供銷售商品成本		2,003,800	
期末存貨		278,400	1,725,400
銷貨毛利			1,030,600
營業費用			
銷售費用			
銷貨運費	100,000		
銷售人員薪資	264,000		
運輸設備折舊	34,000		
廣告費	176,400		
銷售佣金	90,000	664,400	
管理費用			
管理人員薪資	115,200		
雜費	13,900		
租金費用	90,400	219,500	883,900
營業淨利			146,700
其他收入及費用			
租金收入		37,600	
利息費用		(6,000)	31,600
稅前淨利			$178,300

2.甲公司 X1 年相關資料如下：繼續營業單位稅後淨利$1,800,000，停業單位稅後損失$450,000，龍捲風災害稅後損失$200,000(甲公司所在地之前從未發生過類似災害)，及本期發生存貨成本假設由加權平均法改為先進先出法之會計原則變動，對當期期初保留盈餘產生之稅後累積影響數為$170,000(貸餘)。該公司 X1 年綜合損益表中本期淨利金額為：

(1)$1,150,000　　　(2)$1,320,000　　　(3)$1,350,000　　　(4)$1,520,000

答案：(3)

✎補充說明：

1. 題目所使用之「會計原則變動」用詞，於適用國際財務報導準則時，應使用「會計政策變動」一詞。

2. **國際財務報導準則規定不可以有非常損益項目之表達**，故龍捲風災害稅後損失$200,000 為計算繼續營業單位稅後淨利項目之一，**已包括於繼續營業單位稅後淨利之內，不須再納入計算**，以免重複計算。

3. 題目所述存貨成本假設由加權平均法改為先進先出法之會計原則變動(會計政策變動)，**應列於權益變動表，作為期初保留盈餘之更正項目**。

4. X1 年綜合損益表中本期淨利金額
　　＝繼續營業單位稅後淨利$1,800,000
　　　－停業單位稅後損失$450,000＝$1,350,000

【101 年初等特考試題】

1.備抵呆帳在財務報表上應如何表達？

(1)在財務狀況表上列為資產之減項

(2)在財務狀況表上列為負債之減項

(3)在財務狀況表上列為權益之減項

(4)在綜合損益表上列為費用

答案：(1)

✎補充說明如下：

備抵呆帳(為我國採用之會計科目名稱)**為應收帳款的減項**，應收帳款為資產，故備抵呆帳在財務狀況表上列為資產之減項。

2.年初財務狀況表有預付保險費$6,300，當年度支付保險費$34,000 以預付保險費列記，該年底尚有$5,800 預付保險費未過期，則調整分錄應為：

(1)借：預付保險費$34,500　　　　(2)借：保險費用$5,800

(3)借：預付保險費$5,800　　　　 (4)借：保險費用$34,500

答案：(4)

補充說明：

建議以 T 字帳分析預付保險費會計科目金額之變動，即可求得答案，分析如下：

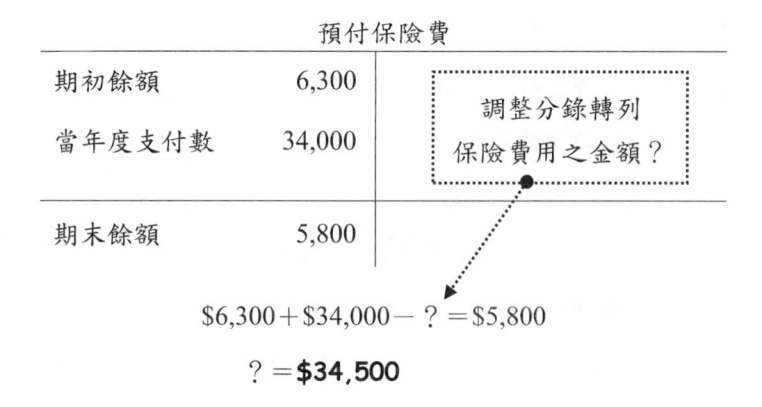

預付保險費

期初餘額	6,300	調整分錄轉列保險費用之金額？	
當年度支付數	34,000		
期末餘額	5,800		

$6,300 + 34,000 - ? = 5,800$

$? = \$34,500$

調整分錄為：

xxxx/12/31	保險費用	34,500	
	預付保險費		34,500

3.甲公司主要經銷商之一於 X2 年 1 月發生火災，導致資金週轉不靈而倒帳，致對該公司 X1 年底之應收帳款$3,000,000 已確定無法收回。甲公司於 X1 年度財務報表中，對此事件應如何處理？

(1)附註揭露

(2)調整入帳

(3)不須調整入帳或附註揭露，但須於 X2 年度調整入帳

(4)不須附註揭露，但須於 X2 年度調整入帳

答案：(1)

✎補充說明：

甲公司之主要經銷商於 X2 年 1 月發生火災，導致資金週轉不靈而倒帳，對甲公司而言發生報導期間後 非調整事項，企業不須調整 X1 年財務報表已認列之金額；但該事項係屬於重大，應予揭露表達。

4.下列何種項目若未做調整分錄會造成負債之高估與收入之低估？
(1)預收收入　　　　　　　　　　(2)預付費用
(3)應收收入　　　　　　　　　　(4)應付費用

答案：(1)

✎補充說明：

本題建議先思考各選項應編製的調整分錄，再分析若未做調整分錄會造成的影響，分析如下：

1.選項(1)，答案為本選項

①應編製的調整分錄：

xxxx/12/31	預收收入	xx,xxx	
	XX收入		xx,xxx

②若未做調整分錄會造成的影響為：

❶未借記預收收入→造成「預收收入」未減少→造成負債未減少→造成負債高估。

❷未貸記XX收入→造成「XX收入」未增加→造成收入低估。

2.選項(2)

①應編製的調整分錄：

xxxx/12/31	XX費用	xx,xxx	
	預付費用		xx,xxx

②若未做調整分錄會造成的影響為：

❶未借記XX費用→造成「XX費用」未增加→造成費用低估。

❷未貸記預付費用→造成「預付費用」未減少→造成資產未減少→造成資產高估。

3.選項(3)

　①應編製的調整分錄：

xxxx/12/31	應收收入　　　　　xx,xxx
	XX收入　　　　　　　　　xx,xxx

　②若未做調整分錄會造成的影響為：

　　❶未借記應收收入→造成「應收收入」未增加→造成資產未增加→**造成資產低估**。

　　❷未貸記XX收入→造成「XX收入」未增加→**造成收入低估**。

4.選項(4)

　①應編製的調整分錄：

xxxx/12/31	XX費用　　　　　　xx,xxx
	應付費用　　　　　　　　xx,xxx

　②若未做調整分錄會造成的影響為：

　　❶未借記XX費用→造成「XX費用」未增加→**造成費用低估**。

　　❷未貸記應付費用→造成「應付費用」未增加→造成負債未增加→**造成負債低估**。

快速解題：

以上解題是完整的解題程序，建議讀者具備能逐項分析的能力，方可應付各種考試的題型變化。以下說明快速解題方法：

①題目是問「造成 負債 之高估與 收入 之低估」，表示該調整分錄會影響「負債」及「收入」；**由此可知答案一定是選項(1)或選項(3)，因為其會影響「收入」**。

②**再決定選項(1)或選項(3)那一選項為「負債」會計科目**，結果為選項(1)的「預收收入」。

5.下列何者非屬財務報表要素？
(1)資產、負債　　　　　　　　(2)企業員工的價值
(3)權益　　　　　　　　　　　(4)收益及費損

答案：(2)

☞補充說明：

財務報表要素包括**資產、負債、權益、收益**(包括收入及利益)**及費損**(包括費用及損失)。

【100年四等地方特考試題】

1.X2年10月3日購買一批文具用品$12,000，借記「文具用品費用」帳戶。年底經過盤點發現尚有$3,800的文具用品未耗用，12月31日未作調整分錄，試問X2年財務報表產生什麼錯誤？

(1)資產低估$3,800，權益低估$3,800

(2)資產高估$8,200，費用低估$8,200

(3)資產低估$3,800，費用低估$3,800

(4)資產低估$8,200，權益低估$8,200

答案：(1)

☞補充說明：

本題告知購買文具用品時是借記「文具用品費用」，表示採「記虛轉實」之會計處理。

本題建議先思考各選項應編製的調整分錄，再分析若未做調整分錄會造成的影響，分析如下：

1.應編製的調整分錄：

x2/12/31	文具用品	3,800	
	文具用品費用		3,800

2.若未做調整分錄會造成的影響為：

❶未借記文具用品→造成「文具用品」未增加→造成資產未增加→造成資產低估$3,800。

❷未貸記文具用品費用→造成「文具用品費用」未減少→造成費用高估→結帳後，造成保留盈餘低估→**權益低估**$3,800。

2.甲公司購買一年期保險並認列為預付保險費。X3 年 4 月當月保險費用為$360，4 月底調整後預付保險費餘額為$1,800。試問甲公司何時買入保險？
(1)X2 年 9 月 1 日　　　　　　(2)X2 年 10 月 1 日
(3)X2 年 11 月 1 日　　　　　 (4)X2 年 12 月 1 日
答案：(2)

　✎補充說明：
　　1.題目告知「X3 年 4 月當月保險費用為$360」，表示每個月的保險費為$360。
　　2.題目告知 4 月底調整後預付保險費餘額為$1,800，表示預付保險費尚有 5 個月(＝$1,800÷$360)。
　　3.由第 2 項可知一年期預付保險費尚有 5 個月，表示已發生 7 個月的保險費。
　　4.**自 4 月底往前推算 7 個月為 X2 年 10 月 1 日，該日即為甲公司買入保險之日期，此即為答案。**

【100 年五等地方特考試題】

1.【依 IAS 或 IFRS 改編】甲公司於 X1 年 2 月 1 日決定處分其食品部門。此部門於 X1 年 7 月 1 日出售，其資產之帳面金額為$780,000，出售得款$660,000。此部門 X1 年 1 月 1 日至 6 月 30 日之營業淨利(損)為$(40,000)。假設所得稅率 35%，則依國際財務導準則之規定，甲公司 X1 年度綜合損益表或損益表(如有列報時)中，停業單位處分損益金額(稅後)為何？
(1)$(39,000)　　(2)$(42,000)　　(3)$(78,000)　　(4)$(117,000)
答案：(3)

　✎補充說明：
　　依國際財務報導準則規定，**停業單位之經營績效應分列營業損益及處分損益**。本題要求計算的是處分損益部分，計算如下：

(帳面金額$780,000－出售價款$660,000)×(1－35%)

＝處分損失$78,000

【99 年普考試題】

1.甲公司第一年年底有應付薪資為$7,200，第二年年初未作任何轉回分錄，1月 6 日支付薪資$12,000 時全數作為當期薪資費用。第二年 9 月 1 日預收六個月租金$18,000 全數認列租金收入。第二年年底未作任何更正與調整分錄前，淨利為$38,000，試問第二年正確的淨利為多少？

(1) $27,200　　　(2)$36,800　　　(3)$39,200　　　(4)$48,800

答案：(3)

補充說明：

本題有二項錯誤，題目要求計算正確淨利，故須分析二項錯誤對於淨利的影響。分析如下：

1. 第二年 1 月 6 日支付薪資$12,000 時全數作為當期薪資費用，分別列示正確分錄及錯誤分錄如下：

   ①正確分錄：

第二年 01/06	應付薪資	7,200	
	薪資費用	4,800	
	現金		12,000

   ②錯誤分錄：

第二年 01/06	薪資費用	12,000	
	現金		12,000

2. 由第 1 項說明，**可知甲公司於第二年 1 月 6 日支付薪資$12,000 時，因為多計薪資費用，造成淨利低估**$7,200。

3. 第二年 9 月 1 日預收六個月租金$18,000 全數認列租金收入，分別列示第二年應有的正確分錄及錯誤分錄如下：

①正確分錄：

第二年 09/01	現金　　　　　　　　18,000
	預收租金　　　　　　　　　18,000

於 12 月 31 日認列已賺得 4 個月租金時之分錄為：

第二年 12/31	預收租金　　　　　　12,000
	租金收入　　　　　　　　　12,000☞

☞＝$18,000×4/6

②錯誤分錄：

第二年 12/31	現金　　　　　　　　18,000
	租金收入　　　　　　　　　18,000

4. 由第 3 項說明，**可知甲公司於第二年租金收入多計**$6,000($18,000－$12,000)，**造成淨利高估**$6,000。

5. 彙總第 2 項及第 4 項對於淨利影響之說明，**可知甲公司二項錯誤對於第二年淨利之淨影響為低估**$1,200(＝淨利低估$7,200－淨利高估$6,000)；**第二年正確淨利應為$39,200**(＝$38,000＋$1,200)。

【99 年初等特考試題】

1. 下列會計科目何者為虛帳戶？
(1)預收收入　　　　　　　　　(2)應收帳款
(3)銷貨收入　　　　　　　　　(4)預付費用

答案：(3)

☞補充說明：

損益表之會計科目即為虛帳戶。選項(3)銷貨收入為損益科目，故其為虛帳戶；其他選項為資產或負債科目，則為實帳戶。

2.期初用品盤存$1,200,期中曾現購用品$3,000,期末盤點未耗用部分為$1,500,則本年度用品費用金額應為多少?

(1)$1,500　　　　(2)$1,800　　　　(3)$2,700　　　　(4)$3,000

答案：(3)

☆補充說明：

建議以 T 字帳分析用品盤存會計科目金額的變動,即可求得答案,分析如下：

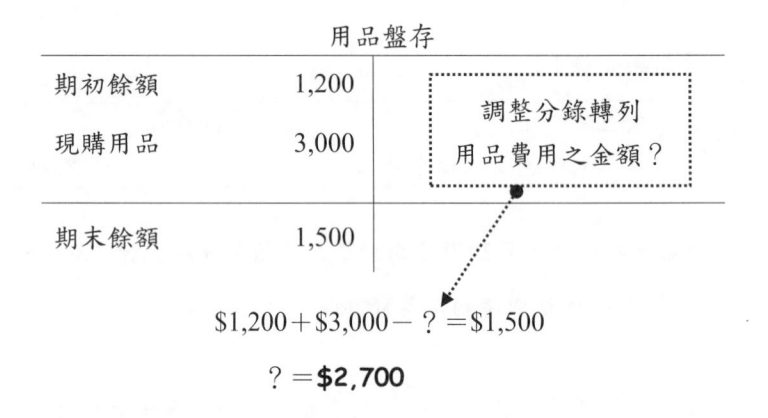

用品盤存		
期初餘額	1,200	調整分錄轉列用品費用之金額？
現購用品	3,000	
期末餘額	1,500	

$1,200+$3,000-?=$1,500

? = $2,700

3.現購$2,000,卻誤記為借：應付帳款 $2,000 及貸：現金$2,000,則該錯誤對試算表之影響為：

(1)試算表仍平衡且借貸總和正確

(2)試算表仍平衡,但借貸方皆高估$2,000

(3)試算表仍平衡,但借貸方皆低估$2,000

(4)試算表不平衡且借貸方相差$4,000

答案：(3)

☆補充說明：

本題應先分析錯誤對各相關會計科目的影響,再分析對試算表的影響。分析如下：

1.分別列示正確分錄及錯誤分錄如下：

①正確分錄 (假設採用定期盤存制)：

xxxx/xx/xx	進貨	2,000	
	現金		2,000

②錯誤分錄：

xxxx/xx/xx	應付帳款	2,000	
	現金		2,000

2. 經由比對第 1 項的正確分錄及錯誤分錄，**可知貸方科目均相同，故只須分析借方科目之錯誤對試算表之影響。**

3. 未做正確借方科目對試算表之影響為：

未借記「進貨」→進貨低估→「進貨」正常餘額在借方，結論：**造成試算表借方低估**$2,000。

4. 做錯誤借方科目對試算表之影響為：

多借記「應付帳款」→造成「應付帳款」多減→「應付帳款」正常餘額在貸方，結論：**造成試算表貸方低估**$2,000。

5. 彙總第 3 項及第 4 項對於試算表之影響說明，**可知題目所述之錯誤會造成試算表借方及貸方均低估**$2,000。

【99 年五等地方特考試題】

1. 【依 IAS 或 IFRS 改編】甲公司為一家生產家電產品的企業，以下為甲公司本年度相關資訊：

銷貨收入淨額	$10,000,000
銷貨毛利率	20%
銷售費用	500,000
管理費用	750,000
處分投資損失	250,000
停業單位利益	300,000

試問甲公司本年度營業損益為：

(1) 營業利益$1,250,000　　(2) 營業利益$1,000,000

(3) 營業利益$750,000　　(4) 營業利益$500,000

答案：(3)

☞補充說明如下：

營業利益＝銷貨收入－銷貨成本－營業費用，計算如下：

1. 銷貨毛利＝銷貨收入淨額－銷貨成本

   ＝銷貨收入淨額×銷貨毛利率

   ＝銷貨收入淨額$10,000,000×銷貨毛利率 20%＝$2,000,000

2. 營業利益＝銷貨毛利$2,000,000－銷售費用$500,000

   －管理費用 750,000＝**$750,000**

2. 甲公司期初「預收收入」科目餘額為$200,000，本期實現$150,000，請問甲公司於期末財務報表中應如何表達「預收收入」科目餘額？

(1)資產$50,000　　　　　　　　　(2)資產$350,000

(3)負債$50,000　　　　　　　　　(4)負債$350,000

答案：(3)

✎補充說明：

建議以 T 字帳求算預收收入會計科目之餘額，計算如下：

	預收收入	
本期實現數　$150,000	期初餘額	200,000
	期末餘額	？

期末餘額＝$200,000－$150,000

＝**$50,000**→預收收入為負債科目

【98 年普考試題】

1. A 雜誌社收到新訂客戶 2 年份之訂閱費，且以預收收益入帳，則期末之調整分錄需：

(1)借費用　　　(2)借資產　　　(3)貸收入　　　(4)貸負債

答案：(3)

✎補充說明：

期末應編製之調整分錄為：

xx/12/31	預收收益	xx,xxx	
	xx收入		xx,xxx

2.【依 IAS 或 IFRS 改編】某化工公司發生如下報導期間後事項：所生產的 X 產品依據新頒布的法令應停止生產，該公司因停產所遭受之損失高達 1 億元，稅率若為 30%，則此報導期間後事項在財務報表上應如何表達？
(1)不須作任何表達
(2)僅須附註揭露
(3)認列 1 億元之營業外損失
(4)認列 7 千萬元之非常損失

答案：(2)

✎補充說明：
　　某化工公司發生之報導期間後事項，**屬報導期間後非調整事項，不須調整列帳**；但因其金額重大，應予揭露表達。

【98 年初等特考試題】

1.下列科目何者的正常餘額為借方餘額：
(1)應付租金　　　　　　　　(2)預收租金
(3)租金收入　　　　　　　　(4)預付租金

答案：(4)

✎補充說明：
　　選項(1)及選項(2)屬負債科目，其正常餘額為貸方餘額；選項(3)為收入科目，其正常餘額為貸方餘額；**僅選項(4)為資產科目，其正常餘額為借方餘額**，故答案為選項(4)。

2.銷貨淨額為：
(1)銷貨收入加銷貨折扣
(2)銷貨收入減銷貨成本
(3)銷貨收入減銷貨折扣以及銷貨退回與折讓
(4)銷貨收入減應收帳款

答案：(3)

3.年初帳列資產辦公用品$5,000,年底實際盤點計列$2,000。則調整分錄應為:

(1)借:辦公用品費用$2,000;貸:辦公用品$2,000

(2)借:辦公用品$2,000;貸:辦公用品費用$2,000

(3)借:辦公用品$3,000;貸:辦公用品費用$3,000

(4)借:辦公用品費用$3,000;貸:辦公用品$3,000

答案:(4)

☞補充說明:

年底應編製之調整分錄為:

xxxx/12/31	辦公用品費用	3,000	
	辦公用品		3,000

4.帳戶之正常餘額係指:

(1)帳戶之借方 (2)帳戶之貸方

(3)帳戶餘額增加時記錄之一方 (4)帳戶餘額減少時記錄之一方

答案:(3)

【98年四等地方特考試題】

1.公司每月編製財務報表。公司在X2年中購買一張1年期保單,在X3年1月31日作完調整分錄後,保險費餘額為$300,預付保險費為$1,200。試問公司在X2年中的那一天購買保單?

(1) 5月1日 (2) 6月1日

(3) 7月1日 (4) 8月1日

答案:(2)

☞補充說明:

1.題目告知「在X3年1月31日作完調整分錄後,保險費餘額為$300」表示一個月的保險費為$300。

2.題目告知1月底調整後預付保險費餘額為$1,200,表示預付保險費尚有4個月(=$1,200÷$300),表示X3年會發生5個月的保險費。

3. 由第 2 項可知 X2 年預付之保險費有 5 個月會發生在 X3 年，表示有 7 個月的保險費會發在 X2 年。

4. 自 X2 年底往前推算 7 個月為 X2 年 6 月 1 日，該日即為公司買入保險之日期，此即為答案。

【98 年五等地方特考試題】

1. 【依 IAS 或 IFRS 改編】下列帳戶何者是虛帳戶？
(1)累計折舊　　　　　　　　(2)備抵存貨跌價
(3)停業單位損益　　　　　　(4)資本公積

答案：(3)

📝 補充說明：

選項(1)及選項(2)為資產的抵減科目；選項(4)為權益科目；**只有選項(3)為損益科目，損益科目為虛帳戶，故答案為選項(3)**。

2. 關於迴轉，下列敘述何者正確？
(1)迴轉的對象僅限於與次期損益計算有關的調整分錄
(2)迴轉是必要的會計程序
(3)本期的估計事項需要迴轉
(4)以上皆非

答案：(1)

📝 補充說明：

分析各選項如下：

1. 選項(1)：敘述是正確的，**編製迴轉分錄之目的在於簡化調整分錄次期之帳務處理**，如應收收入及應付費用項目，**故答案為本選項**。

2. 選項(2)：敘述是錯誤的，對於可以編製迴轉分錄的交易事項，**企業可以自由選擇是否要編製迴轉分錄，並非必要的會計程序**。

3. 選項(3)：敘述是錯誤的，**估計事項(如提列呆帳、提列折舊)不須編製迴轉分錄；此類交易若編製迴轉分錄，並不會簡化調整分錄次期之帳務處理**。

3.甲公司在 4 月 16 日收到一張面額$100,000，180 天期，利率 6%票據，該公司會計年度結束日為 6 月 30 日，則下列甲公司 6 月 30 日結帳日票據利息調整分錄的敘述何者正確？(一年以 360 天計)

(1)借記應收利息$1,250
(2)借記應收利息$3,000
(3)借記應收利息$1,750
(4)貸記利息收入$3,500

答案：(1)

✎補充說明：

6 月 30 日結帳日應編製之調整分錄為：

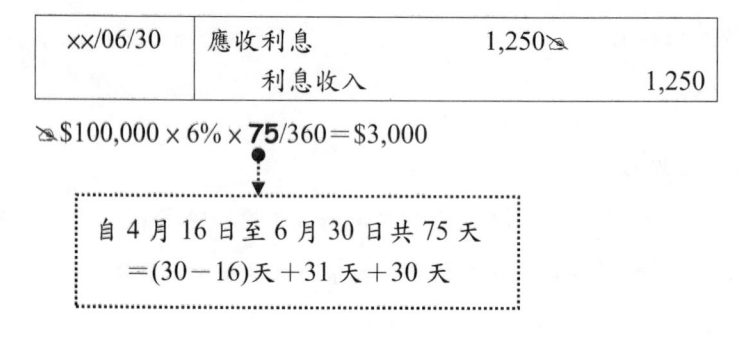

xx/06/30	應收利息	1,250	
	利息收入		1,250

✎$100,000 × 6% × **75**/360 = $3,000

自 4 月 16 日至 6 月 30 日共 75 天
＝(30－16)天＋31 天＋30 天

4.【依 IAS 或 IFRS 改編】下列項目何者不須於財務報表附註中加以說明？
(1)存貨評價方法
(2)盈餘分配所受之限制
(3)公司重要經理人之任免方式
(4)廠房資產之抵押設定情形

答案：(3)

✎補充說明：

依國際財務報導準則規定，**財務報表附註應包含重大會計政策之彙總說明及其他解釋資訊**。選項(1)、選項(2)及選項(4)為會計政策之說明及其他解釋資訊，選項(3)屬公司內部人事制度，不須對外揭露說明。

【97年普考試題】

1.【依 IAS 或 IFRS 改編】下列報導期間後事項何者不須調整財務報表數字，而須以附註揭露？
(1)董事長退休
(2)發行大量普通股
(3)客戶破產，導致大筆應收帳款無法收回
(4)纏訟多年之訴訟案判決確定，法院判賠金額超出預期

答案：(2)

✎補充說明：

1. 選項(1)及選項(2)為報導期間後非調整事項，但選項(2)發行大量普通股可能影響企業重大，應予揭露表達。
2. 選項(3)客戶破產，導致大筆應收帳款無法收回，須進一步評估造成客戶破產之原因係存在於報導期間結束日之前或之後，若存在於報導期間結束日 之前，則屬報導期間後調整事項，應調整帳列金額。若若存在於報導期間結束日 之後，則屬報導期間後非調整事項，因金額重大，應予揭露表達。本題未明確說明造成客戶破產之原因係存在於報導期間結束日之前或之後，無法確定應調整帳列金額或應予揭露表達，但因為選項(2)一定是屬報導期間後非調整事項且金額重大，應予揭露表達，故考選部公布答案為選項(2)。
3. 選項(4)屬報導期間後調整事項，應調整帳列金額。

【97年初等特考試題】

1. 企業在 X1 年 7 月 1 日預付二年保險費$12,000，當時以借：預付保險費$12,000 及貸：現金$12,000 入帳，則 X1 年期末調整時應為：
(1)借：保險費用$3,000　　　　(2)借：保險費用$6,000
(3)貸：預付保險費$6,000　　　(4)不必作調整分錄

答案：(1)

✎補充說明如下：

X1年期末應編製之調整分錄為：

×1/12/31	保險費用	3,000☙	
	預付保險費		3,000

☙$12,000 × 6/24 ＝ $3,000

2.下列那種分錄不屬於調整分錄？
(1)借：應收利息，貸：利息收入
(2)借：稅捐費用，貸：應付稅捐
(3)借：折舊費用，貸：累計折舊
(4)借：預付保費，貸：現金

答案：(4)

☙補充說明：

選項(4)為預付保險費時之分錄，而非調整分錄。

3.【依IAS或IFRS改編】「X2年2月8日本公司桃園廠發生大火，廠房及設備受到嚴重焚燬，此項財產雖均可得到保險理賠，惟修復期間之營業損失，未在理賠範圍之內，其金額亦無法估計。」X1年財務報表中之附註揭露，最有可能描述：
(1)很有可能發生之或有事項　　　(2)有可能發生之或有事項
(3)負債準備　　　　　　　　　　(4)報導期間後事項

答案：(4)

☙補充說明：

本題為報導期間後事項。有關報導期間後事項之說明，請參閱本章之重點提示。

4.下列為甲公司之部分支出資料：利息費用$50，銷貨運費$160，呆帳費用$380，進貨關稅$2,100。上列資料屬營業費用者共計？
(1)$160　　　　(2)$540　　　　(3)$2,310　　　　(4)$2,640

答案：(2)

☙補充說明如下：

1. 營業費用＝$160＋$380＝$540。

2. 利息費用$50屬其他損益項目。

3. 進貨關稅$2,100屬進貨成本。

【97年四等地方特考試題】

1.【依IAS或IFRS改編】下列事項何者發生時須調整前期損益？
(1)建築物之耐用年限由25年改為30年
(2)折舊方法由直線法改為年數合計法
(3)去年度購買機器之成本 $150,000當成修理費用
(4)今年實際發生的呆帳比去年提列的備抵呆帳還多

答案：(3)

補充說明：

1. 選項(1)耐用年限之變動屬估計變動，不須調整前期損益。

2. 選項(2)折舊方法變動屬會計估計變動，不須調整前期損益。折舊方法變動之會計處理，請參閱本書第六章「不動產、廠房及設備」重點提示之說明。

3. **選項(3)資本支出列為費用，於發現時須調整前期損益，屬錯誤更正，故答案為本選項。**

4. 選項(4)實際發生的呆帳比去年估列金額多時，應以會計估計變動處理，不須調整前期損益。

【97年五等地方特考試題】

1. 預付費用之調整會：
(1)減少資產，增加費用　　　　(2)增加資產，減少負債
(3)增加資產，增加收入　　　　(4)減少收入，減少資產

答案：(1)

補充說明如下：

1.與預付費用有關之調整分錄為：

| xxxx/12/31 | 保險費用 | xx,xxx | |
| | 預付保險費 | | xx,xxx |

2.依據第1項之調整分錄，可知調整分錄會造成：
 (1)借記「保險費用」→造成保險費用增加→**造成費用增加**。
 (2)貸記「預付保險費」→造成「預付保險費」減少→**造成資產減少**。

2.結帳後：
(1)所有帳戶餘額均為零
(2)資產、負債及業主權益帳戶餘額為零
(3)收入、費用、本期損益及保留盈餘帳戶餘額為零
(4)收入、費用及本期損益帳戶餘額為零

答案：(4)

 ✎補充說明：
  結帳是將損益科目及股利(虛帳戶)之會計科目餘額結轉至保留盈餘；**虛帳戶餘額會結清為零，實帳戶會結轉下期**。

3.在會計期間結束後，下列科目何者不會結轉至保留盈餘？
(1)服務收入　　　　　　　　(2)折舊費用
(3)預收收入　　　　　　　　(4)股利

答案：(3)

 ✎補充說明：
  結帳是將損益科目及股利(虛帳戶)之會計科目餘額結轉至保留盈餘，選項(3)之預收收入為負債科目，**該科目不須結轉至保留盈餘**。

4.下述會計科目何者屬於永久性(實)帳戶：
①應付帳款　②辦公設備　③銷貨收入　④折舊費用　⑤投入資本
(1) ①③④　　(2) ②④⑤　　(3) ③④⑤　　(4) ①②⑤

答案：(4)

☞補充說明：

永久性帳戶(實帳戶)係指資產、負債及權益(股利除外)科目。

5.【依 IAS 或 IFRS 改編】下列何者不應列於損益表？
(1)每股盈餘　　　　　　　　(2)所得稅費用
(3)前期損益調整　　　　　　(4)停業單位損益

答案：(3)

☞補充說明：

選項(1)每股盈餘、選項(2)所得稅費用及選項(4)停業單位損益均應列於損益表，**選項(3)前期損益調整應列於保留盈餘表或權益變動表**。

【96 年普考試題】

1.某律師事務所預先自客戶處收到現金$100,000，而承諾將於未來提供法律諮詢服務，當時並貸記「預收收入」$100,000；若期末已提供服務，但並未作調整分錄，則將使：
(1)負債高估　　　　　　　　(2)淨利高估
(3)資產低估　　　　　　　　(4)費用高估

答案：(1)

☞補充說明：

1.應編製之調整分錄為：

xxxx/12/31	預收收入	100,000	
	xx收入		100,000

2.若未做調整分錄會造成的影響為：

①未借記預收收入→造成「預收收入」未減少→造成負債未減少→**造成負債高估**。

②未貸記xx收入→造成「xx收入」未增加→造成收入低估→**造成淨利低估**。

【96年初等特考試題】

1.【依 IAS 或 IFRS 改編】甲公司購買檯燈1只，成本$800，根據產品說明書，該品牌檯燈之平均耐用年限約為5年。甲公司之會計人員在購買日將$800全數認列為費用，期末亦未做相關調整分錄。試問下列敘述何者正確？
(1)甲公司會計人員此種做法違反了一般公認會計原則
(2)甲公司會計人員此種做法係反映一致性，未違反一般公認會計原則
(3)甲公司會計人員此種做法係反映重大性，未違反一般公認會計原則
(4)甲公司會計人員此種做法會降低財務報表之攸關性

答案：(3)

> 補充說明：
>
> 因為檯燈成本$800(金額)**不具重大性，故會計處理可為權宜處理，而不須嚴格遵守會計準則之規定**(即認列為費用，而不須認列為資產，也就無須提列折舊)；故甲公司之會計人員將檯燈成本$800全數認列為費用係基於重大性之考量。

2.公司於年中預付1年租金，並以預付租金科目入帳，若年底未作調整，則會產生下列何種影響？

	資產總額	費用總額	權益總額
(1)	無	低估	高估
(2)	高估	低估	高估
(3)	高估	無	高估
(4)	高估	無	無

答案：(2)

> 補充說明：
>
> 1.應編製的調整分錄：
>
> | xxxx/12/31 | XX費用 | xx,xxx | |
> |---|---|---|---|
> | | 預付費用 | | xx,xxx |

2.若未做調整分錄會造成的影響為：
　①未借記xx費用→造成「xx費用」未增加→造成費用未增加→**造成費用低估**→造成淨利高估→造成保留盈餘高估→**造成權益高估**。
　②未貸記預付費用→造成「預付費用」未減少→造成資產未減少→**造成資產高估**。

3.關於調整分錄之性質，下列敘述何者錯誤？
(1)若會計期間等於企業存續之整個生命週期，則沒有必要進行調整
(2)若會計系統在處理交易時沒有任何錯誤發生，則沒有必要進行調整
(3)調整分錄必同時影響財務狀況表與損益表帳戶
(4)調整分錄係因為採用權責發生制衡量損益所致

答案：(2)

　補充說明：
　　1.調整分錄係因為時間的經過等原因，造成企業帳列會計科目餘額已與編製報表時之實際狀況有所不同，**為使帳列會計科目餘額與實際狀況符合所編製的分錄**。

　　2.選項(1)、選項(3)及選項(4)之說明是正確的。選項(2)之說明是錯誤的，**因為調整分錄並非用以更正錯誤**(詳前列第1項之說明)，**為更正錯誤所編製的分錄，稱為更正分錄**。

4.某公司平日購買文具以現款支付，並使用現金基礎會計記載文具之購買，期末透過帳面調整，以應計基礎會計編製財務報表，期初再將帳面數字迴轉為現金基礎會計。94年初，該公司有文具$10,000，94年度購買$100,000文具，94年底文具尚餘$30,000，則該公司94年底之調整分錄為：
(1)借記：文具費用$80,000，貸記：文具$80,000
(2)借記：文具費用$110,000，貸記：文具$110,000
(3)借記：文具$10,000，貸記：文具費用$10,000
(4)借記：文具$30,000，貸記：文具費用$30,000

答案：(4)

📝 補充說明：

1. 本題所述「使用現金基礎會計記載文具之購買，期末透過帳面調整，以應計基礎會計編製財務報表，期初再將帳面數字迴轉為現金基礎會計」，即表示對於文具費用之會計處理採記虛轉實，並選擇編製迴轉分錄。

2. 列示 94 年文具及文具費用(採用題目之會計科目名稱)相關之分錄如下：

①期初之迴轉分錄：

| 94/01/01 | 文具費用 | 10,000 | |
| | 文具 | | 10,000 |

②94 年度中購買文具時：

| 94/01/01 ~12/31 | 文具費用 | 100,000 | |
| | 現金 | | 100,000 |

③【本題答案】94 年底之調整分錄：

| 94/12/31 | 文具 | 30,000 | |
| | 文具費用 | | 30,000 |

【96 年四等地方特考試題】

1.【依 IAS 或 IFRS 改編】預付費用在財務狀況表當中，係屬於下列那一大項之項目？
(1)流動資產　　　　　　　　　(2)流動負債
(3)非流動負債　　　　　　　　(4)費用

答案：(1)

📝 補充說明：

除非另有說明，**一般預付費用在財務狀況表中係歸類為流動資產**；但若其不符合流動資產之定義，則應歸類為非流動資產。

2.某企業期初之資產總額及負債總額分別為$1,050,000及$600,000，假設該企業期末資產總額較期初增加$350,000，而負債減少$150,000，則該企業期末之業主權益應為：

(1)$100,000　　　(2)$450,000　　　(3)$950,000　　　(4)$1,850,000

答案：(3)

　　✎補充說明：

　　　期初業主權益＝期初資產總額$1,050,000－期初負債總額$600,000

　　　　　　　　＝$450,000

　　　期末業主權益＝$(1,050,000＋$350,000)－$(600,000－$150,000)

　　　　　　　　＝$1,400,000－$450,000＝**$950,000**

【96年五等地方特考試題】

1.關於會計循環之各項步驟，下列順序何者正確？

(1)交易分析→登帳→試算→過帳

(2)交易分析→登帳→過帳→試算

(3)交易分析→過帳→登帳→試算

(4)登帳→交易分析→過帳→試算

答案：(2)

　　✎補充說明：

　　　　會計循環之各項步驟與憑證及帳簿之關係，請參閱本章重點提示。

2.帳戶必須進行期末調整之主要原因為：

(1)在平時記錄交易時，一定會有錯誤發生

(2)在期中，管理當局尚無法決定當年度之財務報導目標

(3)有許多企業交易之影響係跨越一個以上的會計期間

(4)會計師在期末查帳時因報表編製不符一般公認會計原則要求公司必須進行調整

答案：(3)

　　✎補充說明如下：

調整分錄係因為時間的經過等原因,造成企業帳列會計科目餘額已與編製報表時之實際狀況有所不同,**為使帳列會計科目餘額與實際狀況符合所編製的分錄,並非發生錯誤**;依此說明答案為選項(3)。

【95年普考試題】

1.下列敘述何者正確?
(1)備抵呆帳的借餘為正常餘額
(2)應收帳款的貸餘為正常餘額
(3)預收收益的借餘為正常餘額
(4)預付費用的借餘為正常餘額

答案:(4)

2.下列那一項是流動資產?
(1)人壽保險之解約金價值,公司為受益人
(2)有價證券投資,其目的在控制被投資公司
(3)指定償債專用之現金
(4)分期付款銷貨之應收帳款,通常在18個月內收回

答案:(4)

補充說明:

1.選項(1)**為長期投資**,「人壽保險之解約金價值」即支付保險費中屬於儲蓄部分。

2.選項(2)**為長期投資**,因為投資目的在於「控制」被投資公司,其期間不會是短期間。

3.選項(3)**為長期投資**,**一般均將指定償債專用之現金稱為償債基金,並分類為長期投資。國際財務報導準則規定,償債基金之分類須比照將以該基金償還之負債是流動或非流動分類之。**

4.選項(4)為流動資產,題目所述之「通常在18個月內收回」表示該企業之營業週期為18個月,**分期付款銷貨之應收帳款屬營業活動所產生且於營業週期內收回**,應分類為流動資產,故答案為本選項。

【95年初等特考試題】

1. 忠孝企業一月份的帳務記錄如下：月初業主權益$200,000，月底業主權益$300,000。收入總額$335,000，業主提取$15,000，當月份並無資本投入。則一月份的費用總額為：

(1)$320,000　　　(2)$335,000　　　(3)$235,000　　　(4)$220,000

答案：(4)

　　📖 補充說明：

　　　　計算如下：

　　　　　　期初業主權益$200,000＋業主增加投資$0－業主提取$15,000

　　　　　　＋當期收入$335,000－當期費用？＝期末業主權益$300,000

　　　　　　　當期費用＝**$220,000**

2. 編製試算表可以發現過帳時：

(1)所發生之一切錯誤　　　　　　(2)借貸金額不一致之錯誤

(3)會計科目用錯之錯誤　　　　　(4)整個分錄重複過帳之錯誤

答案：(2)

　　📖 補充說明：

　　　　試算表僅能驗證所有會計科目之餘額的借、貸方總金額是否相等，當借、貸方總金額不相等時，只知道有錯誤發生，須進一步查證才可以得知是發生什麼錯誤。**試算表無法發現所有的錯誤，也無法發現不影響試算表借、貸金額相等之錯誤，僅能發現借、貸金額不一致之錯誤，答案為選項**(2)。

3. 下列那一帳戶在調整後試算表上之餘額與結帳後試算表上之餘額相同？

(1)保留盈餘　　　　　　　　(2)銷貨收入

(3)累計折舊　　　　　　　　(4)折舊費用

答案：(3)

　　📖 補充說明如下：

結帳是將損益科目及股利(虛帳戶)之會計科目餘額結轉至保留盈餘，故結帳時會影響到損益科目、股利及保留盈餘，其他會計科目則不受影響，故本題答案為選項(3)。

4.仁愛公司民國94年7月1日預付一年期保險費$600，並以資產科目入帳。若該公司12月31日未作保險費的調整分錄，則會造成：
(1)資產高估$600，費用低估$600
(2)資產低估$300，費用高估$300
(3)資產高估$300，費用低估$300
(4)資產低估$600，費用高估$600

答案：(3)

❧補充說明：

1.應編製的調整分錄為：

94/12/31	××費用	300	
	預付費用		300

❧$600 × 6/12

2.若未做調整分錄會造成的影響為：

①未借記××費用→造成「××費用」未增加→**造成費用低估**$300。

②未貸記預付費用→造成「預付費用」未減少→造成資產未減少→**造成資產高估**$300。

5.若會計人員忘記將已耗用的文具用品轉為費用，會有什麼影響？
(1)資產高估，業主權益低估
(2)資產低估，業主權益高估
(3)資產、淨利及業主權益都高估
(4)資產、淨利及業主權益都低估

答案：(3)

❧補充說明如下：

1.應編製的調整分錄為：

xxxx/12/31	文具用品費用	xx,xxx	
	文具用品		xx,xxx

2.若未做調整分錄會造成的影響為：

①未借記文具用品費用→造成「文具用品費用」未增加→造成費用低估→**造成淨利高估**→造成保留盈餘高估→**造成權益高估**。

②未貸記文具用品→造成「文具用品」未減少→造成資產未減少→**造成資產高估**。

6.下列何帳戶之結帳分錄須借記「本期損益」？
(1)銷貨收入　　　　　　　(2)預收收入
(3)租金費用　　　　　　　(4)預付租金

答案：(3)

☞補充說明：

題目指結帳分錄須「**借記**」本期損益的會計科目，表示該會計科目結帳前之會計科目餘額為「借餘」；**故答案須該會計科目為損益科目或股利且正常餘額為借餘，選項(3)之租金費用符合條件，故答案為選項(3)。**

【95年四等地方特考試題】

1.下列有關財務狀況表之敘述，何者為真？
(1)係表達特定時點公司之營業結果
(2)係表達某段會計期間公司之營業結果
(3)係表達特定時點公司之財務狀況
(4)係表達某段會計期間公司之財務狀況

答案：(3)

☞補充說明：

財務狀況表係表達**特定日期**企業的**財務狀況**。

2.若公司將支付廣告費用$2,000入帳為借記廣告費用$200、貸記現金$200，則將使：

(1)現金低估$1,800　　　　　　　(2)廣告費用低估$1,800

(3)現金高估$2,200　　　　　　　(4)廣告費用高估$2,200

答案：(2)

　　❧補充說明：

　　　公司發生的錯誤為**低估廣告費用**$1,800($2,000－$200)，**高估現金**$1,800(少貸記現金)。

【95年五等地方特考試題】

1.【依IAS或IFRS規定】損益表中之非常項目通常需符合下列那一項條件？

(1)性質特殊　　　　　　　　　　(2)性質特殊且不常發生

(3)不常發生　　　　　　　　　　(4)不可以分類為非常項目

答案：(4)

　　❧補充說明：

　　　國際財務報導準則不允許將損益分類為非常損益項目，即已無非常損益項目之表達。

2.某公司為一家日用品批發商，下列那一項通常不會列示於該公司損益表中之其他收入與費用項目下？

(1)利息費用　　　　　　　　　　(2)出售設備利益

(3)股利收入　　　　　　　　　　(4)呆帳費用

答案：(4)

　　❧補充說明：

　　　選項(4)呆帳費用為營業費用，其他均為其他收入與費用項目。

3.預付費用這個會計科目是代表：

(1)資產　　　　(2)負債　　　　(3)收入　　　　(4)費用

答案：(1)

4.甲公司於 2005 年 10 月 1 日投保火險,預繳一年保費$12,000,保單自投保日起生效,甲公司支付保費時係以實帳戶入帳。若甲公司 2005 年未做相關調整分錄,則對當期財務報表之影響,下列敘述何者為是?
(1)期末資產被低估$9,000,當期費用被高估$9,000
(2)期末資產被低估$3,000,當期費用被高估$3,000
(3)期末資產被高估$9,000,當期費用被低估$9,000
(4)期末資產被高估$3,000,當期費用被低估$3,000

答案:(4)

☞補充說明:

1.應編製之調整分錄為:

2005/12/31	保險費用	3,000	
	預付保險費		3,000

2.若未做調整分錄會造成的影響為:
①未借記保險費用→造成「保險費用」未增加→**造成費用低估**$3,000。
②未貸記預付保險費→造成「預付保險費」未減少→造成資產未減少→**造成資產高估**$3,000。

5.編製試算表可以發現下列何種錯誤?
(1)交易漏未登帳至日記簿
(2)同一筆交易分錄之借貸項均重複過帳
(3)在將分錄之借項過至分類帳時,發生換位之金額錯誤
(4)交易之科目記錯但金額正確

答案:(3)

☞補充說明:

試算表僅能驗證所有會計科目之餘額的借、貸方總金額是否相等,**試算表無法發現所有的錯誤,也無法發現不影響試算表借、貸金額相等之錯誤,僅能發現借、貸金額不一致之錯誤**,本題只有選項(3)會使試算表借方及貸方總金額不一致,編製試算表可以發現此種錯誤。

6. 下列何種項目若未做調整分錄會造成負債之低估與費用之低估？
(1)應付費用　　　　　　　　(2)應收收入
(3)預收收入　　　　　　　　(4)預付費用

答案：(1)

✎ **補充說明：**

本題分別以完整分析及快速解題方式說明解題過程，建議讀者務必了解完整分析之過程，方可應付各種題型之變化。

完整分析：

本題建議先列出各選項應編製的調整分錄，再分析若未做調整分錄會造成的影響，分析如下：

1. 選項(1)

　①應編製的調整分錄為：

xxxx/12/31	XX費用　　　　　　xx,xxx
	應付費用　　　　　　　　xx,xxx

　②若未做調整分錄會造成的影響為：

　　❶未借記XX費用→造成「XX費用」未增加→**造成費用低估**。

　　❷未貸記應付費用→造成「應付費用」未增加→造成負債未增加→**造成負債低估**。

2. 選項(2)

　①應編製的調整分錄為：

xxxx/12/31	應收收入　　　　　　xx,xxx
	XX收入　　　　　　　　　xx,xxx

　②若未做調整分錄會造成的影響為：

　　❶未借記應收收入→造成「應收收入」未增加→造成資產未增加→**造成資產低估**。

　　❷未貸記XX收入→造成「XX收入」未增加→**造成收入低估**。

3. 選項(3)

　①應編製的調整分錄為：

xxxx/12/31	預收收入　　　　　　xx,xxx
	XX收入　　　　　　　　　xx,xxx

　②若未做調整分錄會造成的影響為：

　　❶未借記預收收入→造成「預收收入」未減少→造成負債未減少→**造成負債高估**。

　　❷未貸記XX收入→造成「XX收入」未增加→**造成收入低估**。

4. 選項(4)

　①應編製的調整分錄為：

xxxx/12/31	XX費用　　　　　　　xx,xxx
	預付費用　　　　　　　　xx,xxx

　②若未做調整分錄會造成的影響為：

　　❶未借記XX費用→造成「XX費用」未增加→**造成費用低估**。

　　❷未貸記預付費用→造成「預付費用」未減少→造成資產未減少→**造成資產高估**。

快速解題：

　①題目是問「造成 負債 之低估與 費用 之低估」，**表示該調整分錄會影響「負債」及「費用」**；故可以先得知答案一定是選項(1)或選項(4)，因為其會影響「費用」。

　②**再決定選項(1)或選項(4)那一選項為「負債」會計科目**，答案為選項(1)的「應付費用」。

7. 已賺得但尚未入帳的收入，於期末調整時應為：

(1)借：資產，貸：收入　　　　(2)借：收入，貸：資產

(3)借：收入，貸：負債　　　　(4)借：資產，貸：負債

答案：(1)

　✎補充說明如下：

對於已賺得但尚未入帳的收入，應編製的調整分錄為：

| xxxx/12/31 | 應收收入 | xx,xxx | |
| | XX收入 | | xx,xxx |

8. 某雜誌社即將出版一年六期之雜誌，該雜誌採預購方式出售，雜誌推出時即有 1,000 人預定並分別繳交一年期雜誌費 $900，雜誌社應有之會計紀錄為：

(1) 應收雜誌收入　　　　900,000
　　　雜誌收入　　　　　　　　　　900,000
(2) 現金　　　　　　　　900,000
　　　預收雜誌收入　　　　　　　　900,000
(3) 應收雜誌收入　　　　900,000
　　　預收雜誌收入　　　　　　　　900,000
(4) 預付雜誌收入　　　　900,000
　　　現金　　　　　　　　　　　　900,000

答案：(2)

✎ 補充說明：

此為預收雜誌收入之交易，其入帳可採「記實轉虛」或「記虛轉實」之帳務處理。**若採記實轉虛，則於預收雜誌費時應借記：現金，貸記：預收雜誌收入；若採記虛轉實，則於預收雜誌費時應借記：現金，貸記：雜誌收入**。各選項所列的分錄，只有選項(2)是正確的，其係採記實轉虛之帳務處理。題目並未列示記虛轉實之帳務處理所應編製之分錄。

第三章 存貨

重點提示：

● 本章主題

1. 存貨盤存制度。
2. 存貨之成本流動假設。
3. 存貨錯誤影響之分析。
4. 存貨之估計方法：毛利法及零售價法。
5. 存貨評價方法：成本與淨變現價值孰低法。

● 存貨盤存制度

存貨盤存制度係用以決定存貨數量的方法，其包括：

1. 永續盤存制。
2. 定期盤存制。

● 存貨計價方法

存貨之計價方法應採**成本流動假設**。當企業分批進貨，且各批單位成本不同時，須以成本流動假設決定出售存貨之成本。

1. 個別認定法。
2. 先進先出法。
3. 平均法。

國際財務報導準則已廢止後進先出法之存貨計價方法。

成本流動假設採平均法搭配不同的存貨盤存制度，分別稱為：

1. 平均法搭配**定期盤存制**，稱為**加權平均法**。
2. 平均法搭配**永續盤存制**，稱為**移動平均法**。

國際財務報導準則說明**通常不可替換之存貨項目及依專案計畫生產且能區隔之商品或勞務，其存貨成本之計算應採用成本個別認定法**；其他存貨之存貨成本應採用**先進先出**或**加權平均**成本計算。

● 存貨評價方法

存貨應採成本與淨變現價值孰低法評價，當存貨之成本高於淨變現價值時，應將成本沖減至淨變現價值。**若企業有多種存貨時**，國際財務報導準則規定原則上應採逐項比較法，符合特定條件方可採用分類比較法，但不允許採用總額比較法。

● 企業之存貨項目

下列項目應謹慎判斷是否為企業之存貨，以免高估或低估存貨：

1. 在途存貨

   在途存貨是指貨物已由賣方運出正在路途中。**在途存貨是否應列為企業的存貨，須先確定企業是 賣方 還是 買方 的？且須確認買賣雙方約定的交貨條件為「起運點交貨」或「目的地交貨」？**

   (1)**若為「起運點交貨」**，表示買賣雙方已在「起運點」(即賣方處)移轉所有權，在途存貨是屬於「買方」的存貨。

   (2)**若為「目的地交貨」**，表示買賣雙方尚未交貨，在途存貨是屬於「賣方」的存貨。

2. 寄銷品

   寄銷品為寄銷人(企業)將商品委由承銷人代為出售之存貨。**尚未出售的寄銷品屬寄銷人(企業)的存貨。**

3. **製造業之存貨包括原料、在製品及製成品。** 詳細說明請參閱本書第第十六章「製造業會計」。

● 估計存貨之方法

國際財務報導準則之相關規定為：

(1)依存貨成本衡量技術(如標準成本法或零售價法)衡量而得之存貨成本若近似於實際成本，企業得因方便而採用該技術。

(2)零售業對於大量快速週轉、毛利率類似之存貨，且採用其他成本計價方法於實務上不可行者，經常採用零售價法衡量。

● 存貨錯誤對於損益的影響，不但會影響當年度損益金額，亦會影響次年度的損益金額；因為本年度的期末存貨為下一年度的期初存貨。存貨錯誤發現年度之前已經過二年度的結帳程序，保留盈餘即會自動更正錯誤，但以前各年度的淨利金額仍為錯誤的。

● 存貨計價方法之變動，過去稱為會計原則變動，國際財務報導準則稱為「會計政策變動」。會計政策變動應採追溯適用之會計處理，即應追溯調整會計政策變動前之各年度損益金額，追溯計算之金額稱為累積影響數，並應重編以前年度報表；累積影響數須以稅後金額表達。

【101年普考試題】

1. 甲公司在 X1 年之期初存貨為$70,000，當年度進貨為$450,000，進貨運費為$5,000，銷貨淨額為$680,000，正常毛利率為 35%，試以毛利率法估算甲公司在 X1 年之期末存貨為多少？

(1)$83,000　　　(2)$155,000　　　(3)$212,000　　　(4)$282,000

答案：(1)

✎補充說明：

此題須採用**毛利率推算期末存貨**。建議使用下列表格，分別填入資料，即可推算期末存貨金額。將題目告知金額填入表格適當位置：

設：期末存貨為 x

銷貨收入（淨額）	$680,000
期初存貨 ＋進貨淨額 － 期末存貨	$70,000 $450,000＋$5,000 x
銷貨成本	
銷貨毛利	35%

↓ 進一步計算

銷貨收入（淨額）	$680,000
期初存貨 ＋進貨淨額 － 期末存貨	$70,000 $455,000 x
銷貨成本	$680,000×(1－35%)＝$442,000 或 $680,000－$238,000＝$442,000
銷貨毛利	$680,000×35%＝$238,000

↓ 將銷貨成本組成項目列為算式

$70,000＋$455,000－x＝$442,000

$525,000－x＝$442,000

x＝期末存貨$83,000

2.甲公司在 X1 年中疏忽未將一批進貨入帳,年底又遺漏未將該批商品計入期末存貨,試問該錯誤對財務報表的影響,下列何者正確?

(1)低估銷貨成本　　　　　　　　(2)低估保留盈餘
(3)低估流動比率　　　　　　　　(4)無影響淨利

答案:(4)

✎補充說明:

1. 分析「疏忽未將一批進貨入帳」造成之影響:

   進貨低估→**造成銷貨成本低估→造成淨利高估。**

2. 分析「遺漏未將該批商品計入期末存貨」造成之影響:

   期末存貨低估→**造成銷貨成本高估→造成淨利低估。**

3. 綜合以上二項分析,**可知二項錯誤對銷貨成本、淨利及保留盈餘之金額未造成影響,因為一為高估,另一則為低估,互抵後並未造成影響。**

4. 若不考慮低估進貨,僅考慮低估存貨,則選項(3)低估流動比率是正確的;但若併同考慮低估存貨,**則流動比率會低估、高估或不受影響**,則決定於原錯誤之流動比率是小於、大於或等於 1 及題目所述之「疏忽未將一批進貨入帳」是現購或賒購而定。

【101 年初等特考試題】

1.甲公司採永續存貨盤存制下之移動平均法,X1 年期初存貨 500 件@$11.4,X1 年 2 月 20 日進貨 1,000 件@$12,X1 年 4 月 20 日銷貨 700 件,X1 年 8 月 20 日再進貨 200 件@$14,X1 年 11 月 30 日銷貨 400 件,則 X1 年之期末存貨成本為:

(1)$7,344　　　　(2)$13,156　　　　(3)$7,235　　　　(4)$13,265

答案:(1)

✎補充說明:

　　計算如下:

日期		購 入			售 出			庫 存		
月	日	數量	單價	金額	數量	單價	金額	數量	單價	金額
X1 1	1							500	$11.40	$5,700
2	20	1,000	$12	$12,000				1,500①	11.80③	17,700②
4	20				700	$11.8④	$8,260⑤	800⑥	11.80⑦	9,440⑧
8	20	200	14	2,800				1,000⑨	12.24⑪	12,240⑩
11	30				400	12.24⑫	4,896⑬	600⑭	12.24⑮	**7,344⑯**

①＝1月1日庫存500件＋2月20日進貨1,000件。

②＝1月1日庫存存貨成本$5,700＋2月20日進貨成本$12,000。

③＝②÷①。

④＝③。

⑤＝4月20日銷貨700件×④。

⑥＝①－4月20日銷貨700件。

⑦＝③。

⑧＝⑥×⑦ 或＝②－⑤。

⑨＝⑥＋8月20日進貨200件。

⑩＝⑧＋8月20日進貨成本$2,800。

⑪＝⑩÷⑨。

⑫＝⑪。

⑬＝8月20日銷貨400件×⑫。

⑭＝⑨－8月20日銷貨400件。

⑮＝⑪。

⑯＝⑭×⑮ 或＝⑩－⑬。

2.下列項目何者應列入本期期末存貨：

①目的地交貨之運送途中的進貨　　②起運地交貨之運送途中的進貨

③目的地交貨之運送途中的銷貨　　④起運地交貨之運送途中的銷貨

⑤本公司寄放於他處之寄銷品　　　⑥公司之承銷品

⑦尚未耗用的原料　　　　　　　　⑧在製品存貨

(1) ①④⑤⑥⑧

(2) ①④⑤⑥⑦

(3) ②④⑥⑦⑧

(4) ②③⑤⑦⑧

答案：(4)

　　✎補充說明：

　　①公司為買方，尚未運至公司交貨，故**不可以列**入本期期末存貨。

　　②公司為買方，已交貨給公司，故**應列**入本期期末存貨。

　　③公司為賣方，尚未運至買方交貨，故仍**應列**入本期期末存貨。

　　④公司為賣方，已交貨給買方，故**不可以列**入本期期末存貨。

　　⑤寄銷品仍為公司的存貨，故**應列**入本期期末存貨。

　　⑥公司的承銷品為他人的存貨，故**不可以列**入本期期末存貨。

　　⑦尚未耗用的原料為公司的存貨，故**應列**入本期期末存貨。

　　⑧在製品存貨為公司的存貨，故**應列**入本期期末存貨。

3.某企業存貨會計採定期盤存制，若某批進貨未入帳，但期末盤點時有計入該項存貨，則其影響為：

(1)淨利高估、資產無影響　　　　(2)淨利高估、資產低估

(3)淨利高估、資產高估　　　　　(4)對淨利和資產都無影響

答案：(1) 或 (3)，詳下列之補充說明

　　✎補充說明：

　　1.由題目敘述可知某企業未記載下列進貨分錄：

　　　(1)若為現購，則分錄應為：

xxxx/xx/xx	進貨	xx,xxx	
	現金		xx,xxx

(2)若為賒購，則分錄應為：

| xxxx/xx/xx | 進貨 | xx,xxx | |
| | 應付帳款 | | xx,xxx |

2. 未做第1項所列之進貨分錄會造成的影響為：

(1)若為現購，影響為：

①未借記進貨→造成「進貨」低估→造成銷貨成本低估→**造成淨利高估**。

②未貸記現金→**造成資產高估**。

(2)若為賒購，影響為：

①未借記進貨→造成「進貨」低估→造成銷貨成本低估→**造成淨利高估**。

②未貸記應付帳款→**造成負債低估**。

3. **結論**：本題答案須視進貨為現購或賒購而有所不同，說明如下：

(1)若為現購，則進貨未入帳，會使**淨利高估、資產(現金)高估、負債不受影響**，答案為選項(3)。

(2)若為賒購，則進貨未入帳，會使**淨利高估、負債(應付帳款)低估、資產不受影響**，答案為選項(1)。

題目未告知是現購或賒購，答案應為選項(1)或選項(3)。**考選部公布之答案為選項(1)，可推知其是以賒購為分析之依據。**

4. 甲公司本年有關資料如下：進貨運費 $3,000，進貨折扣 $2,500，銷貨 $480,000，銷貨折扣 $8,200，銷貨運費 $6,200，期初存貨 $9,500，銷貨成本 $240,432，期末存貨為本年進貨金額的24%，則期末存貨為：

(1)$303,200　　　(2)$231,368　　　(3)$72,768　　　(4)$55,528

答案：(3)

✐補充說明如下：

此題建議使用下列表格，分別填入資料，即可推算期末存貨金額。

1. 空白表格如下：

銷貨收入（淨額）	
期初存貨 ＋進貨淨額 －期末存貨	？
銷貨成本	

等於：期初存貨＋進貨淨額－期末存貨＝銷貨成本

2. 將題目告知金額填入表格適當位置：

銷貨收入（淨額）	銷貨$480,000－銷貨折扣$8,200
期初存貨 ＋進貨淨額 －期末存貨	$9,500 進貨？＋進貨運費$3,000－進貨折扣$2,500 ？
銷貨成本	$240,432

↓ 進一步計算

設：本年進貨金額為 x，則期末存貨為 0.24x

銷貨收入（淨額）	$480,000－$8,200＝**$471,800**
期初存貨	$9,500
＋進貨淨額	x＋$3,000－$2,500
－期末存貨	0.24x
銷貨成本	$240,432
銷貨毛利	

↓ 將銷貨成本組成項目列為算式

$9,500＋x＋$3,000－$2,500－0.24x＝$240,432

$10,000＋0.76x＝$240,432

0.76x＝$230,432

x＝進貨$303,200

期末存貨＝0.24x＝$303,200 × 0.24＝**$72,768**

5.若期初存貨比期末存貨少$6,000,則:

(1)銷貨成本比淨進貨成本少$6,000

(2)銷貨成本比淨進貨成本多$6,000

(3)銷貨成本與淨進貨成本相同

(4)兩者的關係不一定

答案:(1)

☞補充說明:

1.此題建議假設金額並代入下列表格,較易解題,列示如下:

設:期末存貨為 x,進貨為 $100,000,則:

期初存貨 +進貨淨額 －期末存貨	x－$6,000 $100,000 x
銷貨成本	＝x－$6,000＋$100,000－x＝**$94,000**

2.由第1項之資料,**可知僅選項(1)之敘述是正確的。**

【100年普考試題】

1.以下為戊公司X4年及X5年比較損益表,該公司存貨採定期盤存制。

	X5年		X4年	
銷貨收入		$370,000		$300,000
銷貨成本				
期初存貨	$ 50,000		$ 25,000	
購貨	300,000		250,000	
可供銷售商品成本	$350,000		$275,000	
期末存貨	40,000	310,000	50,000	225,000
銷貨毛利		$ 60,000		$ 75,000
營業費用		23,000		20,000
本期淨利		$ 37,000		$ 55,000

經會計師查核戊公司帳簿後,發現一些存貨會計處理錯誤如下:

(1) 戊公司 X5 年期末盤點時存貨漏列$4,000。X4 年 12 月 31 日期末盤點時有$3,000 存貨重複盤點。

(2) 起運點交貨的賒購$6,000 已於 X4 年 12 月 30 日由供應商運出,且已正確計算為 X4 年的期末存貨,但戊公司直到 X5 年初才記錄購貨。

(3) 戊公司 X4 年底一批目的地交貨的銷貨,該批商品已於 X4 年 12 月 30 日運出,X5 年 1 月 3 日運達,成本$5,000,售價$7,800,誤將該交易記為 X4 年的銷貨,期末存貨亦未包括該批存貨。

(4) X5 年底戊公司一批起運點交貨的銷貨,成本$7,000,售價$9,600,已於 X5 年底運出,但尚未記錄銷貨,亦未計入期末存貨中。

試求: 戊公司 X4 及 X5 年之正確淨利。

解題:

建議以更正後之各項金額重編損益表,為較容易且不會錯的解題方式。解題如下:

	X5 年		X4 年	
銷貨收入		$387,400⑦		$292,200⑥
銷貨成本				
期初存貨	$52,000 ③		$25,000	
購貨	294,000⑤		256,000④	
可供銷售商品成本	346,000		281,000	
期末存貨	44,000①	302,000	52,000②	229,000
銷貨毛利		85,400		63,200
營業費用		23,000		20,000
本期淨利		**$ 62,400**		**$ 43,200**

① = $40,000 + $4,000 = $44,000。

② = $50,000 − $3,000 + $5,000 = $52,000。

③ = ②。

④ = $250,000 + $6,000 = $256,000。

⑤ = $300,000 − $6,000 = $294,000。

⑥ = $300,000 − $7,800 = $292,200。

⑦ = $370,000 + $7,800 + $9,600 = $387,400。

2.【依IAS或IFRS改編】戊公司於X8年初成立。在X8年底依二種不同方法計算的存貨成本分別為：先進先出法$87,000；加權平均法$89,500。公司如採用先進先出法計算存貨成本，則X8年度的淨利為$280,000；若公司採用加權平均法，則該年度的淨利為何？

(1)$277,500　　　(2)$278,000　　　(3)$282,000　　　(4)$282,500

答案：(4)

✎補充說明：

1. 先以假設金額代入下列表格，以了解各項目間之關係，列示如下：

   設：期初存貨為$0，進貨為$100,000

	先進先出法	加權平均法
期初存貨	$ 0	$ 0
＋進貨淨額	100,000	100,000
－期末存貨	－87,000	－89,500
＝銷貨成本	＝$13,000	＝$10,500

2. 由第1項之分析，**可知先進先出法的期末存貨較加權平均法少**$2,500(＝$89,500＋$87,00)，**其造成先進先出法的銷貨成本較加權平均法多**$2,500，**表示先進先出法的淨利會較加權平均法少**$2,500；X8年度採先進先出法時的淨利為$280,000，**則加權平均法下的淨利將為**$282,500(＝$280,000＋$2,500)。

3. 公司X6年度之銷貨收入$700,000，銷貨退回$20,000，已知毛利率為40%，當年淨進貨為$580,000，期初存貨為期末存貨的50%，若甲公司倉庫發生火災，將期末存貨全部燒毀，則損失金額為何？

(1)$172,000　　　(2)$272,000　　　(3)$344,000　　　(4)$408,000

答案：(3)

✎補充說明：

　　此題須採用毛利率推算期末存貨。建議使用下列表格，分別填入資料，即可推算期末存貨金額。將題目告知金額填入表格適當位置：

設：期末存貨為 x

銷貨收入（淨額）	$700,000－$20,000
期初存貨 ＋進貨淨額 － 期末存貨	0.5x $580,000 x
銷貨成本	
銷貨毛利	40%

↓ 進一步計算

銷貨收入（淨額）	$700,000－$20,000＝$680,000
期初存貨 ＋進貨淨額 － 期末存貨	0.5x $580,000 x
銷貨成本	$680,000×(1－40%)＝$408,000 或 $680,000－$272,000＝$408,000
銷貨毛利	$680,000×40%＝$272,000

↓ 將銷貨成本組成項目列為算式

$$0.5x＋\$580,000－x＝\$408,000$$

$$－0.5x＝－\$172,000$$

$$x＝期末存貨(即為損失金額)\mathbf{\$344,000}$$

【100 年初等特考試題】

1.庚公司按月編製財務報表，並使用毛利率法估計期末存貨，過去經驗顯示，毛利率大致為 40%。假定 10 月份銷貨淨額為$160,000，10 月 1 日之期初存貨為$50,000，而 10 月份期間之商品購入成本為$70,000，則 10 月 31 日之估計期末存貨成本應為：

(1)$24,000　　(2)$50,000　　(3)$64,000　　(4)$70,000

答案：(1)

✎補充說明如下：

此題須採用毛利率推算期末存貨。建議使用下列表格，分別填入資料，即可推算期末存貨金額。將題目告知金額填入表格適當位置：

設：期末存貨為 x

銷貨收入(淨額)	$160,000
期初存貨	$50,000
＋進貨淨額	$70,000
－ 期末存貨	x
銷貨成本	
銷貨毛利	40%

進一步計算

銷貨收入(淨額)	$160,000
期初存貨	$50,000
＋進貨淨額	$70,000
－ 期末存貨	x
銷貨成本	$160,000×(1－40%)＝$96,000 或 $160,000－$64,000＝$96,000
銷貨毛利	$160,000×40%＝$64,000

將銷貨成本組成項目列為算式

$50,000＋$70,000－x＝$96,000

$120,000－x＝$96,000

x＝期末存貨$24,000

2.以下對存貨的敘述何者為非？
(1)屬於流動資產
(2)指貨品的庫存或儲存
(3)經常是買賣業的大項資產之一
(4)製造業部分完成的貨品不算存貨，必須製造完成才算存貨

答案：(4)

補充說明如下：

選項(1)、選項(2)及選項(3)之敘述均為正確的；選項(4)之敘述是錯誤的，**因為製造業的存貨有原料、在製品及製成品，選項(4)所指的為在製品，其為製造業的存貨。**

3. 甲公司 X1 年期初存貨為$10,000，期末存貨為$20,000，銷貨成本為$40,000，X1 年度之進貨多少？
(1)$10,000　　　　(2)$30,000　　　　(3)$50,000　　　　(4)$70,000

答案：(3)

✎補充說明：

期初存貨$10,000＋進貨$？－期末存貨$20,000＝銷貨成本$40,000

進貨＝$50,000

4. 相較於定期盤存制，以下何者非為永續盤存制之特性？
(1)帳務處理簡單
(2)常設有各種存貨商品之明細分類帳
(3)可及時知道存貨之餘額
(4)有助於存貨管理

答案：(1)

✎補充說明：

永續盤存制因須隨時記載進貨、銷貨及庫存資料，**其較定期盤存制須花費較多的人力、物力及時間**，故選項(1)非為永續盤存制之特性；而選項(2)、選項(3)及選項(4)均為永續盤存制之特性。

5. 【依 IAS 或 IFRS 改編】甲公司於 X2 年將存貨計價方法從先進先出法改為加權平均法，導致 X1 年年底及 X2 年年底存貨分別較先進先出法下減少$108,000 及$12,400，所得稅率為 30%。則 X2 年保留盈餘表或權益變動表應報導之累積影響數為：
(1)借餘$75,600　　　　　　　　(2)貸餘$75,600
(3)借餘$84,280　　　　　　　　(4)貸餘$84,280

答案：(1)

☛補充說明：

存貨計價方法從先進先出法改為加權平均法，過去稱為「會計原則變動」，**現行國際財務報導準則改稱為「會計政策變動」**，有關會計政策變動說明，請參閱本章之重點提示。計算累積影響數如下：

$$\$108,000\times(1-30\%)=\$75,600$$

說明如下

1. 累積影響數是以會計政策變動年度之以前年度，採用新、舊會計政策造成淨利差異數為計算基礎，即本題應以 X1 年之淨利為計算基礎。

2. 新會計政策為加權平均法，X1 年若追溯適用加權平均法，將使期末存貨減少 $108,000，**進而造成稅前淨利減少 $108,000**，表示會計政策變動之以前年度須 追減 淨利，而該淨利已結轉至保留盈餘，故稅前累積影響數為 借方 $108,000。

3. 累積影響數須以稅後金額表達。

4. 除非另有說明，會計政策變動當年度均視為當年度已採用新會計政策。

6. 甲公司期初存貨低估$12,000，期末存貨高估$15,000，將使本期淨利：
(1)高估$3,000　　　　　　　　　(2)低估$3,000
(3)高估$27,000　　　　　　　　 (4)低估$27,000

答案：(3)

☛補充說明：

1. 分析「期初存貨低估$12,000」對淨利的影響：

　　期初存貨低估→造成銷貨成本低估→**造成淨利高估**$12,000。

2. 分析「期末存貨高估$15,000」對淨利的影響：

　　期末存貨高估→造成銷貨成本低估→**造成淨利高估**$15,000。

3. 綜合以上二項分析，**可知二項錯誤造成淨利影響數為高估**$27,000
　　(＝淨利高估$12,000＋淨利高估$15,000)。

【100 年四等地方特考試題】

1. 乙公司存貨採用定期盤存制，X8 年 12 月 31 日完成存貨調整分錄後，於結帳前發現下列事項：

    (1) 一批成本$4,000 的商品，乙公司已收到訂單，且預計於 X9 年 1 月 2 日以起運點交貨出售，因此，未列入 12 月 31 日的存貨中。

    (2) 12 月 30 日收到一批成本$2,000 的商品，因尚未驗收，故尚未入帳，該批賒購商品已於 12 月 31 日驗收無誤，乙公司在 12 月 31 日期末盤點時已記入存貨中。

    (3) 乙公司 X8 年 12 月 31 日將一批成本$43,000，售價$53,000 的商品銷售給丙公司，目的地交貨，商品已在運送途中，但因乙公司期末盤點時未盤點到該批商品，故漏未將該批商品列入存貨。

    (4) 乙公司 X8 年 12 月 31 日賒購入商品一批成本$28,000，起運點交貨，商品尚在運送途中，進貨發票尚未收到也未入帳，但期末盤點時未記入存貨中。

    (5) 乙公司 X8 年 12 月 31 日期末盤點時有$5,000 商品重複盤點。

試作：

　　請針對以上事項作乙公司必要之更正分錄，若不需作更正則請說明免作分錄。

解題：

　　列示分錄如下：

　　第(1)項：存貨低估，應編製之**更正分錄**為：

x8/12/31	存貨	4,000	
	銷貨成本		4,000

　　第(2)項：**進貨低估**，應編製之更正分錄為：

x8/12/31	銷貨成本	2,000	
	應付帳款		2,000

　　第(3)項：存貨低估，應編製之更正分錄為：

x8/12/31	存貨	43,000	
	銷貨成本		43,000

第(4)項：

①**存貨低估**，應編製之更正分錄為：

x8/12/31	存貨	28,000	
	銷貨成本		28,000

②**進貨低估**，應編製之更正分錄為：

x8/12/31	銷貨成本	28,000	
	應付帳款		28,000

☜若尚未編製存貨調整分錄，則應借記「進貨」，**因題目告知已完成存貨調整分錄，表示進貨已結轉至銷貨成本。**

前列第①項及第②項之分錄可 合併 為：

x8/12/31	存貨	28,000	
	應付帳款		28,000

第(5)項：存貨高估，應編製之更正分錄為：

x8/12/31	銷貨成本	5,000	
	存貨		5,000

2.有關存貨之會計處理，以下敘述何者正確？

(1)特殊情況例如因存貨盤點耗時且成本計算困難時，得採用毛利法評價

(2)零售業對於大量快速週轉且毛利率類似之存貨，特定條件下得採用零售價法衡量

(3)可替換之大量生產存貨得採用個別認定法、先進先出法或加權平均法

(4)異常耗損之原料、人工或其他製造成本於發生時認列為銷貨成本

答案：(2)

☜**補充說明：**

1.本題涉及國際財務報導準則之相關規定，請參閱本章重點提示。

2.各選項之分析如下：

(1)選項(1)：敘述是錯誤的，毛利法為存貨成本的「估計方法」而非存貨評價方法，**存貨評價方法應採成本與淨變現價值孰低法。**

(2)選項(2)：敘述符合國際財務報導準則之規定，請參閱前列第 1 項之說明，**答案為本選項**。

(3)選項(3)：敘述是錯誤的，**因為採用個別認定法須符合規定之條件**，請參閱前列第 1 項之說明。

(4)選項(4)：敘述是錯誤的，異常耗損之原料、人工或其他製造成本**應認列為其他損失項目**，並應查明原因。

3. 乙公司 X1 年底實地盤點存貨為$435,000，但不包括下列存貨：
   (1) 乙公司寄放甲公司代售商品$10,000。
   (2) 乙公司銷貨商品$30,000，成本$20,000，目的地交貨。買方於 X2 年 1 月 2 日收貨。
   (3) 乙公司賒購商品$40,000，起運點交貨，賣方 X2 年 1 月 2 日出貨。

   則乙公司正確期末存貨金額為何？
   (1)$455,000　　(2)$465,000　　(3)$475,000　　(4)$505,000

答案：(2)

　補充說明：

　　正確期末存貨金額(成本)＝實地盤點存貨$435,000＋寄銷品$10,000＋尚未交貨之在途存貨$20,000＝**$465,000**

　　題目之第 3 項乙公司賒購商品$40,000，起運點交貨，因該商品於 X1 年底仍未出貨，故並非乙公司的存貨。

【100 年五等地方特考試題】

1. 甲公司採行永續盤存制。甲向乙公司購買商品，買賣條件為起運點交貨。運貨過程中甲公司支付貨運公司現金運費，支付運費這件事對甲公司之財務狀況表有何影響？
(1)資產總額、負債總額與股東權益總額皆不變
(2)資產總額、負債總額與股東權益總額皆減少
(3)資產總額減少，負債總額不變，股東權益總額減少
(4)資產總額減少，負債總額減少，股東權益總額不變

答案：(1)

> 補充說明：
>
> 1. 甲公司支付貨運公司運費時之分錄為：
>
> | xxxx/xx/xx | 存貨　　　　　　　　　xx,xxx |
> |---|---|
> | | 　　現金　　　　　　　　　　　　xx,xxx |
>
> 2. 編製第 1 項分錄，對甲公司的資產(因為資產為一增一減)、負債及股東權益均未造成影響。

2. 乙公司存貨採定期盤存制，X9 年底結帳後，發現下列期末存貨錯誤：X6 年期末存貨低估$120,000，X7 年期末存貨高估$150,000，X8 年期末存貨高估$130,000，X9 年期末存貨低估$150,000，若X9 年原帳列銷貨成本為$840,000，則 X9 年正確之銷貨成本金額為何？
(1)$560,000　　　　(2)$690,000　　　　(3)$710,000　　　　(4)$1,120,000

答案：(1)

> 補充說明：
>
> 1. 本題只須分析 X8 年期末存貨高估及 X9 年期末存貨低估對於 X9 年銷貨成本的影響；X6 年及 X7 年的存貨錯誤不會影響到 X9 年的銷貨成本。
>
> 2. X8 年期末存貨高估對 X9 年銷貨成本會造成影響，因為 X8 年期末存貨即為 X9 年的期初存貨。
>
> 3. 綜合以上說明，要計算 X9 年正確之銷貨成本金額，須分析 X9 年期初存貨高估$130,000(即 X8 年期末存貨高估金額)及 X9 年期末存貨低估$150,000 二項錯誤。分析如下：
>
>   (1) 期初存貨高估→造成銷貨成本高估$130,000。
>
>   (2) 期末存貨低估→造成銷貨成本高估$150,000。
>
>   (3) 綜合以上二項分析，可知二項錯誤造成銷貨成本高估$280,000
>   (＝銷貨成本高估$130,000＋銷貨成本高估$150,000)。
>
> 4. X9 年正確之銷貨成本金額＝X9 年原帳列銷貨成本$840,000－銷貨成本高估金額$280,000＝**$560,000**。

3.丁公司於 X7 年 5 月 1 日賒銷一批定價為$25,000 的商品給丙公司，同意給予 36% 的商業折扣以及付款條件 3/15，n/30，交貨條件為起運點交貨，丁公司預付運費$200。丙公司於同年 5 月 13 日付清所有款項，其金額應為：
(1)$15,488　　　　(2)$15,496　　　　(3)$15,520　　　　(4)$15,720

答案：(4)

補充說明：

1.建議以丙公司立場編製各項交易的分錄，即可求得應支付之金額。

列示各項交易分錄如下：

(1)丙公司賒購時：

x7/05/01	進貨	16,000	
	應付帳款		16,000

以扣除商業折扣後的金額入帳＝$25,000 × (1－36%)

(2)丁公司預付運費時：

x7/05/01	進貨運費	200	
	應付帳款		200

(3)付清貨款時：

x7/05/13	應付帳款	16,200①	
	進貨折扣		480②
	現金		**15,720**③

①＝$16,000＋$200。

②＝$16,000×3%，**進貨運費$200 不享有進貨折扣之權利**。

③＝①－②。

2.**直接以算式計算如下**(要採用此項計算，前提須對**以丙公司立場**應編製各項交易的分錄有所了解)：

丙公司於 X7 年 5 月 13 日應支付之款項
＝$25,000 × (1－36%) × (1－3%)＋$200＝**$15,720**

4.甲公司賒銷商品一批定價$10,000，商業折扣 10%，銷貨條件為 5/10，n/30，若甲公司在折扣期間內收到二分之一的貨款，則收現金額為何？
(1)$4,750　　　　(2)$4,500　　　　(3)$4,275　　　　(4)$5,000

答案：(3)

>補充說明：

甲公司可收到的現金
$=\$10,000\times(1-10\%)\times(1/2)\times(1-5\%)=$ **$4,275**

5.甲公司將成本$80,000 的商品以$100,000 售予乙公司，雙方言明目的地交貨。運送費用$2,000，由乙公司先行支付。下列何者正確？
(1)甲公司認列銷貨收入$100,000、銷貨運費$2,000
(2)乙公司認列進貨$100,000、進貨運費$2,000
(3)甲公司認列銷貨收入$80,000、應收帳款$98,000
(4)乙公司認列進貨$100,000、應付帳款$102,000

答案：(1)

>補充說明：

1.列示甲公司應編製之分錄如下：

(1)甲公司銷貨時之分錄為：

xxxx/xx/xx	應收帳款	100,000	
	銷貨收入		100,000

(2)甲公司於乙公司代付運送費用$2,000 時之分錄為：

xxxx/xx/xx	銷貨運費	2,000	
	應收帳款		2,000

2.列示乙公司應編製之分錄如下：

(1)乙公司進貨時之分錄為：

xxxx/xx/xx	進貨	100,000	
	應付帳款		100,000

(2)乙公司代付運送費用$2,000 時之分錄為：

xxxx/xx/xx	應付帳款	2,000	
	現金		2,000

3.由第 1 項及第 2 項之分錄，**可知答案為選項**(1)。

【99 年普考試題】

1.以下為乙公司 X7 及 X8 年度比較損益表上部分會計科目所列示金額，該公司存貨採定期盤存制。

	X7	X8
期初存貨	$206,000	$197,000
進貨	2,320,000	1,784,000
進貨退回與折讓	115,000	51,000
進貨運費	36,000	23,000
期末存貨	197,000	?
銷貨收入	3,200,000	2,500,000
銷貨退回與折讓	200,000	100,000
銷貨運費	200,000	80,000

試作：

1.計算 X7 年之毛利率。

2.假設 X8 年之毛利率不變，請計算乙公司 X8 年銷貨成本。

3.假設 X8 年之毛利率不變，請計算乙公司 X8 年期末存貨。

解題：

1.X7 年之毛利率為：

銷貨收入(淨額)	$3,200,000－$200,000＝$3,000,000
期初存貨	$206,000
＋進貨淨額	$2,320,000－$115,000＋36,000＝$2,241,000
－期末存貨	$197,000
銷貨成本	＝$2,250,000
銷貨毛利	＝$750,000

$$\text{毛利率} = \text{銷貨毛利} \$750,000 \div \text{銷貨收入（淨額）} \$3,000,000$$
$$= 25\%$$

2.假設 X8 年之毛利率不變，計算 X8 年銷貨成本如下：

$$(\text{銷貨收入} \$2,500,000 - \text{銷貨退回與折讓} \$100,000) \times (1-25\%)$$
$$= \text{銷貨成本} \$1,800,000$$

3.假設 X8 年之毛利率不變，計算乙公司 X8 年期末存貨如下：

設：期末存貨為 x

期初存貨	$197,000
＋進貨淨額	$1,784,000 - $51,000 + $23,000 = $1,756,000
－　期末存貨	x
銷貨成本	$1,800,000

將銷貨成本組成項目列為算式

$$\$197,000 + \$1,756,000 - x = \$1,800,000$$
$$\$1,953,000 - x = \$1,800,000$$
$$x = \text{期末存貨} \$153,000$$

2.甲公司存貨制度採定期盤存制，期初存貨400件，每單位成本$15，第一批進貨850件，每單位成本$18，第二批進貨750件，每單位成本$20，已銷售商品1,500件，若採用加權平均法計算存貨成本，則期末存貨為何？
(1)$8,835　　　　(2)$9,075　　　　(3)$26,505　　　　(4)$27,225

答案：(2)

📎**補充說明：**

計算程序如下：

1.計算可供銷售商品總成本：

400	× $15	= $6,000
850	× $18	= $15,300
750	× $20	= $15,000
2,000		$ 36,300

2.銷售總件數：1,500 件(題目告知)

3.期末存貨數量：

可供銷售商品總件數 2,000 件－銷售總件數 1,500 件＝500 件

4.平均單價：

可供銷售商品總成本 $36,300÷可供銷售商品總件數 2,000 件
＝$18.15

5.期末存貨金額：

期末存貨數量 500 件×$18.15＝**$9,075**

【99 年初等特考試題】

1.【依 IAS 或 IFRS 規定】當物價下跌，進貨成本亦逐期下跌時期，下列何種存貨成本流動假設可使損益表表達的淨利最低？
(1)加權平均法　　　　　　　　(2)先進先出法
(3)無法確定　　　　　　　　　(4)移動平均法

答案：(2)

　　📝補充說明：

原題目之選項(3)為「後進先出法」，但國際財務報導準則已廢止後進先出法，故本題改為「無法確定」。

題目要求找出使淨利最低的存貨成本流動假設，**表示該存貨成本流動假設是出售較高成本存貨的方法**，因為題目告知進貨成本是逐期下跌，所以越早進貨的成本越高，**使淨利最低的存貨成本流動假設即為先進先出法**。

2.在買賣業期末結帳程序所作的工作底稿中，期末商品存貨列於：
(1)損益表欄的借方與財務狀況表欄的貸方
(2)僅損益表欄的借方
(3)僅財務狀況表欄的貸方
(4)損益表欄的貸方與財務狀況表欄的借方

答案：(4)

 📎補充說明：

  期末存貨會出現在損益表及財務狀況表中，其列示欄位說明如下：

  1.因為期末存貨為資產，資產的正常餘額為借方餘額，**故期末存貨應列於工作底稿中 財務狀況表欄 的 借方**。

  2.另因為期末存貨須列於損益表中用以決定銷貨成本，其為銷貨成本之減項，銷貨成本於損益表又列為減項，**故期末存貨與淨利的變動為正相關之關係**，其應列於 損益表欄 的 貸方 。

3.甲公司採定期盤存制下之先進先出成本流動假設，本年進銷資料為：期初存貨600件@$12，第一批進貨300件@$14，第二批進貨900件@$13，第三批進貨550件@$11.5，本期中銷售該產品1,560件，則銷貨成本為：
(1)$9,445　　　　(2)$19,980　　　　(3)$9,860　　　　(4)$19,565

答案：(2)

 📎補充說明：

  計算程序如下：

   1.計算可供銷售商品總成本：

600	×$12.0	= $7,200
300	×$14.0	= $4,200
900	×$13.0	= $11,700
550	×$11.5	= $6,325
2,350		$29,425

  2.銷售總件數：1,560件(題目告知)

  3.期末存貨數量：

   可供銷售商品總件數2,350件－銷售總件數1,560件＝790件

  4.期末存貨金額：

   期末存貨數量790件之批次單位成本及總成本：

550	× $11.5	= $6,325
240	× $13	= $3,120
790		$ 9,445

5.銷貨成本：

可供銷售商品總成本$29,425－期末存貨$9,445＝**$19,980**

4.當進貨$100,000，付款的條件為 1/15，n/60，則此筆帳款隱含的利率為：

(1)8.11%　　　　(2)6.14%　　　　(3)8.19%　　　　(4)37.24%

答案：(3)

✍補充說明：

1.可享進貨折扣＝$100,000×1%＝$1,000。

2.進貨金額$100,000－可享進貨折扣$1,000

　＝為享進貨折扣所須支付的貨款淨額$99,000

3.可享進貨折扣$1,000÷為享進貨折扣所須支付的貨款淨額$99,000

　＝折扣期間屆滿日至付款最後期限(共 45 天)之利率 1.010101%

4.將第 3 項之 45 天利率**換算為年利率**，計算如下：

1.010101%÷45 天×365 天＝**8.19%**

> 題目未告知一年的天數，於考試時，若為選擇題，則先以 365 天計算,若無有答案,再以 360 天計算。若為計算題或分錄題，則先寫明採用之天數。

5.當期初存貨低估$650、期末存貨高估$430，且無其他錯誤存在時，對當期淨利之影響為：

(1)高估$220　　　　　　　　(2)低估$220

(3)高估$1,080　　　　　　　(4)低估$1,080

答案：(3)

✍補充說明如下：

1. 分析「期初存貨低估$650」對淨利的影響：

   期初存貨低估→造成銷貨成本低估→**造成淨利高估**$650。

2. 分析「期末存貨高估$430」對淨利的影響：

   期末存貨高估→造成銷貨成本低估→**造成淨利高估**$430。

3. 綜合以上二項分析，**可知二項錯誤造成淨利影響數為高估**$1,080
   (＝淨利高估$650＋淨利高估$430)。

【99年四等地方特考試題】

1. 甲公司在X2年1月15日晚上存貨遭竊，第二天得知後立刻盤點存貨，經盤點後得知剩餘存貨售價為$40,000(不含寄銷品)。甲公司採用曆年制，以下為甲公司X2年1月15日分類帳上的資料：

期初存貨(成本)	$30,000
進貨(1月1日~1月15日)	235,000
進貨運費	1,500
銷貨收入－總額	200,000
銷貨退回	20,000
銷貨運費	2,500

假設以銷貨收入為基礎之毛利率為20%，請利用毛利率法計算甲公司的存貨失竊應向保險公司求償之金額。

解題：

此題須採用毛利率推算期末存貨。建議使用下列表格，分別填入資料，即推算期末存貨金額。將題目告知金額填入表格適當位置：

設：期末存貨為 x

銷貨收入(淨額)	$200,000－$20,000
期初存貨 ＋進貨淨額 － 期末存貨	$30,000 $235,000＋$1,500 x
銷貨成本	
銷貨毛利	20%

進一步計算

銷貨收入（淨額）	$200,000－$20,000＝$180,000
期初存貨	$30,000
＋進貨淨額	$235,000＋$1,500＝$236,500
－ 期末存貨	×
銷貨成本	$180,000×(1－20%)＝$144,000 或 $180,000－$36,000＝$144,000
銷貨毛利	$180,000×20%＝$36,000

將銷貨成本組成項目列為算式

$30,000＋$236,500－×＝$144,000

$266,500－×＝$144,000

×＝**期末存貨**$122,500

甲公司的存貨失竊應向保險公司求償之金額為：

期末存貨成本$122,500－盤點剩餘存貨售價$40,000×(1－20%)

＝**$90,500**

答：甲公司的存貨失竊應向保險公司求償之金額為$90,500。

2.若甲公司 X3 年期初存貨多記$7,000，期末存貨多記$4,000，則對 X3 年淨利的影響為何？

(1)多計$3,000　　　　　　　　　(2)少計$3,000

(3)多計$11,000　　　　　　　　 (4)少計$11,000

答案：(2)

補充說明：

本題所述之「多記」，即為「高估」。

1.分析「期初存貨多記$7,000」對淨利的影響：

期初存貨多記→造成銷貨成本多計→**造成淨利少計**$7,000。

2.分析「期末存貨多記$4,000」對淨利的影響：

　　期末存貨多記→造成銷貨成本少計→**造成淨利多計**$4,000。

3.綜合以上二項分析，**可知二項錯誤造成淨利影響數為少計**$3,000

　　（＝淨利少計$7,000－淨利多計$4,000）。

3.甲公司之存貨紀錄採用定期盤存制，以下為甲公司 X8 年度進銷貨相關資訊：1 月 1 日期初存貨 200 單位，每單位$10；4 月 25 日進貨 300 單位，每單位$12；7 月 18 日進貨 100 單位，每單位$13；9 月 14 日銷貨 500 單位，每單位$20；12 月 9 日進貨 100 單位，每單位$15。若甲公司存貨採用加權平均法，則該公司期末存貨為何？

(1)$2,000　　　　(2)$2,400　　　　(3)$2,500　　　　(4)$2,800

答案：(2)

☙ 補充說明：

　　計算如下：

　　1.計算可供銷售商品總成本：

200	× $10	＝ $ 2,000
300	× $12	＝ $ 3,600
100	× $13	＝ $ 1,300
100	× $15	＝ $ 1,500
700		$ 8,400

　　2.銷售總單位數：500 單位(題目告知)

　　3.期末存貨數量：

　　　　可供銷售商品總單位數 700－銷售總單位數 500＝200 單位

　　4. 平均單價：

　　　　可供銷售商品總成本$ 8,400÷可供銷售商品總單位數 700 件

　　　　＝$12

　　5. 期末存貨金額：

　　　　$12 期末存貨數量×200 件＝**$2,400**

【99年五等地方特考試題】

1. 丁公司X9年因水災造成部分產品泡水,該批泡水產品之成本為$250,000,定價為$300,000,現估計須花費$15,000之處理成本後,尚可依定價之三分之二出售。假設該批泡水產品在 X9 年財務狀況表日仍未出售,試問丁公司於 X9 年應認列之存貨跌價損失為何?

(1)$150,000　　(2)$65,000　　(3)$50,000　　(4)$0

答案:(2)

> 補充說明:
>
> 1. 泡水產品之成本＝$250,000
>
> 2. 泡水產品之淨變現價值＝$300,000× 2/3－$15,000＝$185,000
>
> 3. **採成本及淨變現價值孰低評價,應認列存貨跌價損失為:**
>
>   成本$250,000－淨變現價值$185,000＝**$65,000**

2. 甲公司 X1 年銷貨淨額$200,000,銷貨毛利率40%,營業費用$30,000,此外無其他影響損益項目。以下敘述何者為非?

(1)淨利率 62.5%　　　　　　　　(2)淨利$50,000

(3)銷貨毛利$80,000　　　　　　　(4)銷貨成本$120,000

答案:(1)

> 補充說明:
>
> 1. 將題目告知金額填入下列表格並計算,自行計算部分為較粗字體:
>
> | 銷貨收入(淨額) | $200,000 |
> |---|---|
> | 銷貨成本 | $200,000×(1－40%)＝**$120,000**
或$200,000－$80,000＝**$120,000** |
> | 銷貨毛利 | $200,000×40%＝**$80,000** |
> | 營業費用 | $30,000 |
> | 本期淨利 | **$50,000** |
>
> 2. 由前列第 1 項之計算可知,選項(2)、選項(3)及選項(4)之答案均為正確的,**選項(1)是錯誤的,淨利率應為 25%**(＝$50,000÷$200,000)。

3.當本期期初存貨多計$3,500,期末存貨亦多計$5,000,兩項錯誤均未更正,則本期淨利:

(1)多計$8,500　　　(2)少計$8,500
(3)多計$1,500　　　(4)少計$1,500

答案:(3)

✍補充說明:

1.分析「期初存貨多計$3,500」對淨利的影響:

期初存貨多計→造成銷貨成本多計→**造成淨利少計**$3,500。

2.分析「期末存貨多記$5,000」對淨利的影響:

期末存貨多計→造成銷貨成本少計→**造成淨利多計**$5,000。

3.綜合以上二項分析,**可知二項錯誤造成淨利影響數為多計**$1,500
(=淨利多計$5,000-淨利少計$3,500)。

4.丁公司期初存貨200件,每件$10,當期進貨兩次,第一次300件,每件$11,第二次250件,每件$12,第一次進貨後與第二次進貨前則有銷貨240件,在移動平均法下,銷貨成本為:

(1)$2,712　　(2)$2,640　　(3)$2,544　　(4)$2,520

答案:(3)

✍補充說明:

題目敘述採移動平均法,表示是採平均成本法並搭配永續盤存制。本題僅有一次銷貨,故只須計算至該次銷貨即可求得答案,計算如下:

日期	購入			售出			庫存		
月　日	數量	單價	金額	數量	單價	金額	數量	單價	金額
期初存貨							200	$10.0	$2,000
第一次進貨	300	$11	$3,300				500	10.6	5,300
銷貨				240	$10.6	**$2,544**			
第二次進貨	不影響答案,故不須計算							

此欄金額即為銷貨成本金額

【98年普考試題】

1.【依 IAS 或 IFRS 改編】因購買大量且重複製造或生產之存貨而向銀行借款所產生的利息成本，對買賣業存貨金額之影響為：
(1)無影響
(2)一定增加
(3)一定減少
(4)企業得免將該等利息資本化為存貨成本

答案：(4)

> 補充說明：
>
> 過去所稱「利息資本化」，國際財務報導準則是以「借款成本」為制定會計準則之依據，借款成本涵蓋利息費用。國際財務報導準則規定**屬於大量且重複製造或生產之存貨，其可直接歸屬於購置、建造或生產該存貨所發生的借款成本，即使符合資本化之條件得免予以將借款成本資本化**，因為國際會計準則理事會(IASB)認為將該借款成本資本化有困難且成本可能大於效益；**其他存貨仍應將借款成本資本化。**

2.丁公司出售一批商品，定價$100,000，商業折扣為5%，成本$65,000，則有關此交易事項之分錄，下列敘述何者正確？
(1)貸記：銷貨收入$95,000　　　(2)借記：存貨$65,000
(3)借記：銷貨成本$95,000　　　(4)貸記：銷貨收入$100,000

答案：(1)

> 補充說明：
>
> 列示相關分錄如下，此題之答案選項有存貨及銷貨成本，可知採永續盤存制：

xxxx/xx/xx	現金(或應收帳款)	95,000※	
	銷貨收入		95,000

※ = $100,000 × (1 − 5%)

xxxx/xx/xx	銷貨成本	65,000	
	存貨		65,000

【98年初等特考試題】

1.甲公司採永續盤存制下的先進先出成本流動假設，X1年進銷資料為：1月1日存貨800單位@$25，2月15日進貨1,000件@$24，9月30日進貨600件@$28。5月20日銷貨1,200件，售價@$50，11月30日銷貨800件，售價@$55，則銷貨毛利為：

(1)$54,400　　　(2)$53,200　　　(3)$49,600　　　(4)$48,400

答案：(1)

> ✎**補充說明：**
>
> 因為採用先進先出成本流動假設之下，不論是採永續盤存制或定期盤存制，其計算所得的銷貨成本及期末存貨均相同，故本題可以定期盤存制的方式解題。計算如下：
>
> 1.計算可供銷售商品總成本：
>
> | 800 | × | $25 | = $20,000 |
> |---|---|---|---|
> | 1,000 | × | $24 | = $24,000 |
> | 600 | × | $28 | = $16,800 |
> | 2,400 | | | $60,800 |
>
> 2.銷售總件數：1,200件＋800件＝2,000件
>
> 3.期末存貨數量：
>
> 　　可供銷售商品總件數2,400件－銷售總件數2,000件＝400件
>
> 4.期末存貨金額：
>
> 　　　400×$28＝$11,200
>
> 5.銷貨成本：
>
> 　　可供銷售商品總成本$60,800－期末存貨金額$11,200＝$49,600
>
> 6.銷貨收入：
>
> 　　1,200件×$50＋800件×$55＝$104,000
>
> 7.**銷貨毛利：**
>
> 　　銷貨收入$104,000－銷貨成本$49,600＝**$54,400**

2.下列敘述何者正確？
(1)當本期期末存貨少計會使本期銷貨成本多計，下一期的銷貨成本少計，下一期的淨利多計
(2)當本期期末存貨少計會使本期銷貨成本多計，本期的保留盈餘少計，下一期的保留盈餘多計
(3)當本期期末存貨多計會使本期淨利多計，下一期的銷貨成本多計，下一期的淨利少計，下一期的保留盈餘少計
(4)當本期期末存貨多計會使本期銷貨成本少計，下一期的期初存貨多計，下一期的淨利少計，下一期的期末存貨少計

答案：(1)

✎補充說明：

1.選項(1)：敘述為正確的，**答案為本選項**。

2.選項(2)：錯在「下一期的保留盈餘**多計**」，其所指保留盈餘為保留盈餘的餘額；正確應改為「下一期的保留盈餘**是正確的**」，此為存貨錯誤的特質，**存貨錯誤經過二年結帳程序，保留盈餘之餘額即會自動更正錯誤而為正確金額。**

3.選項(3)：錯在「下一期的保留盈餘**少計**」，正確應改為「下一期的保留盈餘**是正確的**」，請參閱前列第 2 項之說明。

4.選項(4)：錯在「下一期的期末存貨**少計**」，正確應改為「下一期的期末存貨**是正確的**」；因為企業每年均會盤點存貨，除非另有說明，**本期期末存貨多計或少計並不會影響下一期期末存貨之金額。**

3. X1 年底期末存貨多計$15,000，X2 年底期末存貨少計$6,000，兩年之所得稅率均為30%，則將使 X2 年底財務狀況表上的保留盈餘：
(1)少計$14,700
(2)少計$21,000
(3)多計$14,700
(4)少計$4,200

答案：(4)

✎補充說明如下：

因為 X1 年底期末存貨多計 $15,000 至 X2 年底結帳後已經過二年結帳程序,保留盈餘之餘額即會自動更正而為正確金額。故本題只須分析 X2 年底期末存貨少計$6,000 對保留盈餘之影響,分析計算如下:

X2 年底期末存貨少計→造成銷貨成本多計→造成淨利少計→結帳後,造成保留盈餘(稅前)少計$6,000→**造成保留盈餘(稅後)少計 $4,200**($=$6,000×(1−30%))。

4.商品一批,定價$100,000,以九折買入,條件為 3/10,n/60,於進貨後 9 天付款,此批商品之進貨成本為:
(1)$100,000　　(2)$97,000　　(3)$90,000　　(4)$87,300

答案:(4)

　✎補充說明:

　　進貨成本＝$100,000×90%×(1−3%)＝**$87,300**

5.【依 IAS 或 IFRS 改編】存貨在財務狀況表係以何種方式報導:
(1)成本法　　　　　　　　　　　(2)市價法
(3)成本與淨變現價值孰高法　　　(4)成本與淨變現價值孰低法

答案:(4)

　✎補充說明:

　　存貨的評價方法為成本與淨變現價值孰低法。

【98 年四等地方特考試題】

1.某公司期初存貨$12,000,當年度進貨$38,000,並以$45,000 銷售 500 件總成本$40,000 之存貨,則期末存貨為:
(1)$5,000　　(2)$7,000　　(3)$10,000　　(4)$33,000

答案:(3)

　✎補充說明:

　　期初存貨$12,000＋進貨$38,000−期末存貨?＝銷貨成本$40,000

　　　　　　　　期末存貨＝$10,000

2.甲公司於 X3 年 8 月 2 日賒銷商品$20,000 給 A 客戶，付款條件為 2/10、n/30，運送條件為目的地點交貨，運費$800 於 8 月 3 日商品送達時由 A 客戶代為支付。若 A 客戶於 X3 年 8 月 12 日付清全部貨款，則甲公司於 X3 年 8 月 12 日自 A 客戶收到多少現金？

(1)$18,800　　　　(2)$19,200　　　　(3)$19,400　　　　(4)$20,000

答案：(1)

✎ 補充說明：

甲公司可自客戶收到的現金數

＝銷貨金額$20,000×(1－2%)－A 客戶代為支付之運費$800

＝**$18,800**

3.【依 IAS 或 IFRS 改編】下列有關存貨成本流動假設方法的敘述，何者正確？

(1)當物價持續下跌時，採用先進先出法，淨利會較平均法高

(2)當物價持續下跌時，採用先進先出法，期末存貨較高

(3)當物價持續上漲時，採用先進先出法，能達到延後繳納所得稅的目的

(4)當物價持續上漲時，採用先進先出法，將使存貨資產之表達較符合攸關性

答案：(4)

✎ 補充說明：

1.選項(1)：敘述是錯誤的，因為當物價持續下跌時，採用先進先出法時之銷貨成本是較高成本部分，**其會造成淨利較低。**

2.選項(2)：敘述是錯誤的，因為當物價持續下跌時，採用先進先出法時之期末存貨是留下較低成本部分，**故期末存貨會較低。**

3.選項(3)：敘述是錯誤的，因為當物價持續上漲時，採用先進先出法時之銷貨成本是較低成本部分，**其會造成淨利較高，會先多繳稅。**

4.選項(4)：敘述是正確的，因為當物價持續上漲時，**採用先進先出法時之期末存貨是留下較高成本部分，其較接近年底的市場價格，故期末存貨表達的金額較具攸關性，答案為本選項。**

【98 年五等地方特考試題】

1. 某公司期初存貨之數量為 1,000 個,成本為$40,000,此外,本期依序進貨 3,000 個(單價$42)、2,000 個(單價$44)、4,000 個(單價$45)。若期末存貨經盤點後為 2,000 個,在先進先出法下,期末存貨金額為:

(1)$80,000　　　(2)$82,000　　　(3)$85,000　　　(4)$90,000

答案:(4)

  ✎補充說明:

   因為採用先進先出成本流動假設之下,不論是採永續盤存制或定期盤存制,其計算所得的銷貨成本及期末存貨均相同,故本題可以定期盤存制的方式解題。計算如下:

   1.計算可供銷售商品總成本:

1,000	×	$40	= $ 40,000
3,000	×	$42	=$126,000
2,000	×	$44	= $ 88,000
4,000	×	$45	=$180,000
10,000			$434,000

   2.銷售總個數:題目未告知

   3.期末存貨數量:2,000 個(題目告知)

   4.**期末存貨金額:**

    2,000 個× $45 =**$90,000**

2. 甲公司於 X1 年 11 月 1 日購入商品一批,金額為$25,000,付款條件為 3/10, n/30,若於 11 月 30 日付款,則支付之款項為:

(1)$24,250　　　(2)$24,500　　　(3)$25,000　　　(4)$17,500

答案:(3)

  ✎補充說明:

   因為甲公司未於折扣期間內付款,故無法享有折扣,仍應支付貨款之全額$25,000。

3. 存貨記錄採用淨額法時，未享進貨折扣是屬於：

(1)其他收入 　　　　　　　　　　(2)應付帳款之加項

(3)應付帳款之減項 　　　　　　　(4)財務費用

答案：(4)

> **補充說明：**
>
> 未享進貨折扣表示企業未於折扣期間付款，**顯示企業資金調度不當，增加企業的資金成本，故未享進貨折扣屬財務費用**，於損益表列為其他損益項目。

4. 甲公司 X1 年期初存貨$100,000，進貨$366,000，進貨折扣$5,400，銷貨$508,000，銷貨折扣$3,000，過去3年平均毛利率35%，則期末存貨為：

(1)$283,850　　(2)$137,750　　(3)$130,400　　(4)$132,350

答案：(4)

> **補充說明：**
>
> 此題須採用毛利率推算期末存貨。建議使用下列表格，分別填入資料，即推算期末存貨金額。將題目告知金額填入表格適當位置：
>
> **設：期末存貨為 x**
>
> | 銷貨收入（淨額） | $508,000 − $3,000 |
> |---|---|
> | 期初存貨
＋進貨淨額
－ 期末存貨 | $100,000
$366,000 − $5,400
x |
> | 銷貨成本 | |
> | 銷貨毛利 | 35% |
>
> 　　　　　　　　　　進一步計算

銷貨收入(淨額)	$508,000-$3,000=$505,000
期初存貨 ＋進貨淨額 － 期末存貨	$100,000 $366,000-$5,400=$360,600 x
銷貨成本	$505,000×(1-35%)=$328,250 或 $505,000-$176,750=$328,250
銷貨毛利	$505,000×35%=$176,750

將銷貨成本組成項目列為算式

$$\$100,000+\$360,600-x=\$328,250$$

$$\$460,600-x=\$328,250$$

$$x=\$132,350$$

5.企業若將進貨運費誤記為銷貨運費,則對當期損益表之影響為:

(1)銷貨成本多計　　　　　　　　(2)期末存貨多計

(3)營業費用多計　　　　　　　　(4)對銷貨毛利無影響

答案:(3)

▰補充說明:

本題有二項錯誤,說明及分析如下:

1.少計進貨運費→造成銷貨成本少計→造成銷貨毛利多計

2.多計銷貨運費→造成營業費用多計

【97 年普考試題】

1.X6 年 5 月 23 日丁公司之所有存貨遭火災燒毀，該公司對存貨記錄採取定期盤存制，最近一次實地存貨盤點是在去年 12 月 31 日。下列為丁公司 X5 年度的部分損益表與其他資料。

銷貨收入		$1,935,000
銷貨成本		
期初存貨	$837,400	
購貨	1,464,100	
可供銷售商品成本	2,301,500	
減：期末存貨	947,000	1,354,500
銷貨毛利		$580,500

其他資料：

1. X6 年 5 月 5 日發現 X5 年度之損益表中漏列了 X5 年 12 月 31 日的一筆 $50,000 起運點交貨之銷貨，該筆交易遲至 X6 年 1 月 3 日才入帳，同時該筆交易的商品成本$35,000 亦誤記為 X5 年 12 月 31 日的存貨。
2. X5 年 12 月 5 日購入辦公用品$39,700，誤記為購貨。
3. X6 年 1 月 1 日至 5 月 23 日帳列有關進銷貨之資料如下：

銷貨	$1,335,000
銷貨運費	15,000
購貨	824,600
購貨運費	63,000
購貨退出	10,000

試作：

(一)計算丁公司 X5 年之毛利率。

(二)請以 X5 年毛利率，採用毛利法估計丁公司 X6 年 5 月 23 日存貨之火災損失。

解題：

1. 本題須運用毛利法計算期末存貨(發生火災當天存貨)，「期末存貨」即為要求計算的「存貨損失」。

2. 本題未告知公司的毛利率，故題目第(一)項要求計算 X5 年的毛利率，即用以計算 X6 年的火災損失的毛利率。X5 年用以計算毛利率的銷貨收入及銷貨成本有錯誤，須以更正後的金額求算 X5 年的毛利率。

3. X5 年度部分損益表更正如下：

項目	錯誤金額	更正數	正確金額
銷貨收入	$1,935,000	＋$50,000	$1,985,000
期初存貨	837,400		837,400
購貨	1,464,100	－$39,700	1,424,400
期末存貨	947,000	－$35,000	912,000

更正後損益表

銷貨收入		$1,985,000
銷貨成本		
期初存貨	$837,400	
購貨	1,424,400	
可供銷售商品成本	2,261,800	
減：期末存貨	912,000	1,349,800
銷貨毛利		$635,200

4. X5 年毛利率＝銷貨毛利$635,200÷銷貨收入$1,985,000＝**32%**

5. 將資料填入下列表格，運用毛利率計算「期末存貨」金額：

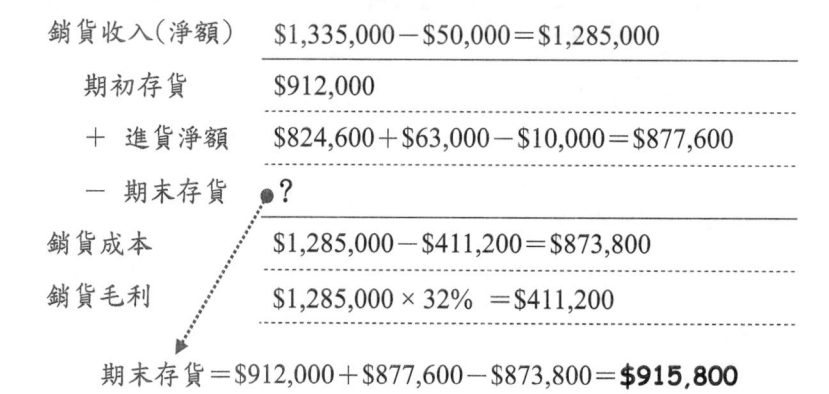

銷貨收入（淨額）	$1,335,000－$50,000＝$1,285,000
期初存貨	$912,000
＋ 進貨淨額	$824,600＋$63,000－$10,000＝$877,600
－ 期末存貨	?
銷貨成本	$1,285,000－$411,200＝$873,800
銷貨毛利	$1,285,000×32%＝$411,200

期末存貨＝$912,000＋$877,600－$873,800＝**$915,800**

答：(一)丁公司 X5 年之毛利率為 **32%**

    (二)丁公司 X6 年 5 月 23 日存貨之火災損失為 **$915,800**

2. 某公司民國 X1 年之相關資訊如下：

進貨運費$30,000　　　　銷售費用$150,000

進貨退回$75,000　　　　期末存貨$290,000

該公司 X1 年的銷貨成本為銷售費用的 4 倍，試問該公司 X1 年可供銷售商品之成本為若干？

(1)$600,000　　(2)$815,000　　(3)$860,000　　(4)$890,000

答案：(4)

✎補充說明：

將題目告知金額填入表格適當位置並計算如下：

銷貨收入（淨額）	
期初存貨 ＋進貨淨額 － 期末存貨	進貨？＋$30,000－$75,000 $290,000
銷貨成本	＝銷售費用$150,000×4倍＝$600,000
銷貨毛利	

可供銷售商品成本

＝期初存貨＋進貨淨額

＝銷貨成本$600,000＋期末存貨$290,000

＝**$890,000**

3. 某公司採用零售價法估計期末存貨，帳上期初存貨成本$10,000，零售價$12,000，本期進貨成本$28,000，零售價$38,000，銷貨收入$24,000，則在平均零售價法下，期末存貨之估計成本為：

(1) $18,240　　(2)$18,842　　(3)$19,760　　(4)$20,316

答案：(3)

✎補充說明：

計算如下：

	成本	零售價
期初存貨	$10,000	$12,000
本期進貨	28,000	38,000
可供銷售商品	$38,000	50,000

成本佔零售價百分比 76%

（平均成本率＝$38,000÷50,000）

銷貨收入	(24,000)
期末存貨之零售價	26,000
平均成本率	76%
期末存貨成本	**$19,760**

4.某公司採用曆年制，民國 X2 及 X1 年之財務報表包含以下錯誤：

	X2 年	X1 年
期末存貨	高估$3,000	高估$8,000
折舊費用	低估$2,000	低估$6,000

假設該公司至民國 X3 年底仍未發現前述錯誤，且於民國 X3 年未再發生其他錯誤，不考慮所得稅的影響，則該公司 X3 年 12 月 31 日的營運資金將：

(1)正確無誤　　(2)高估$2,000

(3)低估$2,000　　(4)低估$5,000

答案：(1)

補充說明：

1. 本題要求說明對營運資金的影響，**所謂「營運資金」係指流動資產減流動負債。**

2. 本題不須分析折舊費用之錯誤，**因為折舊費用錯誤不會影響到流動資產及流動負債，也就不會影響到營運資金。**

3. 本題不須分析期末存貨之錯誤，**因為 X1 年及 X2 年期末存貨錯誤不會影響到 X3 年的流動資產及流動負債，也就不會影響到 X3 的營運資金。**

4. 綜合以上說明，可知 X3 的營運資金並未錯誤。

【97年初等特考試題】

1.【依 IAS 或 IFRS 規定，本題已不適用，詳本題下列補充說明】甲公司採定期盤存制下之 後進先出 成本流動假設下，本年進銷資料為：期初存貨 400 件@$4，第一批進貨 1,000 件@$5，第二批進貨 1,200 件@$5.5，第三批進貨 900 件@$6，本期中銷售該產品 2,300 件，則銷貨成本為：

(1)$13,000　　　　(2)$5,600　　　　(3)$7,050　　　　(4)$11,550

答案：(不適用)

☞補充說明：

國際財務報導準則已廢止後進先出法，故本題已不適用。

2. 甲公司的期初存貨與期末存貨均為$123,000，進貨退出為$25,000，則：

(1)進貨淨額大於銷貨成本　　　　(2)進貨淨額小於銷貨成本
(3)進貨淨額等於銷貨成本　　　　(4)不一定

答案：(3)

☞補充說明：

1. 建議使用下列表格，分別填入資料，再予以分析：

銷貨收入（淨額）	
期初存貨 ＋進貨淨額 －期末存貨	$123,000 進貨？－進貨退出$25,000 $123,000
銷貨成本	
銷貨毛利	

進一步計算

銷貨收入（淨額）	
期初存貨 ＋進貨淨額 －期末存貨	$123,000 進貨？－進貨退出$25,000 $123,000
銷貨成本	**進貨？－進貨退出$25,000**
銷貨毛利	

第 45 頁 (第三章 存貨)

2.比較進貨淨額及銷貨成本如下：

進貨淨額＝進貨？－進貨退出$25,000

銷貨成本＝進貨？－進貨退出$25,000

比較結果：進貨淨額與銷貨成本相等。

3.賒購貨物$100,000，其後退回貨物$20,000，最後得到進貨折扣$4,000。此一交易之進貨折扣是：
(1)0.5% (2)5% (3)4% (4)20%

答案：(2)

✎補充說明：

進貨折扣比率＝$4,000÷$($100,000－$20,000)＝**5%**

4.可供銷售商品成本包括銷貨成本與：
(1)毛利 (2)進貨 (3)期初存貨 (4)期末存貨

答案：(4)

✎補充說明：

銷貨成本＝期初存貨＋進貨－期末存貨。

→銷貨成本＝可供銷售商品成本－期末存貨

→**銷貨成本＋期末存貨＝可供銷售商品成本**

5.若某年度的存貨評價發生錯誤，則：
(1)對次年度損益並無影響
(2)僅對財務狀況表有影響，對損益表則無影響
(3)兩年後保留盈餘即不受影響
(4)除非經由錯誤更正的分錄，否則該錯誤對保留盈餘的影響會一直存在

答案：(3)

✎補充說明：

存貨錯誤會影響當年度的損益表、財務狀況表及次年度的損益表。**存貨錯誤經過二年結帳程序，保留盈餘之餘額即會自動抵銷錯誤而為正確金額**。依前述說明**答案為選項**(3)。

【97年四等地方特考試題】

1. 以下是丙公司 X8 年 8 月份商品期初存貨、進貨及銷貨情形：

日期	項目	數量		單價
8/1	期初存貨	10,000 單位		@ $4.0
8/5	進貨	6,000 單位		@ $5.0
8/12	進貨	16,000 單位		@ $4.5
8/15	銷貨	9,000 單位		@$11.0
8/18	銷貨	7,000 單位		@$11.0
8/20	銷貨	10,000 單位		@$11.0
8/25	進貨	4,000 單位		@ $5.0

試求：丙公司 8 月份的銷貨毛利，請依下列三種存貨計價方式分別計算之：

(一)先進先出法

(二)加權平均法(假設丙公司存貨採定期盤存制)

(三)移動平均法(假設丙公司存貨採永續盤存制)

解題：

(一)採**先進先出法之銷貨毛利**計算如下：

1. 計算可供銷售商品總成本：

10,000	×	$4.0	=$40,000
6,000	×	$5.0	=$30,000
16,000	×	$4.5	=$72,000
4,000	×	$5.0	=$20,000
36,000			$162,000

2. 銷售總單位數：

9,000 單位＋7,000 單位＋10,000 單位＝26,000 單位

3. 期末存貨單位數：

可供銷售商品總單位數 36,000 單位－銷售總單位數 26,000 單位

＝10,000 單位

4.期末存貨金額：

期末存貨數量 10,000 單位之批次單位成本及總成本：

4,000	× $5.0	= $20,000
6,000	× $4.5	= $27,000
10,000		$47,000

5.銷貨成本＝可供銷售商品總成本$162,000－期末存貨金額$47,000
　　　　＝$115,000

6.銷貨收入＝26,000 單位× $11＝$286,000

7.**銷貨毛利**＝銷貨收入$286,000－銷貨成本$$115,000＝**$171,000**

(二)**採加權平均法之銷貨毛利**計算如下：

1.計算可供銷售商品總成本：

10,000	× $4.0	= $40,000
6,000	× $5.0	= $30,000
16,000	× $4.5	= $72,000
4,000	× $5.0	= $20,000
36,000		$162,000

2.銷售總單位數：

9,000 單位＋7,000 單位＋10,000 單位＝26,000 單位

3.期末存貨單位數：

可供銷售商品總單位數 36,000 單位－銷售總數 26,000 單位
＝10,000 單位

4.單位成本：

可供銷售商品總成本$162,000
　　　÷可供銷售商品總單位數 36,000 單位＝$4.5

5.期末存貨金額：

期末存貨單位數 10,000 單位×單位成本$4.50＝$45,000

6.銷貨成本＝可供銷售商品總成本$162,000－期末存貨金額$45,000
　　　　＝$117,000

7.銷貨收入＝26,000 單位×$11＝$286,000

8.**銷貨毛利**＝銷貨收入$286,000－銷貨成本$$117,000＝**$169,000**

以上解題是列示完整程序，考試時為節省時間，可先說明第 1 項至第 3 項與先進先出法相同，再列示不同之處即可。

(三)採移動平均法之銷貨毛利計算如下：

日期		購 入			售 出			庫 存		
月	日	數量	單價	金額	數量	單價	金額	數量	單價	金額
8	1							10,000	$4.0000	$40,000
	5	6,000	$5.0	$30,000				16,000	4.3750	70,000
	12	16,000	4.5	72,000				32,000	4.4375	142,000
	15				9,000	$4.4375	$39,938	23,000	4.4375	102,062
	18				7,000	4.4375	31,063	16,000	4.4375	70,999
	20				10,000	4.4375	44,375	6,000	4.4375	26,624
	25	4,000	5.0	20,000				10,000	4.6624	46,624

1.銷貨成本＝$39,938＋$31,063＋$44,375＝$115,376

2.銷貨收入＝26,000 單位×$11＝$286,000

3.**銷貨毛利**＝銷貨收入$286,000－銷貨成本$115,376＝**$170,624**

2.甲公司X1年期初存貨為$35,000，購貨運費為$4,300，購貨退回為$2,700，銷貨運費為$4,300，期末存貨為$52,200，銷貨成本為$1,316,800，則本期購貨為何？

(1)$1,328,100　　(2)$1,332,400　　(3)$1,334,000　　(4)$1,336,700

答案：(2)

✎補充說明：

將題目告知金額填入表格適當位置：

設：購貨為 x

銷貨收入（淨額）	
期初存貨	$35,000
＋進貨淨額	x＋$4,300－$2,700
－ 期末存貨	$52,200
銷貨成本	$1,316,800
銷貨毛利	

將銷貨成本組成項目列為算式

$35,000＋x＋$4,300－$2,700－$52,200＝$1,316,800

x＝購貨$1,332,400

【97年五等地方特考試題】

1.【依 IAS 或 IFRS 規定，本題已不適用，詳本題下列補充說明】某公司今年初開始營運，並分次買入三單位存貨：第一單位購入價格$860，第二單位購入價格$840，第三單位購入價格$810。若該公司當年度賣出兩單位存貨，則採用後進先出法計價之毛利會較採用先進先出法計價時增加(減少)：

(1)毛利會增加$50　　　　　　(2)毛利會減少$50
(3)兩種計價方法下毛利相同　　(4)毛利會增加$20

答案：(不適用)

✎補充說明：

國際財務報導準則已廢止後進先出法，故本題已不適用。

2.甲公司5月1日賒購商品一批,商品定價$100,000,交易條件為起運點交貨,商業折扣為40%,付款條件為2/10, n/30,購貨當天並支付運費$2,000,5月2日進貨退出$10,000,5月10日付清貨款,則該批商品的淨進貨成本為:
(1)$51,000　　　(2)$49,000　　　(3)$47,040　　　(4)$50,960
答案:(1)

　　✍補充說明:

　　　甲公司之淨進貨成本為:

進貨	$60,000 〔=($100,000×(1－40%)〕
進貨退出	－$10,000
進貨折扣	－$1,000 〔=($60,000－$10,000)×2%〕
進貨運費	＋$2,000
進貨淨額	＝$51,000

3.買賣業之結帳分錄中,如貸記本期損益,則其借方可能為:
(1)銷貨運費　　　　　　　　(2)銷貨
(3)期初存貨　　　　　　　　(4)銷貨退回及折讓
答案:(2)

　　✍補充說明:

　　　題目告知結帳分錄須「貸記」本期損益的會計科目,表示該會計科目結帳前之餘額應為「貸餘」;**故答案須該會計科目為損益科目或股利且正常餘額為貸餘,選項(2)之銷貨(銷貨收入)符合此條件。**

4.甲公司X1年底的存貨為$32,000,X2年損益表上顯示淨損$3,680,X3年初發現X1年底的正確存貨應為$23,000,假設不計所得稅,則X2年的正確損益應為若干?
(1)淨利$5,320　　　　　　　(2)淨損$12,680
(3)淨損$3,680　　　　　　　(4)淨利$12,680
答案:(1)

　　✍補充說明如下:

由題目告知甲公司 X1 年底期末存貨高估$9,000($32,000－$23,000)，其造成 X2 年期初存貨高估$9,000，分析該錯誤對 X2 年淨利的影響如下：

X2 年期初存貨高估→造成 X2 年銷貨成本高估→**造成 X2 年淨利低估**$9,000。

X2 **年正確損益**＝淨損$3,6800＋淨利低估$9,000＝**淨利$5,320**

5.【依 IAS 或 IFRS 規定，本題已不適用，詳本題下列補充說明】進貨成本日漸上漲期間，最能節省企業之所得稅的存貨成本流動假設為：
(1)先進先出法　　　　　　　　　(2)加權平均法
(3)成本與市價孰低法　　　　　　(4)後進先出法

答案：(不適用)

補充說明：

國際財務報導準則已廢止後進先出法，故本題已不適用。若可使用後進先出法，則於進貨成本日漸上漲期間，最能節省企業所得稅的存貨成本流動假設為後進先出法，因為銷貨成本會較高，進而造成本期淨利較低。另選項(3)成本與市價孰低法為過去的存貨評價方法，**國際財務報導準則規定的存貨評價方法為「成本與淨變現價值孰低法」**。

【96 年普考試題】

1.某公司之存貨遭火災燒毀，試利用下列資料及毛利率法估計該公司之火災損失金額(毛利率假設為 30%)：

銷貨收入	$140,000	進貨運費	$10,000
銷貨退回	20,000	進貨退回	15,000
進貨	100,000	期初存貨	15,000

(1)$12,000　　(2)$26,000　　(3)$30,000　　(4)$36,000

答案：(2)

◈ 補充說明：

此題須採用毛利率推算期末存貨。建議使用下列表格，分別填入資料，即可推算期末存貨金額。將題目告知金額填入表格適當位置：

設：期末存貨為 x

銷貨收入（淨額）	$140,000－$20,000
期初存貨 ＋進貨淨額 －期末存貨	15,000 $100,000＋$10,000－$15,000 x
銷貨成本	
銷貨毛利	30%

↓ 進一步計算

銷貨收入（淨額）	$140,000－$20,000＝$120,000
期初存貨 ＋進貨淨額 －期末存貨	$15,000 $100,000＋$10,000－$15,000＝$95,000 x
銷貨成本	$120,000×(1－30%)＝$84,000 或 $120,000－$36,000＝$84,000
銷貨毛利	$120,000×30%＝$36,000

↓ 將銷貨成本組成項目列為算式

$15,000＋$95,000－x＝$84,000

x＝期末存貨$26,000

2.【依 IAS 或 IFRS 規定，本題已不適用，詳本題下列補充說明】某公司計有 A、B、C 三種商品存貨，成本分別$300、$500 與$700，市價分別為$250、$530 與$710，其中 A 與 B 歸屬同類商品，C 自成一類，則存貨在總額比較之成本與市價孰低法下，評價金額為：

(1)$1,450　　　(2)$1,480　　　(3)$1,490　　　(4)$1,500

答案：(不適用)

☞補充說明：

國際財務報導準則規定存貨應以成本與淨變現價值孰低衡量，**不允許採用總額比較法，故本題已不適用。**

另題目所述之成本與市價孰低法為過去的存貨評價方法，**國際財務報導準則規定的存貨評價方法為「成本與淨變現價值孰低法」。**相關規定請參閱本章重點提示。

3.採用零售價法估計期末存貨，那一項目包含於可供銷售商品之成本而非零售價之計算中？
(1)進貨運費　　　　　　　　(2)進貨退出
(3)本期進貨　　　　　　　　(4)非常損耗

答案：(1)

☞補充說明：

列於零售價計算之項目包括影響存貨數量之項目、加價、減價及非常損耗，所以本題答案須為影響存貨數量之項目、加價、減價及非常損耗以外之項目，**選項(1)符合此項條件。**

【96年初等特考試題】

1.下列那一個關於定期盤存制之描述最為適切：
(1)可以在每筆銷貨發生後，立即算出銷貨成本
(2)通常適用於低單價的商品
(3)需要保存詳細的存貨記錄
(4)需要保存銷貨成本帳簿以供隨時記載

答案：(2)

☞補充說明：

選項(1)、選項(3)及選項(4)均屬永續盤存制之特性。

2.若銷貨成本為$350,000，銷貨毛利率為30％，則銷貨收入為：
(1)$150,000　　(2)$500,000　　(3)$250,000　　(4)$100,000

答案：(2)

✎補充說明：

1.銷貨毛利率為30％，表示成本率為70%(＝1－30％)。

2.**銷貨收入**＝銷貨成本$350,000÷成本率70%＝**$500,000**。

3.【依IAS或IFRS改編】下列那一個產業適用「個別認定法」計算銷貨成本？
(1)珠寶業　　　　　　　　(2)藥妝業
(3)輪胎業　　　　　　　　(4)食品業

答案：(1)

✎補充說明：

國際財務報導準則規定成本個別認定法適用於依專案計畫區隔之項目，而可替換之大量存貨項目不宜採用成本個別認定法；依此規定，僅選項(1)符合條件。

4.期末盤點存貨時，若遺漏計算某批商品，致期末存貨低估，則會導致該公司當年度的：
(1)銷貨毛利高估　　　　　(2)淨利低估
(3)保留盈餘不變　　　　　(4)營運資金高估

答案：(2)

✎補充說明：

分析存貨錯誤對各選項所列項目之影響如下：

1.期末存貨低估→造成銷貨成本高估→**造成銷貨毛利低估**→**造成淨利低估**→結帳後，**造成保留盈餘低估**。

2.期末存貨低估→造成資產低估→**造成營運資金**(＝流動資產－流動負債)**低估**。

綜合以上分析，可知答案為選項(2)。

5.【依 IAS 或 IFRS 規定，本題已不適用，詳本題下列補充說明】若物價水準持續上升中，則用 後進先出法 計算之銷貨毛利會：

(1)高於先進先出法之銷貨毛利

(2)等於先進先出法之銷貨毛利

(3)低於先進先出法之銷貨毛利

(4)等於平均法之銷貨毛利

答案：(不適用)

✎補充說明：

國際財務報導準則已廢止後進先出法，故本題已不適用。

6.下列何者關於在途存貨認列的描述是正確的？

(1)當購買條件是目的地交貨時，買方認列為存貨

(2)當購買條件是起運點交貨時，買方認列為存貨

(3)當購買條件是目的地交貨時，貨運公司將其認列為存貨

(4)當購買條件是起運點交貨時，賣方認列為存貨

答案：(2)

✎補充說明：

如何判斷「在途存貨」是買方或賣方之存貨？請參閱本章重點提示。

分析各選項如下：

1.選項(1)：敘述是錯誤的，因為存貨仍在運送途中，尚未到達買方交貨，**故買方不可以列入存貨**。

2.選項(2)：敘述是正確的，因為存貨已在運送途中，表示賣方已交貨給買方，**故買方應列入存貨，答案為本選項**。

3.選項(3)：敘述是錯誤的，因為存貨只可能是賣方或買方的存貨，**不可能是貨運公司的存貨**。

4.選項(4)：敘述是錯誤的，因為存貨已在運送途中，表示賣方已交貨給買方，**故賣方不可以列入存貨**。。

7. 賒購某商品標價$24,000，商業折扣15％，現金折扣5％，若採總額法，則在折扣期限內付款時應：

(1)借記：應付帳款$20,400　　(2)貸記：現金$20,400
(3)借記：應付帳款$24,000　　(4)貸記：現金$19,200

答案：(1)

✎ **補充說明：**

在折扣期限內付款時之分錄為：

xxxx/xx/xx	應付帳款	20,400①	
	進貨折扣		1,020②
	現金		19,380③

① ＝ $24,000×(1－15％)。
② ＝ $20,400×5％。
③ ＝ ①－②。

【96年四等地方特考試題】

1. 【依IAS或IFRS改編】在物價持續上漲情況下，下列那一種存貨成本計算方法所產生之存貨金額，與報導期間結束日當時存貨價值最為接近？

(1)先進先出法　　(2)加權平均成本法
(3)移動平均成本法　　(4)稅法

答案：(1)

✎ **補充說明：**

1. 題目所述之「**報導期間結束日**」(國際財務報導準則用詞)，即過去所稱之「財務狀況表日」或「報表日」。
2. **採先進先出法時，期末存貨為較後面批次的進貨**，其較接近報導期間結束日之存貨價格，故答案為選項(1)。

【96年五等地方特考試題】

1.甲公司本年度的進貨退出及折讓為$9,000,進貨運費為$4,200,銷貨成本為$80,000,進貨為$120,000,期末存貨為$62,000,則本年期初存貨為:
(1)$17,200　　　(2)$26,800　　　(3)$35,200　　　(4)$8,800

答案:(2)

✎補充說明:

建議使用下列表格,分別填入資料,即可推算期初存貨金額:

設:期初存貨為 ×

銷貨收入(淨額)	題目未告知
期初存貨 ＋進貨淨額 － 期末存貨	× $120,000－$9,000＋$4,200＝$115,200 $62,000
銷貨成本	$80,000

將銷貨成本組成項目列為算式

×＋$115,200－$62,000＝$80,000

×＝期初存貨$26,800

2.下列敘述何者正確?
(1)進貨折扣是買方的利潤,應於買方損益表單獨揭露
(2)銷貨運費屬於存貨成本的一部分
(3)取得存貨時,以成本為入帳之基礎
(4)進貨運費屬於銷管費用的一部分

答案:(3)

✎補充說明:

1.選項(1):敘述是錯誤的,**進貨折扣應列為進貨成本的減項**。

2.選項(2):敘述是錯誤的,**銷貨運費應列為營業費用**而非存貨成本。

3.選項(3):敘述是正確的,除非另有規定,**取得資產應以成本入帳**,答案為本選項。

4.選項(4):敘述是錯誤的,**進貨運費應列為進貨成本的加項**。

3. 甲公司採零售價法估計期末存貨，有關資料為：期初存貨的成本為$24,500，售價則為$38,280；本期進貨成本為$272,770，依售價計算則為$415,700；進貨運費為$16,000；進貨退出的成本為$21,000，依售價計算則為$30,400；銷貨為$235,000；銷貨退回為$15,000；銷貨運費為$9,600。則估計之期末存貨為多少(成本率四捨五入至小數點後 2 位)？

(1)$131,106　　　(2)$158,424　　　(3)$140,470　　　(4)$151,800

答案：(3)

　補充說明：

　　計算如下：

	成本	零售價
期初存貨	$24,500	$38,280
本期進貨	272,770	415,700
進貨運費	16,000	
進貨退出	(21,000)	(30,400)
可供銷售商品	$292,270	423,580

成本佔零售價百分比 69%
（平均成本率＝$292,270÷423,580）

銷貨收入	(235,000)
銷貨退回	15,000
期末存貨之零售價	203,580
平均成本率	69 %
期末存貨成本	**$140,470**

此二項可以直接以淨額$(220,000)列示，即為銷貨收入淨額。

　銷貨運費不須納入計算，因其為營業費用而非存貨成本的項目。

4.本期期末存貨評估錯誤,會造成的影響為:

(1)僅當期損益表不正確

(2)當期損益表及下一期損益表均不正確

(3)當期損益表、下一期損益表及下一期財務狀況表均不正確

(4)當期損益表、當期財務狀況表及下一期財務狀況表均不正確

答案:(2)

📝補充說明:

存貨錯誤會影響本期的損益表、財務狀況表及下一期的損益表。因為每年期末均應盤點存貨,**除非另有說明,本期的存貨錯誤不會影響下一期的財務狀況表。**依前述說明,僅選項(2)是正確的。

5.【依 IAS 或 IFRS 改編】在編製財務報表時,將當期營業收入多計$1,200,期末存貨也多計$700,若無其他錯誤存在,則對財務狀況表之影響為何?

(1)資產高估$700、權益高估$1,900

(2)資產不受影響、權益高估$1,200

(3)資產高估$700、權益高估$500

(4)資產低估$700、權益高估$500

答案:(1)

📝補充說明:

1.分析營業收入(即銷貨收入)多計$1,200之影響如下:

營業收入多計→造成淨利高估→結帳後,造成保留盈餘高估→**造成權益高估**$1,200。

2.分析期末存貨多計$700之影響如下:

(1)對損益及權益之影響:期末存貨多計→造成銷貨成本低估→造成淨利高估→結帳後,造成保留盈餘高估→**造成權益高估**$700。

(2)對資產之影響:期末存貨多計→**造成資產高估**$700。

3.綜合以上分析,**二項錯誤造成資產高估**$700**及權益高估**$1,900。

【95 年普考試題】

1.大安公司採曆年制及存貨定期盤存制。大安公司部分財務報表資料如下：

	93 年	94 年
銷貨收入(全部為賒銷)	$1,000,000	$1,200,000
銷貨毛利	550,000	600,000
營業利益	200,000	300,000
淨利	100,000	140,000
期初存貨	220,000	300,000
期末存貨	300,000	420,000
期初應收帳款	150,000	250,000
期末應收帳款	250,000	350,000

每小題獨立，互不影響，請回答：

(一)假設大安公司 94 年期初存貨低列(understatement)$40,000；94 年期末存貨高列(overstatement)$60,000。如果上述存貨錯誤未發生，則 94 年度存貨週轉率為何？

(二)假設大安公司 93 年銷貨收入低列$50,000，94 年銷貨收入高列$100,000。如果上述錯誤未發生，則 94 年度之應收帳款回收天數(一年以 360 天計)為何？

(三)假設 94 年度有一筆應收帳款$60,000，因顧客倒閉確定收不回來，但公司疏忽而未轉銷(write off)入帳。請問上述錯誤對應收帳款週轉率的影響如何(上升、下降、或不變)？請說明原因支持你的答案。

解題：

(一)94 年存貨週轉率計算如下：

94 年正確的銷貨成本＝$(1,200,000－600,000)＋$40,000＋$60,000
　　　　　　　　　＝$700,000

93 年正確的存貨＝$300,000＋$40,000＝$340,000

94 年正確的存貨＝$420,000－$60,000＝$360,000

存貨週轉率＝銷貨成本÷平均存貨
　　　　　　＝$700,000÷〔($340,000＋$360,000)÷2〕＝**2 次**

(二) 94 年度之應收帳款回收天數計算如下：

94 年正確的銷貨收入＝$1,200,000－$100,000＝$1,100,000

93 年正確的應收帳款＝$250,000＋$50,000＝$300,000

94 年正確的應收帳款＝$350,000＋$50,000－$100,000＝$300,000

應收帳款週轉率＝銷貨收入÷平均應收帳款

＝$1,100,000÷〔($300,000＋$300,000)÷2〕＝3.67 次

應收帳款週轉天數＝360 天 ÷ 應收帳款週轉率

＝360 天 ÷ 3.67 次＝**98 天**

(三) 大安公司疏忽而未轉銷確定收不回來應收帳款，對應收帳款週轉率的影響及說明原因如下：

1. 大安公司未編製下列分錄：

xxxx/xx/xx	備抵呆帳	60,000	
	應收帳款		60,000

2. 大安公司疏忽而未轉銷確定收不回來應收帳款，對應收帳款週轉率的影響是「不變」的，因為做轉銷分錄，使應收帳款淨額(即帳面金額)一增(借記：備抵呆帳)一減(貸記：應收帳款)，並未改變，而應收帳款週轉率的分母為應收帳款淨額。故大安公司疏忽而未轉銷確定收不回來應收帳款，對應收帳款週轉率並不會造成影響。

2. 於付款條件 2/10，n/30 之折扣期限內支付貨款時，總額法下應借記「應付帳款」，貸記「現金」以及：

(1) 進貨折扣　　　　　　　　　(2) 進貨運費

(3) 進貨退出　　　　　　　　　(4) 無其他科目

答案：(1)

✎ **補充說明：**

在折扣期限內付款時之分錄為：

xxxx/xx/xx	應付帳款	xx,xxx	
	進貨折扣		xxx
	現金		xx,xxx

3.期初存貨低估對當期銷貨成本及淨利的影響為：

(1)銷貨成本低估，淨利低估

(2)銷貨成本高估，淨利高估

(3)銷貨成本低估，淨利高估

(4)銷貨成本高估，淨利低估

答案：(3)

☙補充說明：

分析期初存貨低估之影響如下：

期初存貨低估→造成銷貨成本低估→造成淨利高估。

4.某公司期初存貨 100 件每件$10，當期進貨兩次，第一次 150 件每件$11，第二次 250 件每件$12，第一次進貨後與第二次進貨前則有銷貨 120 件，在移動平均法下，銷貨成本為：

(1)$1,260　　　(2)$1,272　　　(3)$1,320　　　(4)$1,356

答案：(2)

☙補充說明：

題目敘述採移動平均法，表示是採平均成本法並搭配永續盤存制。本題僅有一次銷貨，故只須計算至該次銷貨即可求得答案，計算如下：

日期	購入			售出			庫存		
月 日	數量	單價	金額	數量	單價	金額	數量	單價	金額
期初存貨							100	$10.0	$1,000
第一次進貨	150	$11	$1,650				250	10.6	2,650
銷貨				120	$10.6	**$1,272**			
第二次進貨	不影響答案，故不須計算								

此欄金額即為銷貨成本金額

【95年初等特考試題】

1. 下列那一個項目會提高存貨成本的金額？
(1)進貨退回與讓價
(2)進貨折扣
(3)進貨運費
(4)銷貨運費

答案：(3)

> 補充說明：
> 選項(1)及選項(2)為進貨成本的減項，選項(4)應列為營業費用，以上三項選項均不會提高存貨成本的金額；僅有選項(3)**進貨運費為進貨成本的加項，其會提高存貨成本的金額。**

2. 『銷貨』、『銷貨折扣』、『銷貨運費』之正常餘額分別是：
(1)貸方、貸方、借方
(2)借方、借方、貸方
(3)貸方、貸方、貸方
(4)貸方、借方、借方

答案：(4)

3. 當期末存貨低估，且無其他錯誤存在時，淨利及資產會：
(1)淨利低估、資產低估
(2)淨利高估、資產高估
(3)淨利低估、資產不受影響
(4)淨利和資產都不受影響

答案：(1)

> 補充說明：
> 分析期末存貨低估之影響如下：
> 1. 對損益及權益之影響：期末存貨低估→造成銷貨成本高估→造成**淨利低估。**
> 2. 對資產之影響：期末存貨低估→**造成資產低估。**

4.設採用定期盤存制,本年期初存貨$58,000,本年期末存貨$60,000。本年進貨共$127,000。則在期末調整及結帳前,存貨科目之餘額為若干?
(1)$58,000　　　(2)$60,000　　　(3)$127,000　　　(4)$185,000

答案:(1)

　　✎補充說明:
　　　於採用定期盤存制之下,是經由調整及結帳的程序,才會將存貨之會計科目餘額由期初金額轉為期末金額;故在未調整及結帳前,存貨之會計科目餘額仍為期初存貨金額。

5.若某年之銷貨為$130,000,期初存貨$15,000,期末存貨$12,000,進貨$70,000,進貨運費$10,000,進貨退回$5,000。則該年度之銷貨成本為:
(1)$95,000　　　(2)$90,000　　　(3)$78,000　　　(4)$75,000

答案:(3)

　　✎補充說明:
　　　建議使用下列表格,分別填入資料,即可推算銷貨成本金額。將題目告知金額填入表格適當位置:

銷貨收入(淨額)	$130,000
期初存貨 ＋進貨淨額 － 期末存貨	$15,000 $70,000＋$10,000－$5,000＝$75,000 $12,000
銷貨成本	＝$15,000＋$75,000－$12,000 ＝**$78,000**

6.【依IAS或IFRS規定,本題已不適用,詳本題下列補充說明】當物價持續上漲時,下列何種存貨計價方法會使企業之所得稅費用金額為最低?
(1)後進先出法　　　　　　　(2)先進先出法
(3)平均成本法　　　　　　　(4)個別認定法

答案:(不適用)

　　✎補充說明如下:

國際財務報導準則已廢止後進先出法，故本題已不適用。若可使用後進先出法，則當物價持續上漲時，會使企業之所得稅費用金額最低的存貨成本流動假設為後進先出法。

7. 利用下列資訊以零售價法估計期末存貨：

	期初存貨	進貨	銷貨
成本	$212,000	$600,000	
零售價	500,000	900,000	$800,000

(1)$464,000　　(2)$348,000　　(3)$588,000　　(4)$600,000

答案：(2)

✎補充說明：

計算如下：

	成本	零售價
期初存貨	$212,000	$500,000
本期進貨	600,000	900,000
可供銷售商品	$812,000	1,400,000

成本佔零售價百分比 58%

（平均成本率＝$812,000÷$1,400,000）

銷貨收入	(800,000)
期末存貨之零售價	600,000
平均成本率	58％
期末存貨成本	**$348,000**

8. 以下關於存貨盤存的敘述何者為真？
(1)選擇「定期盤存制」或「永續盤存制」需要經經濟部的核可
(2)「定期盤存制」之下，銷貨時即刻借記銷貨成本
(3)「永續盤存制」之下，進貨時借記「進貨」科目
(4)就內部控制的角度而言，「永續盤存制」優於「定期盤存制」

答案：(4)

📝 補充說明：

 1.選項(1)：敘述是錯誤的，**存貨盤存制度是由企業自行選擇的**。

 2.選項(2)：敘述是錯誤的，於定期盤存制之下，銷貨時不須借記銷貨成本。

 3.選項(3)：敘述是錯誤的，**於永續盤存制之下，進貨時應借記「存貨」科目**。

 4.選項(4)：敘述是正確的，**答案為本選項**。

9.以下關於存貨的敘述何者為真？
(1)在「起運點交貨」的情況下，「在途存貨」屬於買方的存貨
(2)「承銷品」屬於承銷公司的存貨
(3)在「目的地交貨」的情況下，賣方只要將貨品送達送運者之後，其貨品就不再計入存貨
(4)存貨的成本並不包括買方「進貨運費」的支出

答案：(1)

📝 補充說明：

 1.選項(1)：敘述是正確的，**答案為本選項**。

 2.選項(2)：敘述是錯誤的，**「承銷品」屬於寄銷公司的存貨**。

 3.選項(3)：敘述是錯誤的，**須至目的地交貨後才不計入存貨**。

 4.選項(4)：敘述是錯誤的，**存貨成本應包括買方發生的「進貨運費」**。

10.期末存貨高估$100，會造成：
(1)銷貨成本與淨利均高估$100
(2)銷貨成本與淨利均低估$100
(3)銷貨成本高估$100、淨利低估$100
(4)銷貨成本低估$100、淨利高估$100

答案：(4)

📝 補充說明：

 分析影響：期末存貨高估→造成銷貨成本低估→造成淨利高估$100。

【95年四等地方特考試題】

1. 順德公司三年來之帳列淨利及淨損分別如下：

    93年度：淨利 $50,500

    94年度：淨損 $12,800

    95年度：淨利 $20,000

經審查公司帳冊，發現下列各項錯誤：

(一)公司對存貨採實地盤存制，各年期末存貨錯誤如下：

    93年高估$12,500；94年低估$9,780；95年高估$7,840。

(二)公司購入文具用品，均於購入當年以費用列帳，期末未耗部分，移次年繼續使用，但未調整。未耗情形如下：

    93年底全部耗盡；94年底未耗部分計有$15,000；95年底未耗部分計有$6,677。

試作：

    根據上述資料，列表計算順德公司93年、94年、95年各年度之正確淨利或淨損。

解題：

	93年	94年	95年度
錯誤淨利(淨損)	$50,500	$(12,800)	$20,000
存貨錯誤			
93年高估	－12,500	＋12,500	
94年低估		＋9,780	－9,780
95年高估			－7,840
文具用品錯誤			
94年		＋15,000	－15,000
95年			＋6,677
正確淨利(淨損)	$38,000	$24,480	$(5,943)

【95年四等地方特考試題】

1.【依 IAS 或 IFRS 改編】某公司成本與淨變現價值孰低法相關之資料如下：

產品	成本	淨變現價值
A	$70,000	$75,000
B	50,000	48,000
C	100,000	102,000

若該公司以逐項產品為成本與淨變現價值比較之基礎，則該公司存貨之帳面金額將為：

(1)$218,000　　(2)$220,000　　(3)$225,000　　(4)$227,000

答案：(1)

補充說明：

有關成本與淨變現價值孰低法之說明，請參閱本章之重點提示。**本題採逐項比較法之比較結果如下：**

產品	成本	淨變現價值	逐項比較結果
A	$70,000	$75,000	$70,000
B	50,000	48,000	48,000
C	100,000	102,000	100,000
成本與淨變現價值孰低比較後之帳面金額			**$218,000**

【95年五等地方特考試題】

1.買賣業的財務報表較不可能出現：

(1)原料　　　　　　　　　　(2)銷貨收入
(3)銷貨成本　　　　　　　　(4)應收帳款

答案：(1)

補充說明：

買賣業買進商品是為再轉手賣出，買進商品時應借記「存貨」；「原料」為製造業才會有的存貨項目，其將用於生產產品之用。**若買賣業買原料，其係為再轉手賣出而非用於生產之用，其仍應列為「存貨」**；故買賣業的財務報表較不可能出現「原料」之會計科目與金額。

2.若期初存貨高估$30,000 且期末存貨高估$50,000，則對本期淨利的影響為：
(1)高估$80,000　　　　　　　　　(2)低估$80,000
(3)高估$20,000　　　　　　　　　(4)低估$20,000

答案：(3)

✎補充說明：

　　1.分析「期初存貨高估$30,000」對淨利的影響：
　　　期初存貨高估→造成銷貨成本高估→**造成淨利低估**$30,000。
　　2.分析「期末存貨高估$50,000」對淨利的影響：
　　　期末存貨高估→造成銷貨成本低估→**造成淨利高估**$50,000。
　　3.綜合以上二項分析，**可知二項錯誤造成淨利影響數為高估**$20,000
　　　（＝淨利高估$50,000－淨利低估$30,000）。

3.某公司期初存貨之數量為 1,000 個，成本為$40,000，此外，本期依序進貨 3,000 個(單價$42)、2,000 個(單價$44)、4,000 個(單價$45)。若期末存貨經盤點後為 2,000 個，在定期盤存制下平均法的銷貨成本為：
(1) $320,000　　　(2) $342,000　　　(3) $347,200　　　(4) $360,000

答案：(3)

✎補充說明：

　　計算如下：

　　1.計算可供銷售商品總成本：

1,000	×$40	＝$ 40,000
3,000	×$42	＝$126,000
2,000	×$44	＝$ 88,000
4,000	×$45	＝$180,000
10,000		$434,000

　　2.銷售總個數：題目未告知

　　3.期末存貨數量：2,000 個(題目告知)

4.平均單價：

可供銷售商品總成本$434,000÷可供銷售商品總單位 10,000 個

＝$43.4

5.期末存貨金額：

期末存貨數量 2,000 件×$43.4＝$86,800

6.銷貨成本金額：

可供銷售商品總成本$434,000－期末存貨金額$86,800

＝**$347,200**

4.【依 IAS 或 IFRS 改編】在物價上漲時，存貨之計價採何種方法計算所得之淨利最大？
(1)先進先出法 (2)加權平均成本法
(3)移動平均成本法 (4)個別認定法

答案：(1)

　補充說明：

在物價上漲時，若採先進先出法，其出售之成本均為前面較低成本之批次，故銷貨成本會較低，進而造成淨利較高，故答案為選項(1)。

第四章　現金

重點提示：

● 本章主題
1. 現金內部控制制度。
2. 現金及約當現金。
3. 零用金。
4. 銀行存款往來調節表。

● 現金內部控制之要點

現金內部控制之目的在於除錯及防弊，現金內部控制的基本原則為：
1. 收到現金，盡快存入銀行。
2. 支出現金盡量以開立支票支付；所有空白支票都應預先編號。
3. 記帳及管錢的工作，應由不同的員工負責。
4. 不要由一個人從頭到尾包辦所有的事項。
5. 設置內部稽核部門。

● 零用金制度
1. 零用金**採定額制**。
2. 零用金係**用以支付小額支出**。
3. **動支時，不須做任何帳務處理。**
4. **定期或依企業規定之期間**，由零用金保管人彙總零用金單據，填寫報銷清單(註明單據種類、支用員工及支用事由等事項)**送交會計部門列帳並撥補零用金。**
5. **編製報表時或報導期間結束日**，不論是否有撥補零用金，零用金保管人均須彙總零用金單據，填寫報銷清單送交會計部門列帳，以使相關費用等項目於當期認列。

● 銀行存款往來調節表

銀行存款往來調節表簡稱為銀行往來調節表。

1. 於實務上，企業**每個月**會依**每一個銀行帳戶**編製**一張銀行往來調節表**，銀行往來調節表可分為餘額式及四欄式，企業可自由選擇。

2. 編製銀行往來調節表應**比對企業當月份現金的收支明細記錄及銀行帳戶的對帳單**。

3. 銀行往來調節表為現金內部控制的一環，**但其僅能達到事後控制而無法達事前預防之目的。**

【101年普考試題】

1.甲公司 X1 年 10 月 31 日銀行對帳單餘額為$16,870，帳列銀行存款餘額為$10,120，經核對發現有未入帳存款利息$600、銀行代收票據$4,700、未兌現支票$6,000、在途存款$7,150、銀行手續費$100。此外，甲公司發現開給乙公司支票金額$8,500，帳上誤記為$5,800。試問甲公司在 X1 年 10 月底公司帳上銀行存款之正確餘額為多少？

(1)$12,120　　　　(2)$17,270　　　　(3)$18,020　　　　(4)$20,170

答案：(無法選擇)，請參閱下列補充說明

　　☞補充說明：

　　　　此題要求計算「公司帳上銀行存款之正確餘額」，可由銀行帳及公司帳分別調節而得到答案。故建議將題目各項目分別調節銀行帳及公司帳，計算如下：

銀行：
$16,870－$6,000＋$7,150＝**$18,020**
公司：
$10,120＋$600＋$4,700－$100－$2,700＝**$12,620**

　　　　由以上計算，**發現由銀行帳及公司帳分別調節至正確餘額，其答案並不相同**，考選部公布的答案為選項(3)$18,020，可推知其將「甲公司發現開給乙公司支票金額$8,500，帳上誤記為$5,800」之錯誤金額$2,700(＝$8,500－$5,800)列為公司帳之 加項 ，此有瑕疵存在。

【100年普考試題】

1.當公司有設立零用金制度之情況下，領用零用金支付郵電費用時，應作何種會計處理？

(1)借記郵電費　　　　　　　　(2)貸記零用金
(3)借記零用金　　　　　　　　(4)不作分錄

答案：(4)

　　☞補充說明如下：

領用零用金支付郵電費用時,零用金保管人僅是由零用金拿出現金,**尚未將單據送交會計部門列帳,故不須任何分錄。**

2.以下那些為公司帳上銀行存款餘額與銀行對帳單餘額產生差異之可能原因?①雙方記帳時間不同 ②公司發生錯誤 ③銀行發生錯誤

(1)①②　　　　　(2)②③　　　　　(3)①③　　　　　(4)①②③

答案:(4)

✎補充說明:

雙方記帳時間不同、公司發生錯誤及銀行發生錯誤,均有可能使公司帳上銀行存款餘額與銀行對帳單餘額產生差異。

【100年四等地方特考試題】

1.甲公司20X1年12月底銀行結單的餘額為$72,450,已知當月底的在途存款為$3,200,未兌現支票$2,800,20X1年12月中公司會計將進貨之一所開的支票$4,260 誤記成$4,620,銀行已依支票面額支付,此外銀行結單上又列有存款不足支票$3,000及代收利息收入$320,則調整前公司帳上銀行存款的餘額為:

(1)$74,370　　　(2)$75,090　　　(3)$75,170　　　(4)$75,890

答案:(3)

✎補充說明:

一般題目均要求由銀行帳及公司帳分別調節至「正確的銀行存款餘額」,**若題目要求由「銀行帳戶(銀行結單)現金餘額」調節至「公司帳列現金餘額」**,如同本題要求計算「調整前公司帳上銀行存款的餘額」,則其計算如下:

```
銀行：
    $72,450＋$3,200－$2,800＝$72,850
公司：
    $未知數＋$360－$3,000＋$320        ①必相等
                ＝正確的銀行存款餘額，即$72,850
                        ②
```

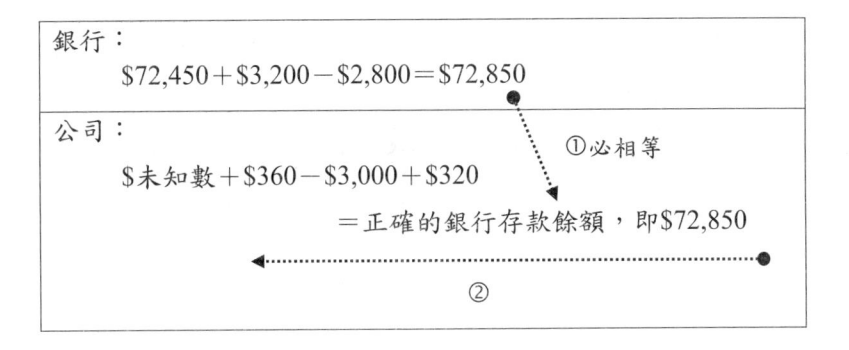

①其作法**先由**「**銀行帳戶現金餘額**」**調節至**「**正確的銀行存款餘額**」。

②**再由**「**正確的銀行存款餘額**」**倒推至**「**公司帳列現金餘額**」(即題目所稱之「調整前公司帳上銀行存款的餘額」)。經由移項，可求得「調整前公司帳上銀行存款的餘額」，即上列「未知數」為**$75,170**(＝$72,850－$320＋$3,000－$360)；反之亦然，若由「公司帳列現金餘額」調節至「銀行帳戶現金餘額」，做法亦同。

【100年五等地方特考試題】

1. 甲公司零用金額度為$3,000，期末時發現水電費收據$1,500，加油收據$1,200，手存零用金$200，則撥補零用金時應該：

(1)借記零用金$100　　　　　　　　(2)貸記現金短溢$100

(3)貸記銀行存款$2,700　　　　　　(4)貸記銀行存款$2,800

答案：(4)

補充說明：

由撥補零用金時之分錄可知答案為選項(4)，分錄列示如下：

xxxx/xx/xx	水電費	1,500②	
	汽油費	1,200③	
	現金短溢	100④	
	現金(或銀行存款)		2,800①

①**為撥補金額，撥補金額是使零用金回復至定額金額**＝零用金定額金額$3,000－手存零用金$200。

②、③依收據認列之金額。

④＝①－②－③。

2.辛公司就公司帳上銀行存款交易與銀行對帳單進行核對，僅發現下列二項差異：9 月 30 日銀行往來調節表之在途存款為$380，10月份公司帳列存入總額為$13,600，但銀行對帳單中僅列示$13,480。9 月 30 日銀行往來調節表之未兌現支票為$1,600 已於 10 月中陸續兌現，10 月份公司帳列支票支出總額為$23,600，但銀行對帳單中僅列示$23,860。試問 10 月 31 日在途存款金額為多少？
(1)$260　　　　(2)$500　　　　(3)$1,500　　　　(3)$2,000

答案：(2)

✎補充說明：

　　10 月 31 日在途存款
　　＝9 月 30 日在途存款$380＋10 月份公司帳列存入總額$13,600
　　－10 月份銀行對帳單列示存入總額$13,480＝**$500**

【99 年普考試題】

1.編製完成之年底銀行存款調節表後，下列那一項不須作調整分錄？
(1)銀行代收款項
(2)銀行代收票據
(3)尚未兌現保付支票
(4)銀行收取印製支票費用

答案：(3)

✎補充說明：

　　編製完成銀行存款往來調節表後，須作調整分錄者為公司調節項目。

　　選項(3)尚未兌現保付支票，**於公司開立支票時，銀行已同步由公司銀行帳戶扣除該筆現金，表示公司與銀行已無差異**，故不須調節該筆金額，也無須編製調整分錄。

【99年初等特考試題】

1.甲公司 3 月 31 日帳上銀行存款餘額$55,000,銀行對帳單餘額$65,000,經查證得知未兌現支票$20,600,在途存款$24,000,銀行代收票據$20,000,銀行手續費$300,因進貨開立的支票$7,000,帳上記為$700,則甲公司 3 月 31 日銀行存款正確金額應為多少?

(1)$71,800　　(2)$68,400　　(3)$81,000　　(4)$84,400

答案:(2)

☞補充說明:

此題要求計算「正確的銀行存款餘額」,可由銀行帳及公司帳分別調節而得到答案。故建議將題目各項目分別調節銀行帳及公司帳,計算如下:

> 銀行:
> 　　$65,000－$20,600＋$24,000＝**$68,400**
>
> 公司:
> 　　$55,000＋$20,000－$300－$6,300＝**$68,400**

☞進貨開立的支票$7,000,帳上記為$700 之分析步驟如下:

1.是公司發生錯誤,還是銀行發生錯誤→本例為「公司」。

2.是收款錯誤,還是支出錯誤→本例為「支出」。

3.是「多計」或「少計」→本例為「少計」。

4.錯誤金額→本例為「$6,300」(＝$7,000－$700)。

結論:公司→支出→少計→$6,300→**表示公司帳之現金餘額少減$6,300**→應在公司帳現金餘額扣減該筆少減的金額$6,300。

【99年四等地方特考試題】

1.公司簽發支票$800 支付廣告費,在現金支出日記簿上卻誤記為$300;則在編製銀行調節表時,若欲求正確存款餘額應:

(1)銀行對帳單餘額加$500　　(2)銀行對帳單餘額減$500

(3)公司帳上現金餘額加$500　　(4)公司帳上現金餘額減$500

答案：(4)

  ✎補充說明：

    錯誤之分析步驟如下：

    1.是公司發生錯誤，還是銀行發生錯誤→本例為「公司」。

    2.是收款錯誤，還是支出錯誤→本例為「支出」。

    3.是「多計」或「少計」→本例為「少計」。

    4.錯誤金額→本例為「$500」(＝$800－$300)。

    結論：公司→支出→少計→$500→**表示公司帳之現金餘額少減$500**→應在公司帳現金餘額扣減該筆少減的金額$500。

2.下列何者為甲公司的「約當現金」？
(1)甲公司買回甲公司股票
(2)甲公司買回乙公司股票
(3)甲公司買回丙公司所發行，還有 2 年才到期的公司債
(4)甲公司買回丁公司所發行，還有 2 個月到期的市場交易活絡的商業本票

答案：(4)

  ✎補充說明：

    1.國際財務報導準則對於「約當現金」之定義為：

     「約當現金係指短期並具高度流動性之投資，該投資可隨時轉換成定額現金且價值變動之風險甚小」。

     「通常只有短期內(**例如：自取得日起三個月內**)到期之投資方可視為約當現金。權益投資排除在約當現金之外，除非其實質即為約當現金」。

    2.由前項之定義，**可知僅選項(4)符合定義**。

【99年五等地方特考試題】

1. 甲公司簽發支票 $42,000 支付員工薪資，在現金支出日記簿誤記為 $24,000，則在編製銀行往來調節表時，欲求正確存款餘額應：
(1)銀行對帳單餘額加$18,000
(2)銀行對帳單餘額減$18,000
(3)公司帳上現金加$18,000
(4)公司帳上現金減$18,000

答案：(4)

> 補充說明：
>
> 錯誤之分析步驟如下：
> 1. 是公司發生錯誤，還是銀行發生錯誤→本例為「公司」。
> 2. 是收款錯誤，還是支出錯誤→本例為「支出」。
> 3. 是「多計」或「少計」→本例為「少計」。
> 4. 錯誤金額→本例為「$18,000」(＝$42,000－$24,000)。
>
> 結論：公司→支出→少計→$18,000→**表示公司帳之現金餘額少減 $18,000**→應在公司帳現金餘額扣減該筆少減的金額$18,000。

【98年普考試題】

1. 甲公司8月份銀行往來調節表上之未兌現支票總額為$4,000，9月份所開出支票共計$40,000，而9月份銀行對帳單上顯示銀行在9月份所支付支票之款項共$28,000，則甲公司9月份銀行調節表上之未兌現支票總額應為：
(1)$16,000　　　(2)$12,000　　　(3)$8,000　　　(4)$4,000

答案：(1)

> 補充說明：
>
> 9月30日未兌現支票
> ＝8月31日未兌現支票$4,000＋9月份公司帳列支出總額$40,000
> －9月份銀行對帳單列示支出總額$28,000＝**$16,000**

【98 年初等特考試題】

1. 公司在點數零用金時發現剩餘$380,共計發生各項費用$1,600,公司設置的定額零用金是$2,000,則撥補零用金的分錄中,會出現的科目及金額為:
(1)貸記現金短溢$20
(2)借記零用金$1,600
(3)借記現金短溢$20
(4)貸記零用金$1,600

答案:(3)

補充說明:

1. 撥補零用金時之分錄為:

xxxx/xx/xx	各項費用	1,600②	
	現金短溢	20③	
	現金(或銀行存款)		1,620①

①為撥補金額,撥補金額是使零用金回復至定額金額=零用金定額金額$2,000－零用金剩餘金額$380。

②認列各項費用金額。

③=①－②。

2. 由第 1 項之分錄,可知答案為選項(3)。

2. 甲公司 8 月 31 日帳上銀行存款餘額$75,000,銀行對帳單餘額$80,900,經查證得知銀行誤將兌付其他公司之支票$2,000 誤記入甲公司帳戶,銀行代收票據$8,000,銀行手續費$100,則甲公司 8 月 31 日銀行存款正確金額應為多少?
(1)$80,900　　(2)$90,800　　(3)$84,900　　(4)$82,900

答案:(4)

補充說明:

此題要求計算正確的銀行存款餘額,可由銀行帳及公司帳分別調節而得到答案。故建議將題目各項目分別調節銀行帳及公司帳,計算如下:

銀行：
$80,900＋$2,000＝**$82,900**
公司：
$75,000＋$8,000－$100＝**$82,900**

【98年四等地方特考試題】

1.甲公司 7 月底之部分銀行調節表如下：

銀行對帳單餘額	$357,600
加：在途存款	15,375
減：未兌現支票	(33,000)
正確餘額	$339,975

8 月份相關資料如下：

	公司帳	銀行帳
支票記錄	?	$ 76,500
存款記錄	?	105,675

7 月底之未兌現支票已於 8 月份兌現。另 8 月份在途存款為$23,550，未兌現支票為$40,725。

試作：

(一)甲公司 8 月底銀行對帳單餘額。

(二)甲公司 8 月底銀行存款之正確金額。

(三)甲公司 8 月份之公司帳支票記錄金額。

(四)甲公司 8 月份之公司帳存款記錄金額。

解題：

(一)甲公司 8 月底銀行對帳單餘額
 ＝7 月底銀行對帳單餘額$357,600
 ＋8 月份銀行帳存款記錄金額$105,675
 －8 月份銀行帳支票記錄金額$76,500
 ＝8 月底銀行對帳單餘額**$386,775**

(二)甲公司 8 月底銀行存款之正確金額

＝8 月底銀行對帳單餘額$386,775

＋8 月 31 日在途存款$23,550

－8 月 31 日未兌現支票$40,725

＝8 月底銀行存款之正確金額$369,600

(三)甲公司 8 月份之公司帳支票記錄金額

7 月 31 日未兌現支票$33,000

＋8 月份公司帳支票記錄金額$？

－8 月份銀行帳支票記錄金額$76,500

＝8 月 31 日未兌現支票$40,725

8 月份公司帳支票記錄金額＝$84,225

(四)甲公司 8 月份之公司帳存款記錄金額

7 月 31 日在途存款$15,375

＋8 月份公司帳存款記錄金額$？

－8 月份銀行帳存款記錄金額$105,675

＝8 月 31 日在途存款$23,550

8 月份公司帳存款記錄金額＝$113,850

【98 年四等地方特考試題】

1.下列事項何者違反內部控制之基本原則？

(1)由特定員工負責保管零用金現金

(2)某員工之工作由原負責應付帳款的處理改調為負責應收帳款的處理

(3)所有空白支票都預先編號

(4)某員工負責核准付款，並同時負責支票之簽發

答案：(4)

☞補充說明：

　　選項(4)將使該員工有舞弊的機會，其違反內部控制防弊之原則。

2.甲公司 8 月 31 日銀行對帳單餘額為$85,000，8 月 31 日銀行調節表中有下列事項：未兌現支票$2,500、在途存款$3,500、銀行代收款$4,000、銀行手續費$500，該公司 8 月 31 日帳載現金餘額為多少？

(1)$81,500　　　(2)$82,500　　　(3)$86,000　　　(4)$87,500

答案：(2)

補充說明：

本題係要求計算「帳載現金餘額」(即公司帳列現金餘額)，計算如下：

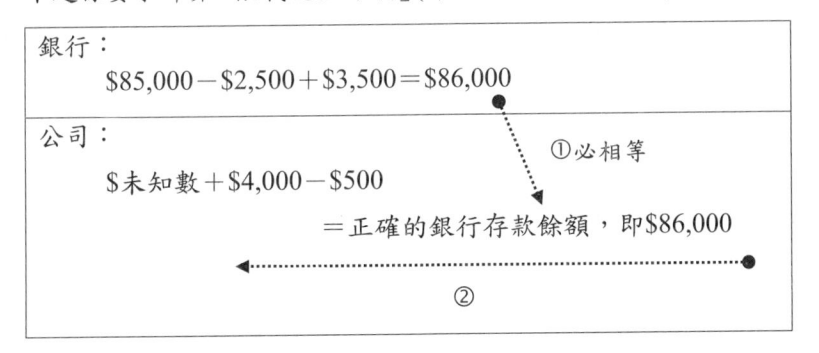

```
銀行：
    $85,000－$2,500＋$3,500＝$86,000
公司：
    $未知數＋$4,000－$500
    ＝正確的銀行存款餘額，即$86,000
```

①必相等

①其作法**先由「銀行帳戶現金餘額」**(即銀行對帳單餘額)調節至「**正確的銀行存款餘額**」。

②再由「**正確的銀行存款餘額**」倒推至「**公司帳列現金餘額**」(即題目所稱之「帳載現金餘額」)。經由移項，可求得「公司帳列現金餘額」，即上列「未知數」為 **$82,500**（＝$86,000＋$500－$4,000）。

【98 年五等地方特考試題】

1.在定額零用金制度下，補充零用金時，應該作何種會計處理？

(1)貸記零用金　　　　　　(2)借記各項費用
(3)貸記各項費用　　　　　(4)不必作任何分錄

答案：(2)

補充說明：

撥補零用金時之分錄為：

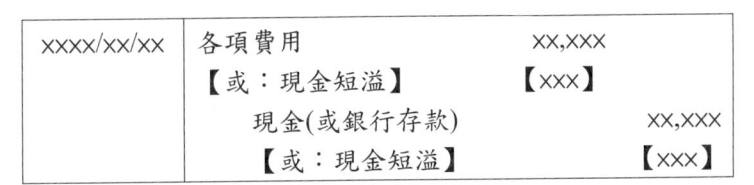

xxxx/xx/xx	各項費用	xx,xxx	
	【或：現金短溢】	【xxx】	
	現金(或銀行存款)		xx,xxx
	【或：現金短溢】		【xxx】

2.下列現金內部控制之敘述中，何者不符合內部控制原則？
(1)收取現金時立即存入銀行並入帳
(2)小額支出採用定額零用金制度
(3)一員工負責現金之記錄，並保管零用金
(4)盡量以支票做為現金付款工具

答案：(3)

✎補充說明：

　　選項(3)將使該員工有舞弊的機會，其違反內部控制防弊之原則。

【97年普考試題】

1.下列銀行調節表中的調節項目，何者不須於公司的帳上作分錄？
(1)在途存款　　　　　　　　(2)銀行手續費
(3)銀行誤登存款金額　　　　(4)銀行代收票據

答案：(1及3均為正確答案)

✎補充說明：

　　編製完成銀行存款往來調節表後，須作調整分錄者為公司調節項目。選項(1)及選項(3)均屬銀行應調節項目，公司不須調節該等金額，故無須編製調整或更正分錄。

2.公司月底帳列現金餘額$10,000；當月份銀行代收票據款及其附息共$2,500，且公司於帳上將所開出面額$2,300之支票誤記為$3,200，銀行本月份手續費$100。則月底正確之現金餘額為：
(1)$7,500　　　(2)$13,300　　　(3)$15,500　　　(4)$17,300

答案：(2)

✎補充說明：

　　本題僅列示公司帳應調節項目，故僅能由公司帳列金額調節至正確現金餘額，計算如下：

公司：
$10,000 + $2,500 + $900 − $100 = **$13,300**

錯誤之分析步驟如下：

1. 是公司發生錯誤，還是銀行發生錯誤➔本例為「公司」。
2. 是收款錯誤，還是支出錯誤➔本例為「支出」。
3. 是「多計」或「少計」➔本例為「多計」。
4. 錯誤金額➔本例為「$900」（＝$3,200−$2,300）。

結論：公司➔支出➔多計➔$900➔**表示公司帳之現金餘額多減**
　　　　$900➔應在公司帳現金餘額加回該筆多減的金額$900。

【97年初等特考試題】

1. 在公司設有定額零用金制度下，若以零用金支付計程車費時，應作何種會計處理？

(1)貸記零用金　　　　　　　　(2)借記交通費
(3)借記零用金　　　　　　　　(4)不作分錄，作備忘錄即可

答案：(4)

補充說明：

以零用金支付計程車費時，零用金保管人僅是由零用金拿出現金，尚未將單據送交會計部門列帳，故不會編製任何分錄。

2. 甲公司在編製完成銀行往來調節表後，下列何者需於公司帳上作調整分錄？

(1)銀行手續費
(2)銀行誤將兌付他公司支票誤記為該公司帳戶
(3)在途存款
(4)未兌現支票

答案：(1)

補充說明如下：

編製完成銀行存款往來調節表後，須作調整分錄者為公司調節項目。選項(1)屬公司應調節項目，故須編製調整或更正分錄。

【97年四等地方特考試題】

1. 甲公司六月底銀行對帳單餘額為$30,000，未兌現支票$10,000，在途存款$15,000，則調節後之正確銀行存款餘額為：

(1)$30,000　　　(2)$35,000　　　(3)$45,000　　　(4)$56,000

答案：(2)

> 補充說明：
>
> 本題僅列示銀行帳應調節項目，故僅能由銀行對帳單餘額調節至正確現金餘額，計算如下：
>
> ```
> 銀行：
>     $30,000－$10,000＋$15,000＝$35,000
> ```

2. 甲公司設立定額零用金$5,000，7月5日在零用金只剩$850時進行零用金撥補，當日零用金管理員所持支付單據計有$4,200，該公司同時打算將零用金額度降低到$4,000，則應撥補零用金金額為：

(1)$3,150　　　(2)$3,200　　　(3)$4,150　　　(4)$4,200

答案：(1)

> 補充說明：
>
> 1. 列示零用金相關分錄如下：
>
>   (1)撥補零用金時：
>
> | xxxx/xx/xx | 各項費用 | 4,200② |
> |---|---|---|
> | | 現金短溢 | 50③ |
> | | 　現金(或銀行存款) | 4,150① |
>
>   ①為撥補金額，撥補金額是使零用金回復至定額金額＝零用金定額金額5,000－零用金剩餘金額$850。
>
>   ②認列各項費用金額。
>
>   ③＝②－①。

(2)降低零用金額度時：

xxxx/xx/xx	現金(或銀行存款)	1,000
	零用金	1,000

(3)將前列第(1)項及第(2)項之二項分錄**合併**如下：

xxxx/xx/xx 合併後分錄	各項費用	4,200	
	現金短溢		50
	現金(或銀行存款)		**3,150**
	零用金		1,000

2. 由第 1 項之合併後分錄，**可知應撥補零用金金額為**$3,150，故答案為選項(1)。

【97 年五等地方特考試題】

1. 甲公司 9 月份編製銀行往來調節表之相關資料如右：9 月 30 日帳列現金餘額$5,000，在途存款$800，未兌現支票$2,500，存款不足支票$1,000，銀行手續費$80，銀行代收票據之本息$1,200。若無任何錯誤發生，試問 9 月 30 日正確現金餘額為：

(1)$3,300　　(2)$1,420　　(3)$2,220　　(4)$5,120

答案：(4)

補充說明：

此題要求計算「正確現金餘額」，可由銀行帳及公司帳分別調節而得到答案。故建議將題目各項目分別調節銀行帳及公司帳，計算如下：

```
銀行：
    $未知數＋$800－$2,500＝$未知數
公司：
    $5,000－$1,000－$80＋$1,200＝$5,120
```

列示之後發覺，只能由公司帳調節至「正確現金餘額」，答案為$5,120。本題無法由銀行帳調節至「正確現金餘額」，因為題目未告知 9 月 30 日銀行對帳單之現金餘額。

【96年普考試題】

1.某公司 7 月底帳列銀行存款餘額$236,500，銀行對帳單餘額$252,000，經查 7/30 在途存款$2,500，7/25 銀行代收票據$10,000 及利息$500，以及 7/16 簽發支票$7,500 尚未兌現，則銀行存款之正確餘額為：

(1)$239,500　　　　(2)$242,000　　　　(3)$247,000　　　　(4)$257,500

答案：(3)

> ✎補充說明：
>
> 此題要求計算「銀行存款之正確餘額」，可由銀行帳及公司帳分別調節而得到答案。故建議將題目各項目分別調節銀行帳及公司帳，計算如下：
>
> | |
> |---|
> | 銀行： $252,000+\$2,500-\$7,500=\mathbf{\$247,000}$ |
> | 公司： $236,500+\$10,000+\$500=\mathbf{\$247,000}$ |

2.當企業採用零用金制度時，於下列何種情況之會計分錄中將影響「零用金」科目？(即借記(或貸記)「零用金」)

(1)設立帳戶時及餘額增減時　　　　(2)實際動支時及補充基金時

(3)補充基金時及餘額增減時　　　　(4)餘額增減時及實際動支時

答案：(1)

> ✎補充說明：
>
> 1.選項(1)：設立帳戶時及餘額增減時**均會影響「零用金」科目，答案為本選項**。
>
> 2.選項(2)：實際動支時不須作分錄，**不會影響「零用金」科目**；補充基金時是**影響「現金」科目而非「零用金」科目**。
>
> 3.選項(3)：補充基金時是**影響「現金」科目而非「零用金」科目**；餘額增減時**會影響「零用金」科目**。
>
> 4.選項(4)：餘額增減時**會影響「零用金」科目**；實際動支時不須作分錄，**不會影響「零用金」科目**。

【96年初等特考試題】

1. 採用零用金制度時，那種情況下不需要做分錄？
(1)設立帳戶時　　　　　　　　(2)補充時
(3)實際動支時　　　　　　　　(4)帳戶餘額增減時

答案：(3)

✎補充說明：

實際動支時，零用金保管人僅是由零用金拿出現金，**尚未將單據送交會計部門列帳，故不會編製任何分錄**。

【96年四等地方特考試題】

1. 「現金短溢」科目若是借方餘額，在財務報表上應列為：
(1)資產抵銷項　　　　　　　　(2)其他資產項目
(3)其他費用項目　　　　　　　(4)其他收入項目

答案：(3)

✎補充說明：

「現金短溢」科目若為借方餘額表示現金短少，應列為其他損失項目；若是貸方餘額表示現金多了，應列為其他收益項目。

2. 仁大公司10月底的帳列現金餘額$250,000，如果相關待調整項目有存款不足支票$15,000，在途存款$30,000，未兌現支票$10,000，銀行代收票據$10,000，銀行手續費$5,000，則10月底公司正確之現金餘額為：
(1)$260,000　　(2)$255,000　　(3)$240,000　　(4)$160,000

答案：(3)

✎補充說明：

此題要求計算「正確之現金餘額」，可由銀行帳及公司帳分別調節而得到答案。故建議將題目各項目分別調節銀行帳及公司帳，列示如下：

> 銀行：
> $未知數＋$30,000－$10,000＝$未知數
>
> 公司：
> $250,000－$15,000＋$10,000－$5,000＝**$240,000**

列示之後發覺，只能由公司帳調節至「正確之現金餘額」，答案為 $240,000。本題無法由銀行帳調節至「正確之現金餘額」，因為題目未告知 10 月底銀行對帳單之現金餘額。

【96 年五等地方特考試題】

1.若公司採用定額零用金制度，則下列有關零用金事項之敘述，何者錯誤？

(1)使用零用金時，應貸記現金

(2)補充零用金時，應借記相關費用

(3)設立零用金時，應貸記現金

(4)以零用金購買郵票時，不用作分錄

答案：(1)

> 📖 補充說明：
>
> 選項(1)之敘述是錯誤的，因為使用零用金時不須作分錄。

2.公司在完成銀行往來調節表後，就下列何者事項不須再作分錄？

(1)銀行代收票據　　　　　(2)未兌現支票

(3)銀行手續費　　　　　　(4)存款利息收入

答案：(2)

> 📖 補充說明：
>
> 編製完成銀行存款往來調節表後，須作調整分錄者為公司調節項目。
>
> **選項(2)非屬公司應調節項目**，公司不須調節該金額。

【95年初等特考試題】

1.在定額零用金制度下,零用金之撥補應如何處理?
(1)貸記現金　　　　　　　　　　(2)貸記零用金
(3)借記零用金　　　　　　　　　(4)不必做分錄

答案:(1)

補充說明:

撥補零用金時之分錄為:

xxxx/xx/xx	各項費用	xx,xxx	
	【或:現金短溢】	【xxx】	
	現金(或銀行存款)		xx,xxx
	【或:現金短溢】		【xxx】

2.「現金盤盈或盤虧帳戶」若為貸方餘額,則於損益表上應列為:
(1)銷貨收入　　　　　　　　　　(2)非常利得
(3)其他收益　　　　　　　　　　(4)其他費用

答案:(3)

補充說明:

1.「現金盤盈或盤虧帳戶」科目若為借方餘額表示現金短少,應列為其他損失項目;若是貸方餘額表示現金多了,應列為其他收益項目,答案為選項(3)。

2.**國際財務報導準則規定損益項目不可以分類為非常損益**,故選項(2)之「非常利得」不可能再出現於財務報表中。

【95年四等地方特考試題】

1.在銀行往來調節表內未兌現支票應列為:
(1)銀行對帳單餘額之加項　　　　(2)銀行對帳單餘額之減項
(3)公司帳面存款餘額之加項　　　(4)公司帳面存款餘額之減項

答案:(2)

📎 補充說明：

未兌現支票表示公司已列為支出，但銀行尚未由公司帳戶內扣除該筆金額。

【95年五等地方特考試題】

1.若欲求算正確現金餘額，則未兌現支票在銀行調節表上應列為：
(1)帳面現金餘額之減項　　　　　　(2)不必調節
(3)銀行對帳單餘額之加項　　　　　(4)銀行對帳單餘額之減項

答案：(4)

📎 補充說明：

未兌現支票表示公司已列為支出，但銀行尚未由公司帳戶內扣除該筆金額。

2.關於現金收支之控制，下列何種作法不適當？
(1)除小額零星支出外，所有現金支出均以支票為之
(2)當日之現金收入立即如數送存銀行
(3)不要取得任何進貨現金折扣，將應付帳款延至到期日再行支付
(4)銀行往來調節表由內部稽核人員編製

答案：(3)

📎 補充說明：

1.**一般進貨折扣的實質利率**(即資金成本，相關計算請參閱本書第三章「存貨」列示之【99年初等特考試題】題目)**均相當高，以現金收支之控制而言，企業應爭取進貨現金折扣。**

2.就實務而言，銀行往來調節表係由會計部門或財務部門編製。

第五章　應收款項

重點提示：

● 本章主題

　1.應收款項之認列。

　2.呆帳之提列(我國設訂之會計科目使用「呆帳」之名稱，過去可稱為「壞帳」)。

　3.應收票據貼現。

　4.收入認列。

● 提列呆帳費用之方法有：

1. **銷貨百分比法**：當年度呆帳費用＝銷貨收入×呆帳率，銷貨收入可為銷貨收入淨額或賒銷淨額，應依題目而定；**此法著重銷貨收入與呆帳費用之配合**。

　　以銷貨百分比法計算呆帳費用提列金額時，**不須考慮調整前備抵呆帳科目之餘額**。

2. **應收帳款餘額百分比法**：此法著重備抵呆帳餘額與應收帳款餘額之關係，**以允當地的表達應收帳款的帳面金額或淨變現價值**(＝應收帳款餘額－備抵呆帳餘額)。

3. **應收帳款帳齡分析法**：此法同應收帳款餘額百分比法，著重備抵呆帳餘額與應收帳款餘額之關係，以允當地的表達應收帳款的帳面金額或淨變現價值。

●與呆帳相關之帳務處理：

交易	備抵法	直接沖銷法 (此法不符合一般公認會計準則之規定)
每年底提列時	呆帳費用 　　備抵呆帳	
實際發生呆帳時	備抵呆帳 　　應收帳款	呆帳費用 　　應收帳款
收回已沖銷之呆帳時	應收帳款 　　備抵呆帳 現金 　　應收帳款	應收帳款 　　呆帳費用 　(已沖銷呆帳之收回) 現金 　　應收帳款

【101 年普考試題】

1. 花蓮公司 X3 年有關分錄如下：

   (1) 花蓮公司於 X3 年 4 月 1 日銷貨給七星公司，定價$300,000，按 8 折成交且付款條件為 4/一個月，2/二個月，n/三個月。花蓮公司採總額法入帳。

   (2) 6 月 1 日收到上述貨款，七星公司於當日簽發一張面額$150,000、6 個月期，年利率 5%之票據，餘款以現金清償。

   (3) 花蓮公司於 8 月 1 日以上述票據向銀行貼現，貼現息為年利率 5.6%，除貼現息由銀行預扣外，餘款收現。

   (4) 上述票據到期時，七星公司拒付票據本息，花蓮公司將票款、利息及拒絕付款證明書費用$200 一併償付銀行。

試作： 上述交易相關分錄。(一年以 360 天計算)

解題：

| x3/04/01 | 應收帳款 | 240,000 | |
| | 銷貨收入 | | 240,000 |

x3/06/01	銷貨折扣	4,800②	
	應收票據	150,000③	
	現金	85,200④	
	應收帳款		240,000①

☞補充說明：

①除列(沖銷)應收帳款帳列金額。

②為客戶在折扣期間內付款而享有的銷貨折扣。

③取得票據的票面金額。

④為①、②和③之差額。

| x3/08/01 | 應收利息 | 1,250 | |
| | 利息收入 | | 1,250① |

☞補充說明：

①認列自 X3 年 6 月 1 日至 X3 年 8 月 1 日已賺得的利息收入(＝$150,000×5%×2/12)。

x3/08/01	現金	150,880③	
	貼現損失	370④	
	應收票據貼現		150,000①
	應收利息		1,250②

✎ 補充說明：

①因票據已移轉給銀行，本應除列(沖銷)「應收票據」之會計科目；但為保留「應收票據」原始交易金額，故以「應收票據貼現」作為「應收票據」會計科目的分身。**報表表達時，「應收票據貼現」(分身)係列為「應收票據」(本尊)的減項。**

②除列(沖銷)應收利息帳列金額。

③為貼現時可收之現金數，計算如下：

❶ 到期值： $150,000+($150,000 \times 5\% \times 6/12)=$153,750$

❷ 貼現息： $153,750 \times 5.6\% \times 4/12=$2,870$

❸ 收現數： $153,750-$2,870 =$150,880$

④為①、②和③之差額。

x3/12/01	應收票據貼現	150,000	
	應收票據		150,000

x3/12/01	拒付應收票據	153,950	
	(或應收帳款)		
	現金		153,950

✎ 補充說明：

花蓮公司被追索付款後，有權利向七星公司要求給付該筆款項，故貸方「現金」是付給銀行，**其金額包括票據到期值$153,750及銀行要求多付之拒絕付款證明書費用$200；借方為「拒付應收票據(或應收帳款)」，表示花蓮公司有權向七星公司追索其未付的款項。**

2.臺東公司 X4 年初應收帳款餘額為$134,400、期初備抵呆帳餘額為$4,400，X4 年有關交易彙整如下：

銷貨收入(全部賒銷)	$973,600
銷貨退回	24,800
應收帳款收現	926,600
沖銷呆帳	5,600
收回已沖銷之呆帳	800

經評估 X4 年底備抵呆帳之應有餘額為$5,600。

試作：

(一)臺東公司 X4 年中沖銷呆帳、收回已沖銷之呆帳及年底提列呆帳之分錄。

(二)臺東公司 X4 年度之應收帳款週轉率。(四捨五入至小數第二位)

解題：

(一)臺東公司 X4 年中相關分錄：

1.沖銷呆帳之分錄：

x4/xx/xx	備抵呆帳	5,600	
	應收帳款		5,600

2.收回已沖銷之呆帳之分錄：

x4/xx/xx	應收帳款	800	
	備抵呆帳		800

x4/xx/xx	現金	800	
	應收帳款		800

3.年底提列呆帳之分錄：

x4/12/31	呆帳費用	6,000	
	備抵呆帳		6,000

☞ **補充說明：**

將 X4 年期初餘額及相關分錄金額過帳至「應收帳款」及「備抵呆帳」會計科目 T 字帳，以推算 X4 年提列呆帳費用之金額，列示如下：

應收帳款		備抵呆帳	
134,400①	24,800④	5,600⑥	4,400②
973,600③	926,600⑤		800⑦
800⑦	5,600⑥		提列金額？⑩
	800⑦		
151,000⑧			5,600⑨

①為應收帳款期初餘額。

②為備抵呆帳期初餘額。

③為銷貨收入(全部賒銷)金額。

④為銷貨退回金額。

⑤為應收帳款收現金額。

⑥為沖銷呆帳金額。

⑦為收回已沖銷之呆帳金額。

⑧為應收帳款期末餘額。

⑨為題目告知備抵呆帳期末餘額。

⑩ 呆帳費用 **提列金額** ＝ \$5,600 ＋ \$5,600 － \$4,400 － \$800 ＝ \$6,000。

(二)臺東公司 X4 年度之應收帳款週轉率：

應收款項週轉率＝銷貨收入(淨額)÷平均應收帳款(淨額)

＝(銷貨收入\$973,600－銷貨退回\$24,800)

÷〔(\$130,000＋\$145,400)÷2〕＝ 6.89次

3.甲公司於 X1 年底評價應收帳款前，應收帳款淨額為\$2,610,000(應收帳款總額\$2,650,000，備抵呆帳\$40,000)。X1 年底該公司之某一客戶發生重大財務困難，經評估其帳款\$300,000 將發生半數減損；其餘客戶之帳款經評估將有 2% 無法收回。該公司 X1 年對應收帳款之評價對當年淨利之影響數為：

(1)\$(7,000)　　　(2)\$(13,000)　　　(3)\$(150,000)　　　(4)\$(157,000)

答案：(4)

✎補充說明如下：

1. 本題係採「應收帳款餘額百分比法」提列呆帳。以應收帳款餘額百分比法計算**期末備抵呆帳科目應有之餘額**＝$300,000×50%＋應收帳款餘額($2,650,000－$300,000)×2%＝**$197,000**。

2. 以應收帳款餘額百分比法認列之呆帳費用，建議以T字帳分析備抵呆帳會計科目金額之變動，即可求得答案，分析如下：

備抵呆帳

	調整前金額　　40,000
	提列金額　　　？
	期末應有金額　197,000

提列金額＝$197,000－$40,000＝**$157,000**

【101年初等特考試題】

1. 去年因帳務處理錯誤，未提列呆帳費用，於今年補作分錄，則此更正分錄對今年度資產與本期淨利之影響為：
(1)資產減少、本期淨利減少
(2)資產無影響、本期淨利減少
(3)資產減少、本期淨利無影響
(4)兩者皆無影響

答案：(3)

✍補充說明：

1. 更正分錄如下：

xxxx/xx/xx	保留盈餘　　　　　xx,xxx	
	備低呆帳	xx,xxx

2. 由上列更正分錄可知，**更正分錄會使今年度的資產減少**，因為貸記備低呆帳，**對本期淨利沒有影響**。

2.甲公司當年度提列呆帳費用$160,000,備抵呆帳之期初與期末金額分別為$80,000與$90,000,則該公司當年度實際發生之呆帳金額為何?
(1)$160,000　　(2)$150,000　　(3)$170,000　　(4)$180,000

答案:(2)

✎補充說明:

1.當年度實際發生之呆帳金額即為沖銷呆帳數。

2.以T字帳分析備抵呆帳會計科目金額之變動,即可求得答案,列示如下:

備抵呆帳

沖銷呆帳金額　？	期初金額　80,000
	提列金額　160,000
	期末金額　90,000

沖銷呆帳金額(實際發生之呆帳金額)
＝$80,000＋$160,000－$90,000＝**$150,000**

3.附息應收票據到期收現時,帳上應如何處理?
(1)應將面額借記現金
(2)應將面額借記應收票據
(3)應將面額貸記應收票據
(4)應將到期值貸記應收票據

答案:(3)

✎補充說明:

附息應收票據到期收現時之分錄為:

xxxx/xx/xx	現金　　　　　　　xx,xxx	
	應收票據	xx,xxx
	利息收入	xxx

貸記「應收票據」之金額為票面金額(或稱面額)。

【100年普考試題】

1. 甲公司於 X1 年賒銷金額為$1,000,000，年底調整前應收帳款餘額為$400,000，備抵呆帳為借餘$5,000，若呆帳率皆為1%，則該公司以銷貨百分比法所認列之呆帳費用，較以應收帳款餘額百分比法認列之呆帳費用：
(1)多$1,000　　　(2)少$1,000　　　(3)多$6,000　　　(4)少$6,000

答案：(1)

補充說明：

1. 採銷貨百分比法應認列的呆帳費用
  ＝賒銷金額$1,000,000×1%＝**$10,000**

2. 採應收帳款餘額百分比法應認列的呆帳費用，建議以 T 字帳分析備抵呆帳會計科目金額之變動，即可求得答案，分析如下：

備抵呆帳

調整前金額　5,000	提列金額　　？
	期末應有金額　4,000

＝應收帳款餘額$400,000×1%＝$4,000

提列金額＝$4,000＋$5,000＝**$9,000**

3. 採銷貨百分比法與採應收帳款餘額百分比法認列呆帳費用之比較：
採銷貨百分比法應認列的呆帳費用$10,000
－採應收帳款餘額百分比法認列的呆帳費用$9,000＝**$1,000**

【100年初等特考試題】

1. 下列呆帳估計方法中，何者較符合配合原則？
(1)賒銷百分比法　　　　　　　(2)直接沖銷法
(3)應收帳款帳齡分析法　　　　(4)市價法

答案：(1)

補充說明如下：

所謂配合原則係指成本與收入配合。分析各選項如下：

1. 選項(1)：**賒銷百分比法係著重銷貨收入與呆帳費用之配合，答案為本選項。**

2. 選項(2)：直接沖銷法並不符合一般公認會計準則(GAAP)之規定。

3. 選項(3)：**應收帳款帳齡分析法係著重應收帳款與備抵呆帳之關係**，而非著重成本與收入之配合。

4. 選項(4)：市價法並不適用於呆帳費用之估計。

2. 甲公司 X1 年賒銷總額為$1,000,000，期末應收帳款餘額為$350,000，期末呆帳費用的計算採應收帳款百分比法，呆帳率為 1%，而期末調整前備抵呆帳有借方餘額$2,500，則期末應提呆帳：

(1)$12,500　　　　(2)$10,000　　　　(3)$6,000　　　　(4)$1,000

答案：(3)

📖 補充說明：

1. 題目所述之「應收帳款百分比法」即「應收帳款餘額百分比法」。以應收帳款餘額百分比法計算**期末備抵呆帳科目應有之餘額**＝應收帳款餘額$350,000×1%＝**$3,500**。

2. 以應收帳款餘額百分比法認列之呆帳費用，建議以 T 字帳分析備抵呆帳會計科目金額之變動，即可求得答案，分析如下：

備抵呆帳

調整前金額	2,500	提列金額	？
		期末應有金額	3,500

提列金額＝$3,500＋$2,500＝**$6,000**

3.甲公司採用賒銷百分比法估計呆帳,呆帳率 2%。X1 年度賒銷金額$300,000,期末時應收帳款總額為$20,000,調整前備抵呆帳餘額為貸餘$1,000。下列何者為當年度財務報表之正確資訊?

(1)呆帳費用$5,000;備抵呆帳$5,000

(2)呆帳費用$6,000;備抵呆帳$5,000

(3)呆帳費用$6,000;備抵呆帳$6,000

(4)呆帳費用$6,000;備抵呆帳$7,000

答案:(4)

> 補充說明:

1.採賒銷百分比法應認列的呆帳費用

　＝賒銷金額$300,000×2%＝**$6,000**

2.**提列呆帳費用後之備抵呆帳會計科目餘額為**$7,000(＝調整前備抵呆帳餘額貸餘$1,000＋採賒銷百分比法應認列的呆帳費用$6,000)。

【100 年四等地方特考試題】

1.甲公司 X1 年底認列呆帳前應收帳款金額為$720,000,備抵呆帳為貸餘$2,200。若認列呆帳後應收帳款淨變現價值為$653,000,則甲公司 X1 年認列之呆帳費用為何?

(1)$64,800　　(2)$67,800　　(3)$69,200　　(4)無法計算

答案:(1)

> 補充說明:

1.題目所述之「應收帳款淨變現價值」即「應收帳款之帳面金額」。

2.以 T 字帳分析「應收帳款」及「備抵呆帳」會計科目金額之變動,即可求得答案,列示如下:

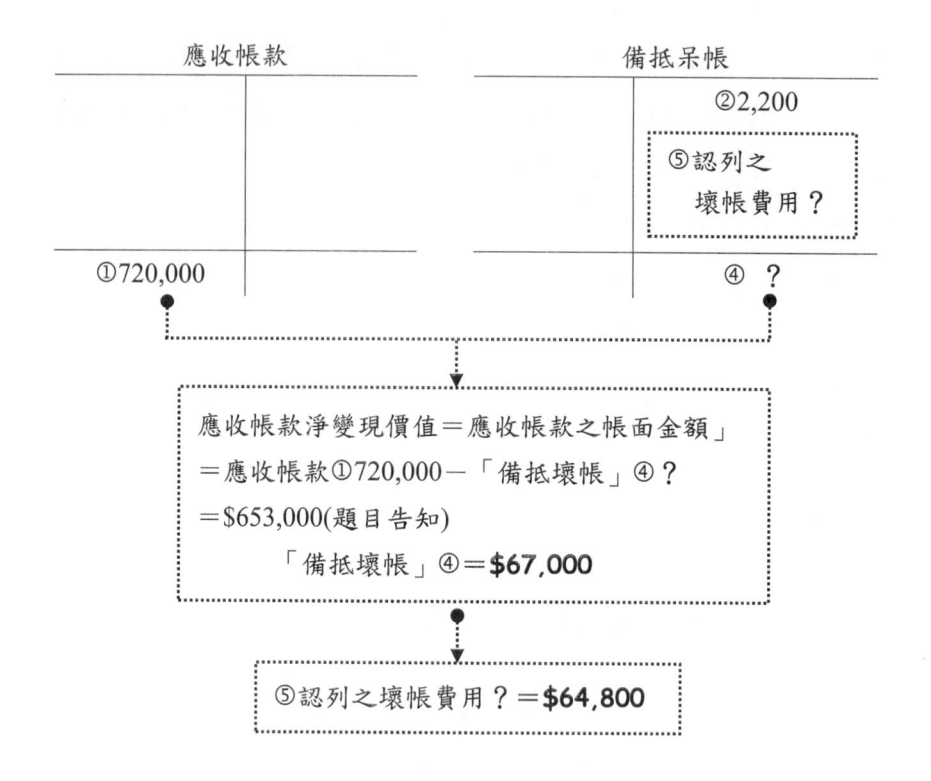

```
       應收帳款              備抵呆帳
                              ②2,200
                          ┌─────────┐
                          ┆⑤認列之  ┆
                          ┆  壞帳費用？┆
                          └─────────┘
  ①720,000                      ④ ?
```

┌─────────────────────────────────────┐
┆ 應收帳款淨變現價值＝應收帳款之帳面金額 ┆
┆ ＝應收帳款①720,000－「備抵壞帳」④？ ┆
┆ ＝$653,000(題目告知)   ┆
┆   「備抵壞帳」④＝**$67,000**   ┆
└─────────────────────────────────────┘

┌─────────────────────────┐
┆ ⑤認列之壞帳費用？＝**$64,800** ┆
└─────────────────────────┘

2.甲公司於X1年6月11日收到客戶一張6%，60天期的本票$700,000。6月26日將該票據持往銀行貼現，貼現率為8%，則甲公司票據貼現可獲得多少現金？(一年以365天計算)

(1)$697,767　　　(2)$699,932　　　(3)$700,000　　　(4)$704,643

答案：(2)

　補充說明：

　　計算如下：

　　1.到期值：$700,000＋($700,000×6%×60/365)＝$706,904

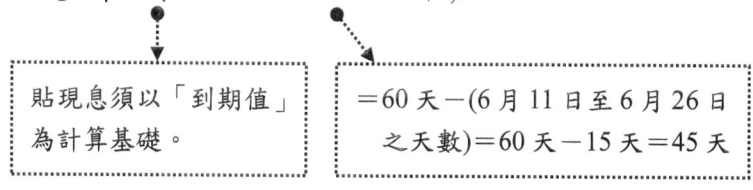

　　2.貼現息：$706,904 × 8% × 45/365＝$6,972

┌─────────────────────┐   ┌─────────────────────────┐
┆ 貼現息須以「到期值」 ┆   ┆ ＝60天－(6月11日至6月26日 ┆
┆ 為計算基礎。   ┆   ┆   之天數)＝60天－15天＝45天 ┆
└─────────────────────┘   └─────────────────────────┘

　　3.收現數：$706,904－$6,972＝**$699,932**

【100年五等地方特考試題】

1. 甲公司 X1 年賒銷總額為$1,250,000，期末應收帳款餘額為$350,000，期末呆帳費用的計算採銷貨百分比法，呆帳率為 1%，而期末調整前備抵呆帳有貸方餘額$3,800，則期末應提呆帳：
(1)$12,500　　　(2)$8,700　　　(3)$7,300　　　(4)$3,500

答案：(1)

補充說明：

以銷貨百分比法計算應認列的呆帳費用
＝賒銷金額$1,250,000×1%＝**$12,500**

【99年普考試題】

1. 甲公司 X1 年發生與應收帳款相關之交易如下：
   (1) 銷貨(均為賒銷)$416,000
   (2) 銷貨退回與折讓$6,500
   (3) 銷貨折扣(採總額法處理)$11,553
   (4) 應收帳款收現(包括收回已沖銷數)$365,300
   (5) 認列呆帳$13,130
   (6) 沖銷呆帳$11,700
   (7) 收回已沖銷呆帳$3,130

試作：
(一)甲公司認列呆帳之分錄。
(二)甲公司沖銷呆帳之分錄。
(三)甲公司收回已沖銷呆帳之分錄。
(四)若甲公司 X1 年之應收帳款週轉率為 3.1，則其 X1 年期初應收帳款之淨變現價值為何？

解題：

(一)甲公司認列呆帳之分錄：

x1/xx/xx	呆帳費用	13,130	
	備抵呆帳		13,130

(二)甲公司沖銷呆帳之分錄：

| x1/xx/xx | 備抵呆帳 | 11,700 | |
| | 應收帳款 | | 11,700 |

(三)甲公司收回已沖銷呆帳之分錄：

| x1/xx/xx | 應收帳款 | 3,130 | |
| | 備抵呆帳 | | 3,130 |

| x1/xx/xx | 現金 | 3,130 | |
| | 應收帳款 | | 3,130 |

(四)甲公司 X1 年期初應收帳款之淨變現價值為：

1. 由題目告知的應收帳款週轉率推算「平均應收帳款淨額」，計算如下：

   應收帳款週轉率 3.1 次＝銷貨收入淨額÷平均應收帳款淨額

   ＝$(416,000－6,500－11,553)÷平均應收帳款淨額

   ＝$397,947÷平均應收帳款淨額

   平均應收帳款淨額＝$128,370

2. 由「應收帳款」及「備抵呆帳」會計科目金額之變動**推算期初應收帳款淨額**(即題目要求計算的期初應收帳款淨變現價值)，列示如下：

   (1)**設：**應收帳款期初餘額為 x

      備抵呆帳期初餘額為 y

      期初應收帳款淨額為 x－y

   (2)將應收帳款及備抵呆帳之期初金額、前列第(一)項至第(三)項之分錄及題目告知之銷貨退回及折讓金額，過帳至「應收帳款」及「備抵呆帳」會計科目 T 字帳，並推算收回應收帳款(折扣前)之金額，即應收帳款 T 字帳內之①。

應收帳款		備抵呆帳	
期初餘額 x	6,500	11,700	期初餘額 y
416,000	● 373,723①		13,130
3,130	11,700		3,130
	3,130		

①之計算如下：

〔應收帳款收現(包括收回已沖銷數)$365,300

　－收回已沖銷壞帳$3,130〕

＝除收回已沖銷數之外之應收帳款收現數$362,170

應收帳款收現數(不含收回已沖銷數)$362,170

　＋銷貨折扣$11,553

＝**收回應收帳款（折扣前）之金額**$373,723

期末應收帳款＝期初應收帳款x＋$416,000＋$3,130

　　　　　　－$6,500－$373,723－$11,700－$3,130

　　　　　＝x＋$24,077

期末備抵呆帳＝期初備抵呆帳y＋$13,130＋$3,130－$11,700

　　　　　＝y＋$4,560

$\{(x-y)+[(x+\$24,077)-(y+\$4,560)]\} \div 2$

　＝平均應收帳款淨額$128,370

　　　$2x-2y+\$19,517=\$256,740$

　　　$2x-2y=\$237,223$

　　　x－y＝期初應收帳款淨額$118,611.5

2.甲公司於 X1 年 5 月 1 日收到客戶一張不附息，6 個月期的本票$300,000。7 月 1 日將該票據持往銀行貼現，貼現率為 12%，則甲公司票據貼現可獲得多少現金？

(1) $276,000　　　　(2)$285,000　　　　(3)$288,000　　　　(4)無法計算

答案：(3)

補充說明：

計算如下：

1.到期值：$300,000＋($300,000×0%×6/12)＝$300,000

2.貼現息：$300,000 × 12% × 4/12＝$12,000

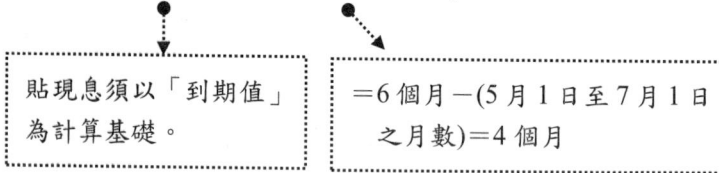

> 貼現息須以「到期值」為計算基礎。

> ＝6 個月－(5 月 1 日至 7 月 1 日之月數)＝4 個月

3.收現數：$300,000－$12,000＝**$288,000**

3.乙公司採銷貨淨額百分比法估計呆帳，呆帳率為銷貨淨額 1.5%，若當年度銷貨$200,000，銷貨折讓$6,000，銷貨運費$4,000，年底應收帳款餘額為$30,000，而備抵呆帳為借方餘額$200，請問乙公司結帳後備抵呆帳餘額為：

(1)$2,710　　　　(2)$2,910　　　　(3)$3,110　　　　(4)$3,050

答案：(1)

補充說明：

1.以銷貨淨額百分比法計算應認列的呆帳費用

＝銷貨淨額(＝$200,000－$6,000)×1.5%＝**$2,910**

2.以 T 字帳計算乙公司結帳後(提列呆帳後)備抵呆帳餘額如下：

備抵呆帳

調整前金額	200	提列金額	2,910
		期末應有金額	**2,710**

【99年初等特考試題】

1. 甲公司本年度之銷貨淨額為$2,000,000，呆帳係按銷貨淨額之1.5%估列。本年度備抵呆帳之期初餘額為貸餘$18,000，在本年度內沖銷之呆帳金額為$45,000，試問本年底備抵呆帳之調整後餘額應為：

(1)$3,000　　　(2)$48,000　　　(3)$75,000　　　(4)$93,000

答案：(1)

　補充說明：

　　1.以銷貨淨額計算應認列的呆帳費用
　　　＝銷貨淨額$2,000,000×1.5%＝**$30,000**

　　2.以T字帳計算甲公司備抵呆帳餘額(提列呆帳後)如下：

備抵呆帳

沖銷呆帳	45,000	期初餘額	18,000
		提列金額	30,000
		期末餘額	**3,000**

2. 甲公司收到面額為$80,000，利率10%，6個月期之應收票據一紙，該紙票據之到期值為：

(1)$80,000　　　(2)$88,000　　　(3)$84,000　　　(4)$4,000

答案：(3)

　補充說明：

　　到期值＝$80,000＋($80,000×10%×6/12)＝**$84,000**

3. 如果未提列呆帳費用，不但當期之費用低估，而且：
(1)淨利高估，其餘皆正確
(2)資產高估，其餘皆正確
(3)淨利高估，資產也高估，其餘皆正確
(4)淨利高估，資產高估，業主權益也高估

答案：(4)

✍補充說明：

本題建議先了解提列呆帳費用的分錄，再分析若未做分錄會造成的影響，分析如下：

1.應編製的調整分錄：

xxxx/12/31	呆帳費用	xx,xxx	
	備抵呆帳		xx,xxx

2.若未做提列呆帳費用分錄會造成的影響為：

❶未借記呆帳費用→造成「呆帳費用」未增加→**造成費用低估**→**造成淨利高估**→**造成權益高估**。

❷未貸記備抵呆帳→造成「備抵呆帳」未增加→因為「備抵呆帳」為「應收帳款」的減項，將造成資產未減少→**造成資產高估**。

4.下列對呆帳估計方法的敘述，何者正確？
(1)採用銷貨餘額百分比法時，財務報表表達之應收帳款淨額較接近淨變現價值
(2)採用應收帳款餘額百分比法較不符合配合原則
(3)採用銷貨餘額百分比法時，備抵呆帳不會產生借方餘額
(4)採用帳齡分析法時，較強調財務狀況表觀點

答案：(2 或 4)

✍補充說明：

1.選項(1)：敘述是錯誤的，採用銷貨餘額百分比法時，**其著重銷貨收入與呆帳費用之配合。**

2.選項(2)：敘述是正確的，應收帳款餘額百分比法係著重應收帳款與備抵呆帳之關係，而非著重費用與收入之配合，**答案為本選項。**

3.選項(3)：敘述是錯誤的，**備抵呆帳有可能產生借方餘額，因為於銷貨餘額百分比法計算提列呆帳費用時，並不考慮備抵呆帳科目之餘額**；若提列呆帳費用前備抵呆帳科目餘額為借方餘，且提列呆帳費用金額小於該借方餘額時，備抵呆帳科目就會產生借方餘額。

4.選項(4)：敘述是正確的，**所謂「財務狀況表觀點」即著重應收帳款與備抵呆帳之關係，答案為本選項。**

【99 年四等地方特考試題】

1.乙公司持有$180,000 之承兌匯票,承兌日期為 X1 年 4 月 15 日,承兌後 60 日付款,年利率為8%,公司於 X1 年 5 月 15 日,將此票據向銀行辦理貼現,貼現年率為 10%,則貼現金額應為:(以 360 天為基礎計算)
(1)$183,865　　　(2)$182,395　　　(3)$180,985　　　(4)$180,880

答案:(4)

> **補充說明:**
>
> 計算如下:
>
> 1.到期值:$180,000+($180,000×8%×60/360)=$182,400
>
> 2.貼現息:$182,400 × 10% × 30/360=$1,520
>
> - 貼現息須以「到期值」為計算基礎。
> - =60 天-(4 月 15 日至 5 月 15 日之天數)=60 天-30 天=30 天
>
> 3.收現數:$182,400-$1,520=**$180,880**

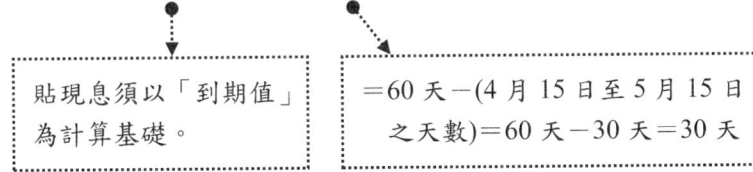

【99 年五等地方特考試題】

1.庚公司 X9 年 1 月 1 日收到面額$20,000、6 個月到期、利率 10% 之應收票據,於到期前 2 個月持向銀行貼現,獲得現金$20,580,請問貼現率為多少?
(1)9%　　　(2)10%　　　(3)11%　　　(4)12%

答案:(4)

> **補充說明:**
>
> 將已知數列示於下列算式中,貼現率以?%①表達:
>
> 1.到期值:$20,000+($20,000×10%×6/12)=$21,000
>
> 2.貼現息:$21,000× ?%① × 2/12=$?②
>
> 3.收現數:$21,000-$?②=$20,580
>
> 　　　　　②=$21,000-$20,580=$420
>
> 將②的金額代入第 2 項算式,即可求得①貼現率
>
> 　　$21,000× ?%① × 2/12=$420
>
> 　　　　**?%①=貼現率 12%**

2.甲公司採「銷貨百分比法」處理呆帳費用，當實際發生呆帳並予以沖銷時，請問對於財務報表之影響為何？
(1)資產總額減少，權益總額減少
(2)資產總額減少，負債總額增加
(3)資產總額無影響，權益總額無影響
(4)資產總額無影響，權益總額減少

答案：(3)

✎補充說明：

1.實際發生呆帳時之分錄為：

xxxx/xx/xx	備抵呆帳	xx,xxx	
	應收帳款		xx,xxx

2.上列分錄對於財務報表之影響為：
 (1)借記備抵呆帳→**造成資產增加**。
 (2)貸記應收帳款→**造成資產減少**。

綜合以上分析，**實際發生呆帳時，造成資產一增一減**，故對財務報表之資產、負債及權益總額並未造成影響。

【98年普考試題】

1.甲公司X1年12月1日於銷貨時收到客戶開立之年息2%，2個月期的票據$600,000，該公司採曆年制，且不做迴轉分錄。以下為二項獨立狀況：

狀況一：發票人到期兌現。

狀況二：發票人拒絕承兌，經數次催收後始於X2年2月3日收回$90,000，其餘確定無法收回。

試作：
 (一)狀況一中，甲公司於到期時應作之分錄。
 (二)狀況二中，甲公司於到期時與收回時應作之分錄。

解題：

票據到期日為X2年2月1日。

(一)狀況一中，甲公司於到期時應作之分錄：

x2/02/01	現金	602,000④	
	應收票據		600,000①
	應收利息		1,000②
	利息收入		1,000③

✎補充說明：

①除列(沖銷)應收票據票面金額。

②除列(沖銷)應收利息帳列金額，其為 X1 年 12 月 1 日至 X1 年 12 月 31 日一個月的利息收入，已於 X1 年 12 月 31 日認列應收利息。

③ X2 年 1 月 1 日至 X2 年 2 月 1 日一個月的利息收入。

④＝①＋②＋③。

(二)狀況二中，甲公司於到期時與收回時應作之分錄：

1.到期時：

x2/02/01	應收帳款	602,000④	
	應收票據		600,000①
	應收利息		1,000②
	利息收入		1,000③

✎補充說明：

①除列(轉銷)應收票據票面金額。

②除列(沖銷)應收利息帳列金額，其為 X1 年 12 月 1 日至 X1 年 12 月 31 日一個月的利息收入，已於 X1 年 12 月 31 日認列應收利息。

③ X2 年 1 月 1 日至 X2 年 2 月 1 日一個月的利息收入。

④＝①＋②＋③，因未收回現金，故借記應收帳款。

2.收回時：

x2/02/01	現金	90,000②	
	備抵呆帳	512,000③	
	應收帳款		602,000①

✎補充說明如下：

①除列(沖銷)應收帳款帳列金額。

②＝經催收後收回現金之金額。

③＝①－②。

2.呆帳費用若採直接沖銷法處理，則有違會計上之：
(1)收入實現原則　　　　　　　(2)充分揭露原則
(3)客觀原則　　　　　　　　　(4)配合原則

答案：(4)

☞ **補充說明：**

呆帳費用若採直接沖銷法處理並不符合一般公認會計準則(GAAP)之規定，因其可能發生銷貨收入與相關呆帳費用未於同一期間認列，**其不符合配合原則**。

【98年初等特考試題】

1.甲公司當年度提列呆帳費用$200,000，去年已沖銷之呆帳 $10,000 今年又收回，備抵呆帳之期初與期末金額分別為 $120,000 與 $100,000，則該公司本年度實際發生之呆帳金額為何？
(1)$190,000　　(2)$180,000　　(3)$220,000　　(4)$230,000

答案：(4)

☞ **補充說明：**

1.實際發生呆帳又稱為沖銷呆帳。

2.以 T 字帳分析備抵呆帳會計科目金額之變動，即可求得答案，分析如下：

備抵呆帳

沖銷呆帳	?	期初餘額	120,000
		提列金額	200,000
		轉回去年沖銷金額	10,000
		期末餘額	100,000

沖銷呆帳＝$120,000＋$200,000＋$10,000－$100,000＝**$230,000**

【98年四等地方特考試題】

1.在財務報表上，備抵呆帳帳戶：
(1)可能為借方或貸方餘額
(2)一定為貸方餘額
(3)一定為借方餘額
(4)餘額為零

答案：(2)

> 補充說明：
> 備抵呆帳為應收帳款的減項，其正常餘額為貸方餘額。

【98年五等地方特考試題】

1.未認列呆帳將使：
(1)資產高估與業主權益低估相抵銷
(2)資產及淨利均高估且與業主權益低估相抵銷
(3)淨利高估而資產低估
(4)資產、淨利及業主權益均高估

答案：(4)

> 補充說明：
> 本題建議先了解提列呆帳費用的分錄，再分析若未做分錄會造成的影響，分析如下：
>
> 1.應編製的調整分錄：
>
> | xxxx/12/31 | 呆帳費用 | xx,xxx | |
> | | 備抵呆帳 | | xx,xxx |
>
> 2.若未做提列呆帳費用分錄(即題目所稱之「未認列呆帳」)會造成的影響為：
>
> ❶未借記呆帳費用→造成「呆帳費用」未增加→**造成費用低估**→**造成淨利高估**→**造成權益高估**。
>
> ❷未貸記備抵呆帳→造成「備抵呆帳」未增加→將造成資產未減少→**造成資產高估**。

2.公司 X1 年期末的應收帳款餘額為$30,000，調整前備抵呆帳為借方餘額$1,000，X1 年銷貨總額為$500,000，其中 60%為賒銷，經驗分析指出每年呆帳率為賒銷金額 2%，依銷貨百分比法提列當年度呆帳費用後，該公司之備抵呆帳餘額為：

(1)借方餘額$7,000　　　　　　　　(2)貸方餘額$5,000
(3)貸方餘額$6,000　　　　　　　　(4)貸方餘額$7,000

答案：(2)

✎補充說明：

1.賒銷＝$500,000×60%＝$300,000

2.採銷貨百分比法應認列的呆帳費用＝賒銷$300,000×2%＝**$6,000**

3.以 T 字帳計算公司備抵呆帳餘額(提列呆帳後)如下：

備抵呆帳

調整前餘額	1,000	提列金額	6,000
		期末餘額	**5,000**

【97 年普考試題】

1.甲公司期末應收帳款餘額$6,000，其中過期 30 天以上的帳款共$1,000。調整前備抵呆帳為借餘$120，該公司估計一般帳款之呆帳率為 2%，過期 30 天以上的則為 18%。則期末提列呆帳之分錄將貸記備抵呆帳若干元？
(1) $160　　　(2)$180　　　(3)$280　　　(4)$400

答案：(4)

✎補充說明：

1.應收帳款帳齡分析如下：

	金　額	呆帳率	呆帳金額
一般帳款	$5,000③	× 2%	＝$100
過期30天以上	1,000②	× 18%	＝ 180
合　計	6,000①		$280

①、②為題目告知金額。

③＝①－②。

2.以 T 字帳分析呆帳提列金額：

備抵呆帳

調整前金額	120	提列金額	?
		期末應有金額	280

呆帳費用提列金額＝$280＋$120＝**$400**

2.甲公司持有開票日為 X1 年 7 月 1 日，年息 8% 面額$90,000 的三個月期應收票據乙紙，並於 8 月 1 日持該票據向銀行貼現，貼現率為 10%。下列敘述何者正確？

(1)票據到期日為 9 月 30 日　　　　(2)票據到期值為$90,000

(3)貼現所得現金為$90,270　　　　(4)貼現時產生利得$270

答案：(3)

📖 **補充說明：**

分析各選項如下：

1.選項(1)：票據到期日為 X1 年 7 月 1 日＋3 個月→X1 年 10 月 1 日。

2.選項(2)：票據到期值應為：

$90,000＋($90,000 × 8% ×3/12)＝**$91,800**

3.選項(3)：貼現所得現金為$90,270，計算如下：

(1)到期值：$90,000＋($90,000 × 8% × 3/12) ＝$91,800

(2)貼現息： $91,800 × 10% × 2/12＝$1,530

(3)收現數： $91,800－$1,530＝**$90,270**，答案為本選項。

4.選項(4)：貼現時產生損益為：

票據面額$90,000＋已賺得的利息金額$600

　　－貼現所得現金為$90,270＝貼現損失**$330**

3.下列何種產品較可能在生產時即認列收入？

(1)大樓　　　　　(2)電腦　　　　　(3)汽車　　　　　(4)家具

答案：(1)

> **補充說明：**
>
> 建造大樓若適用國際財務報導準則有關建造合約之會計處理，**建造合約於符合規定條件時，應採用完工百分比法於建造期間**(即題目所稱「生產時」)**分年認列合約收入。**

【97年初等特考試題】

1.甲公司備抵呆帳之期初金額為$30,000 (貸餘)，本年度提列呆帳費用$120,000，實際發生之呆帳金額為$115,000，去年已沖銷之呆帳$3,000本年又收回，則該公司本年度備抵呆帳之期末金額為何？

(1)$35,000　　　(2)$32,000　　　(3)$38,000　　　(4)$15,000

答案：(3)

> **補充說明：**
>
> 1.實際發生呆帳又稱為沖銷呆帳。
>
> 2.以 T 字帳分析備抵呆帳會計科目金額之變動，即可求得答案，分析如下：
>
> 備抵呆帳
>
> | 沖銷呆帳　　　115,000 | 期初餘額　　　　　　30,000 |
> |---|---|
> | | 提列金額　　　　　　120,000 |
> | | 轉回去年沖銷金額　　3,000 |
> | | 期末餘額　　　　　　？ |
>
> ？ ＝ $30,000 ＋ $120,000 ＋ $3,000 － $115,000 ＝ **$38,000**

2.甲公司將面額$50,000，6個月期，年利率8%的應收票據，在到期前3個月前往銀行申請貼現，貼現率為10%，則該票據貼現可收到現金為何？

(1)$52,000　　(2)$50,700　　(3)$50,750　　(4)$51,250

答案：(2)

> **補充說明：**
>
> 計算如下：
>
> 1. 到期值：$50,000＋($50,000×8%×6/12)＝$52,000
>
> 2. 貼現息：$52,000 × 10% × 3/12＝$1,300
>
>   - 貼現息須以「到期值」為計算基礎。
>   - ＝題目告知貼現日為到期前3個月
>
> 3. 收現數：$52,000－$1,300＝**$50,700**

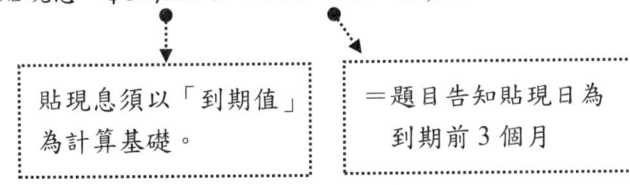

【97年四等地方特考試題】

1. 下列關於應收票據在財務狀況表之表達，何者最不正確？

(1)提供擔保之票據應於附註中說明擔保情形

(2)不論到期日長短，均應列在流動資產項下

(3)金額重大之應收關係人票據應單獨列示

(4)因營業而發生者與非因營業而發生者，宜分別列示

答案：(2)

> **補充說明：**
>
> 若企業對於資產有分類流動資產及非流動資產時，**則應收票據應區分列為流動資產及非流動資產。**

【97年五等地方特考試題】

1.附息應收票據到期而發票人拒付時,則以下會計處理的敘述何者錯誤?
(1)應將利息貸記利息收入
(2)應將舊票面額貸記應收票據
(3)應將舊票面額貸記應收帳款
(4)應將舊票到期值借記應收帳款

答案:(3)

✎補充說明:

由下列附息應收票據到期而發票人拒付之分錄,可知答案為選項(3):

xxxx/xx/xx	應收帳款(或拒付票據)　　xx,xxx
	應收票據　　　　　　　　xx,xxx
	利息收入　　　　　　　　x,xxx

2.甲公司採損益表觀點提列呆帳,年底調整前備抵呆帳為借方餘額$5,000,該年度銷貨收入為$800,000,估計呆帳為銷貨收入之2%,則年底調整後備抵呆帳餘額為何?
(1)$15,900　　(2)$21,000　　(3)$16,000　　(4)$11,000

答案:(4)

✎補充說明:

1.所謂「採損益表觀點提列呆帳」表示採銷貨百分比法計算應認列的呆帳費用,因該法著重損益表中之銷貨收入與呆帳費用之配合。

2.採銷貨百分比法應認列的呆帳費用＝銷貨收入$800,000×2%＝**$16,000**。

3.以T字帳計算甲公司備抵呆帳餘額(提列呆帳後)如下:

備抵呆帳

調整前餘額	5,000	提列金額	16,000
		期末餘額	**11,000**

3.甲公司採應收帳款餘額百分比法估計呆帳,估計呆帳為應收帳款餘額之2%。若甲公司當年底應收帳款餘額為$100,000,而調整前備抵呆帳為貸方餘額$300,則甲公司當年度應提列呆帳費用為何?

(1)$2,000　　　　(2)$3,000　　　　(3)$1,700　　　　(4)$2,300

答案:(3)

✎補充說明:

採應收帳款餘額百分比法認列之呆帳費用,建議以 T 字帳分析,分析如下:

備抵呆帳

	調整前金額	300
	提列金額	?
	期末應有金額	2,000

＝應收帳款餘額$100,000×2%＝$2,000

呆帳費用提列金額＝$2,000－$300＝**$1,700**

4.採「備抵法」處理呆帳時,若先前已沖銷的應收帳款又於同期內收回時,其影響為:

(1)流動資產增加,權益總額增加

(2)收入增加,權益總額增加

(3)流動資產不變,權益總額不變

(4)應收帳款淨變現價值增加,權益總額增加

答案:(3)

✎補充說明:

1.本題應先了解沖銷應收帳款及收回時之分錄,再分析造成的影響。

2.沖銷應收帳款時之分錄為:

xxxx/xx/xx	備抵呆帳	xx,xxx	
	應收帳款		xx,xxx

3.收回同期間之前已沖銷應收帳款時之分錄為：

| xxxx/xx/xx | 應收帳款 | xx,xxx | |
| | 　備抵呆帳 | | xx,xxx |

| xxxx/xx/xx | 現金 | xx,xxx | |
| | 　應收帳款 | | xx,xxx |

4.綜合前列第 2 項及第 3 項三個分錄的影響為：

　　(1)**應收帳款減少**→**應收帳款淨變現價值**(應收帳款－備抵呆帳)**減少**→**造成流動資產減少**。

　　(2)**現金增加**→**造成流動資產增加**。

　　(3)**未影響備抵呆帳**(因為一增一減)。

　　(4)**未影響權益總額**。

【96 年普考試題】

1.已沖銷之呆帳因客戶財務狀況好轉收回時，將使當期「呆帳費用」：

(1)增加　　　　　　　　　　　　(2)減少

(3)不變　　　　　　　　　　　　(4)視實際發生之金額而變動

答案：(3)

　　✍**補充說明：**

　　　　收回之前已沖銷應收帳款時之分錄為：

| xxxx/xx/xx | 應收帳款 | xx,xxx | |
| | 　備抵呆帳 | | xx,xxx |

| xxxx/xx/xx | 現金 | xx,xxx | |
| | 　應收帳款 | | xx,xxx |

　　　　由以上分錄可知**並未影響「呆帳費用」會計科目**。

【96年初等特考試題】

1.採備抵法認列應收帳款之呆帳費用，當實際發生呆帳時，對財務報表之影響為：

(1)應收帳款淨變現價值減少　　　　(2)應收帳款淨變現價值不變

(3)流動資產減少　　　　　　　　　(4)營運資金減少

答案：(2)

補充說明：

1.實際發生呆帳時(即沖銷呆帳時)之分錄為：

xxxx/xx/xx	備抵呆帳	xx,xxx	
	應收帳款		xx,xxx

2.前列第1項之分錄造成的影響分析如下：

(1)應收帳款減少→**造成流動資產減少**。

(2)備抵呆帳減少→**造成流動資產增加**。

(3)彙總前列第(1)項及第(2)項之影響→**對資產、負債及權益均未造成變動**→**對應收帳款淨變現價值**(應收帳款－備抵呆帳)**及營運資金**(流動資產－流動負債)**均未造成變動**。

2.期末調整前備抵呆帳有借餘$100，期末備抵呆帳應為應收帳款餘額$10,000的3%，則本期應提呆帳費用：

(1)$400　　　(2)$300　　　(3)$200　　　(4)$100

答案：(1)

補充說明：

採應收帳款餘額百分比法認列之呆帳費用，建議以T字帳分析如下：

備抵呆帳

調整前金額	100	提列金額	?
		期末應有金額	300

＝應收帳款餘額$10,000×3%＝$300

呆帳費用提列金額＝$300＋$100＝**$400**

【96年四等地方特考試題】

1. 甲公司民國 96 年底應收帳款餘額為$700,000，帳齡分析如下：

期　　間	金　　額	呆帳率
1~30天	$540,000	0.5%
31~60天	80,000	10%
61~90天	50,000	35%
91天以上	30,000	50%
合　　計	$700,000	

甲公司民國 96 年的賒銷收入合計$3,800,000，期末備抵呆帳為借方餘額$6,000。

試作：根據上述資料，依下列方法作調整呆帳的分錄：

(一)銷貨收入百分比法，呆帳率為 1.5%。

(二)帳款餘額百分比法，備抵呆帳率為帳款餘額 8%。

(三)帳齡分析法。

解題：

(一)採銷貨收入百分比法，呆帳率為 1.5%：

呆帳費用提列金額＝賒銷收入$3,800,000×呆帳率 1.5%＝**$57,000**

(二)採帳款餘額百分比法，備抵呆帳率為帳款餘額 8%：

建議以 T 字帳分析如下：

備抵呆帳

調整前金額	6,000	提列金額	？
		期末應有金額	56,000

＝應收帳款餘額$700,000×8%＝$56,000

呆帳費用提列金額＝$56,000＋$6,000＝**$62,000**

(三)帳齡分析法：

建議以 T 字帳分析如下：

備抵呆帳

調整前金額	6,000	提列金額	?
		期末應有金額	43,200

期間	應收帳款金額		呆帳率		呆帳金額
1~30天	$540,000	×	0.5%	=	$2,700
31~60天	80,000	×	10%	=	8,000
61~90天	50,000	×	35%	=	17,500
91天以上	30,000	×	50%	=	15,000
合　計	$700,000				$43,200

呆帳費用提列金額＝$43,200＋$6,000＝$49,200

2.賒銷商品$25,000，並給予客戶 3% 之現金折扣，總額法下於折扣期限內收取該筆款項時應：

(1)貸記現金$24,250　　　　　(2)貸記應收帳款$24,250

(3)借記現金$25,000　　　　　(4)貸記應收帳款$25,000

答案：(4)

✎補充說明：

於折扣期間收回款項時之分錄為：

xxxx/xx/xx	現金	24,250②	
	銷貨折扣	750③	
	應收帳款		25,000①

①為銷售金額。

②為可收現金額＝$25,000×(1－3%)。

③為銷貨折扣金額＝$25,000×3%。

3.甲公司採七月制(即會計期間結束日為六月三十日)，於 3 月 31 日收到面額 $25,000、附息 12%、六個月到期的票據一紙；有關此票據，甲公司 6 月 30 日所應認列之應收利息為：

(1)$500　　　　(2)$750　　　　(3)$1,500　　　　(4)$3,000

答案：(2)

✎補充說明：

應認列之應收利息＝$25,000×12%×3/12＝**$750**

【96 年五等地方特考試題】

1.備抵呆帳之性質為：

(1)負債　　　　　　　　(2)營業費用

(3)銷貨收入之減項　　　(4)應收帳款之抵銷帳戶

答案：(4)

✎補充說明：

應收帳款之抵銷帳戶即表示為應收帳款之減項科目。

2.公司收到一張開票日為 9 月 14 日的票據，60 天期，則該票據到期日為何日？

(1)11 月 11 日　　　　　　(2)11 月 12 日

(3)11 月 13 日　　　　　　(4)11 月 14 日

答案：(3)

✎補充說明：

票據到期日：9 月 14 日＋60 天

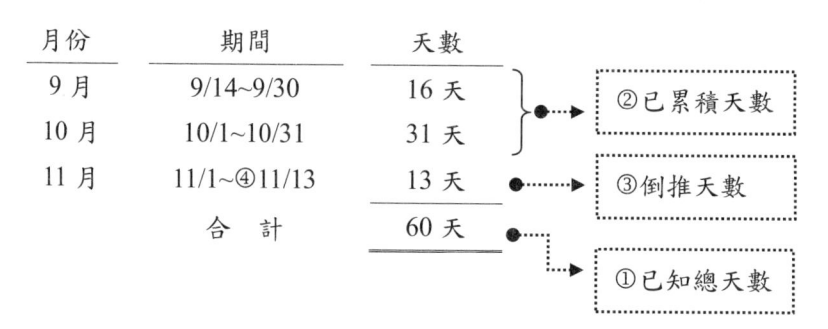

月份	期間	天數
9 月	9/14~9/30	16 天
10 月	10/1~10/31	31 天
11 月	11/1~④11/13	13 天
合　計		60 天

②已累積天數
③倒推天數
①已知總天數

計算步驟之說明如下：

①已知總天數為 60 天。

②9 月 14 日為起算日，**以「算尾不算頭」方式計算**，9 月 14 日不列入天數計算，9 月份有 16 天，10 月份全月份有 31 日，至 10 月底已累積 47 天 (16 天＋31 天)。

③因總天數為 60 天，倒推 11 月有 13 天，故到期日為 11 月 13 日。

3.甲公司備抵呆帳之期初與期末金額分別為$50,000 與$60,000，該公司當年度實際註銷無法收回之帳款為$40,000，則當年度損益表之呆帳費用為何？
(1)$40,000　　　(2)$50,000　　　(3)$60,000　　　(4)$70,000

答案：(2)

☆補充說明：

1.**實際註銷無法收回之帳款即沖銷呆帳。**

2.以 T 字帳分析備抵呆帳會計科目金額之變動，即可求得答案，分析如下：

備抵呆帳

沖銷呆帳	40,000	期初餘額	50,000
		提列金額	？
		期末餘額	60,000

呆帳費用提列金額＝$60,000＋$40,000－$50,000＝**$50,000**

【95 年普考試題】

1.賒銷商品$20,000，付款條件為 2/10，1/20，n/30，若客戶於第 8 天先付現$9,800，並於第 19 天再付現$7,920，則該筆賒銷所產生之應收帳款尚有借餘多少？
(1)$2,000　　　(2)$4,000　　　(3)$4,260　　　(4)$4,460

答案：(1)

☆補充說明如下：

1. 本題應先了解各項交易之分錄，再計算應收帳款科目餘額即為答案。

2. 賒銷時之分錄：

xxxx/xx/xx	應收帳款　　　　　20,000	
	銷貨收入	20,000

3. 第 8 天收現 $9,800 時之分錄：

xxxx/xx/xx	現金　　　　　　　9,800	
	銷貨折扣　　　　　? ②	
	應收帳款	? ①

① ＝ $9,800÷(1－2%)＝$10,000。

② ＝ ①－$9,800＝$10,000－$9,800。

完整分錄

xxxx/xx/xx	現金　　　　　　　9,800	
	銷貨折扣　　　　　200 ②	
	應收帳款	10,000①

4. 第 19 天收現 $7,920 時之分錄：

xxxx/xx/xx	現金　　　　　　　7,920	
	銷貨折扣　　　　　? ④	
	應收帳款	? ③

③ ＝ $7,920÷(1－1%)＝$8,000。

④ ＝ ③－$7,920＝$8,000－$7,920。

完整分錄

xxxx/xx/xx	現金　　　　　　　7,920	
	銷貨折扣　　　　　80 ②	
	應收帳款	8,000①

5. 以 T 字帳彙集應收帳款之變動金額即可求得答案，列示如下：

應收帳款

賒銷	20,000	第 8 天收現	10,000
		第 19 天收現	8,000
期末餘額	?		

應收帳款期末餘額＝$20,000－$10,000－$8,000＝**$2,000**

2. 呆帳估計之應收帳款餘額百分比法，比較著重：
(1)應收帳款與呆帳費用之間的關係
(2)應收帳款的淨變現價值
(3)損益表上相關項目的關係
(4)銷貨額與應收帳款間之關係

答案：(2)

✍補充說明：

採用應收帳款餘額百分比法係著重應收帳款與備抵呆帳之關係，應收帳款減備抵呆帳後之金額為應收帳款的淨變現價值或帳面金額。

【95 年初等特考試題】

1. 甲公司於 9 月 15 日賒銷商品一批予乙公司，總售價為$12,000，付款條件為 2/10，n/30。乙公司隨後於 9 月 20 日因規格不符退回部份商品，退回商品之金額為$3,000。乙公司於 9 月 24 日付清貨款。下列敘述何者正確？
(1)甲公司於 9 月 24 日自乙公司收到現金$8,820
(2)甲公司於 9 月 24 日自乙公司收到現金$11,760
(3)甲公司於 9 月 24 日自乙公司收到現金$9,000
(4)甲公司於 9 月 24 日應貸記銷貨折扣$180

答案：(1)

✍補充說明如下：

1.甲公司於 9 月 24 日自乙公司收到現金數

　　＝$(12,000－3,000)×(1－2%)＝$8,820

2.甲公司於 9 月 24 日發生銷貨折扣之金額

　　＝$(12,000－3,000)×2%＝$180(本項金額應**借記**：銷貨折扣)

2.甲公司針對期末應收帳款明細帳進行帳齡分析後估計期末應收帳款總額$980,000 中有$ 75,000 將無法收回。備抵呆帳調整前餘額為借餘$15,000。下列敘述何者為非？
(1)備抵呆帳調整後餘額應為貸餘$75,000
(2)應收帳款期末變現價值應為$905,000
(3)本年度呆帳費用應為$75,000
(4)本年度呆帳費用應為$90,000

答案：(3)

　📖補充說明：

　　1.以 T 字帳分析備抵呆帳會計科目金額之變動如下：

備抵呆帳

調整前餘額	15,000	提列金額	?
		期末餘額	75,000

　　呆帳費用提列金額＝**本年度呆帳費用**＝$75,000＋$15,000
　　　　　　　　　　＝**$90,000**

　　2.各選項之分析如下：

　　　(1)選項(1)、選項(2)及選項(4)之敘述是正確的。選項(2)的計算如下：
　　　　應收帳款期末變現價值(或稱淨變現價值)
　　　　　　＝期末應收帳款餘額$980,000－備抵呆帳餘額$75,000
　　　　　　＝**$905,000**

　　　(2)選項(3)：敘述是錯誤的，本年度呆帳費用應為$90,000，**答案為本選項**。

3.若一企業採備抵法認列呆帳，則沖銷呆帳時應：

(1)借：費用科目　　　　　　　　　(2)貸：費用科目

(3)貸：備抵科目　　　　　　　　　(4)借：備抵科目

答案：(4)

✍補充說明：

沖銷呆帳時即實際發生呆帳時，其分錄為：

xxxx/xx/xx	備抵呆帳　　　　　xx,xxx
	應收帳款　　　　　　　　xx,xxx

4.銷貨退回應為：

(1)費用的抵減數　　　　　　　　　(2)負債之減項

(3)資產之減項　　　　　　　　　　(4)銷貨收入之減項

答案：(4)

【95年四等地方特考試題】

1.甲公司持有一張面額$5,000、三個月期、12% 之應收票據。該票據於到期時開票人拒付，且未另開新票來要求展期，則甲公司對此事項所作之分錄包括：

(1)借記應收票據$5,000　　　　　　(2)貸記拒付應收票據$5,000

(3)借記應收帳款$5,150　　　　　　(4)貸記應收票據$5,150

答案：(3)

✍補充說明：

附息應收票據到期而發票人拒付時之分錄為：

xxxx/xx/xx	應收帳款(或拒付票據)　5,150	
	應收票據	5,000
	利息收入	150✍

✍$5,000×12% × 3/12＝$150。

2.甲公司應收帳款借餘$16,000，依帳齡分析法估計，將有$800無法收回，若期末調整前備抵呆帳為貸餘$500，則調整時應借記呆帳費用：

(1)$300　　　　　(2)$500　　　　　(3)$800　　　　　(4)$1,300

答案：(1)

> 補充說明：
>
> 1.題目所述「將有$800無法收回」，**表示備抵呆帳調整後應有的餘額為**$800。
>
> 2.以T字帳分析備抵呆帳會計科目金額之變化即可求得答案：

備抵呆帳	
	調整前餘額　　500
	提列金額　　　?
	期末餘額　　　800

呆帳費用提列金額＝$800－$500＝$300

3.賒銷$1,000，付款條件為3/10、n/30；若顧客於銷貨後第20天付清款項，則公司可收到多少現金？

(1)$1,050　　　　(2)$1,000　　　　(3)$970　　　　　(4)$900

答案：(2)

> 補充說明：
>
> 因為顧客於銷貨後第20天才付清款項，**已超過可享受折扣之期間，故公司可收取賒銷之全額金額**$1,000。

【95年五等地方特考試題】

1.假設年底調整前備抵呆帳為借餘$5,300，經帳齡分析估計無法收回的帳款為$3,900，則相關的調整分錄應為：

(1)借：備抵呆帳$1,400　　　　(2)貸：備抵呆帳$1,400
(3)借：備抵呆帳$3,900　　　　(4)貸：備抵呆帳$9,200

答案：(4)

補充說明：

以 T 字帳分析備抵呆帳會計科目金額之變動如下：

備抵呆帳

調整前餘額	5,300	提列金額	?
		期末餘額	3,900

呆帳費用提列金額＝$3,900＋$5,300＝$9,200

2. 95 年 3 月 2 日賒銷$6,000，付款條件為 1/15，n/30，則 95 年 3 月 15 日此貨款收現金額為：

(1) $6,000　　(2) $5,940　　(3) $6,060　　(4) $5,400

答案：(2)

補充說明：

貨款收現金額＝$6,000×(1－1%)＝**$5,940**

3. 下列何項屬於資產抵銷科目？

(1)備抵呆帳　　　　　　　　　(2)預收租金
(3)公司債溢價　　　　　　　　(4)遞延貸項

答案：(1)

補充說明：

資產抵銷科目**指該會計科目列為資產減項**。

第六章　不動產、廠房及設備

重點提示：

- 本章主題
  1. 不動產、廠房及設備成本之決定。
  2. 折舊之提列。
  3. 折舊估計之變動。
  4. 資產減損及減損迴轉。
  5. 資產交換。
  6. 資產後續支出。

- 不動產、廠房及設備之定義

  國際會計準則第16號「不動產、廠房及設備」定義不動產、廠房及設備為：

  「不動產、廠房及設備係指**同時符合下列條件之有形項目**：
  1. 用於商品或勞務之生產或提供、出租予他人或供管理目的而持有。
  2. 預期使用期間超過一期。」

- 折舊方法包括：
  1. 直線法
  2. 活動量法(如：生產數量法)
  3. 年數合計法
  4. 雙倍餘額遞減法

折舊方法之變動應以會計估計處理。國際財務報導準則規定應選擇最能反映資產未來經濟效益預期消耗型態的折舊方法，除非其預期消耗型態改變才可以改變折舊方法；故折舊方法改變表示企業對資產未來經濟效益「預期」消耗型態改變，因此，改變折舊方法應以會計估計處理。

- 資產減損

    資產若有跡象已發生減損，則應予以減損測試，衡量資產是否已發生減損。**減損測試是比較資產的「帳面金額」及「可回收金額」，當「帳面金額」高於「可回收金額」時，表示資產已發生減損**。國際財務報導準則對於帳面金額及可回收金額之定義為：

    1. 帳面金額：係指個別資產之成本減除累計折舊(攤銷)及累計減損損失後所認列之金額。

    2. **可回收金額：指資產之 公允價值減出售成本 及其 使用價值，二者較高者**。使用價值係指預期可由資產或現金產生單位所產生之估計未來現金流量的現值。

    以前年度已認列之減損金額，**可以在規定之範圍內予以迴轉**。

- 資產交換

    1. 資產交換之帳務處理決定於交換交易是否具有商業實質？**所謂「商業實質」，應考量未來現金流量因交換交易所預期改變的程度。**

    2. 資產交換損益認列之基本原則為：

        (1) **具有「商業實質」時：交換利益及損失應全額認列。**

        (2) **不具有「商業實質」時**：交換利益及損失均**不認列**。

    3. 「換入資產」入帳金額之決定

        換入資產之入帳金額原則上應按公允價值衡量。

- 資產後續支出的分類

    所謂後續支出係指資產取得後才發生的支出。後續支出可分為：

    1. **資本支出**：指該項支出應認列為「資產」，因為該支出對企業產生的經濟效益**不僅及於當年度，亦及於以後年度**。

    2. **收益支出**：指該項支出對企業產生的經濟效益僅及於當年度或未產生任何經濟效益，**此類支出應直接認列為當期之費用或損失**。

【101年普考試題】

1. 甲公司於X1年初取得一部機器，認列的$2,000,000成本中誤列入一筆年度維修費用$100,000，估計耐用年限8年，無殘值，採倍數餘額遞減法提列折舊。甲公司在X3年初發現該錯誤，試問此錯誤對甲公司保留盈餘的影響為多少？

(1)$35,625　　　　(2)$43,750　　　　(3)$50,000　　　　(4)$56,250

答案：(4)

> **補充說明：**
>
> X3年初發現錯誤時之更正分錄為：
>
> | x3/01/01 | 累計折舊－機器 | 43,750② | |
> |---|---|---|---|
> | | 保留盈餘 | 56,250③ | |
> | | 　機器 | | 100,000① |
>
> ①為沖減機器高估之金額。
>
> ②為沖減機器累計折舊之高估金額，金額之計算如下：
>
> 　折舊率＝1÷8年×2＝25%
>
> 　每年折舊提列金額＝ 期初帳面金額×折舊率
>
> | 年度 | 折舊費用 |
> |---|---|
> | X2年 | $100,000 × 25% ＝$25,000 |
> | X3年 | $75,000 × 25% ＝$18,750 |
> | 合計 | $43,750 |

2. 甲公司於X1年1月1日取得一部機器，成本$800,000，耐用年限5年，無殘值，採直線法提列折舊。X1年12月31日因評估其使用方式發生重大變動，預期將對甲公司產生不利之影響，且該機器可回收金額為$600,000，試問該機器在X2年12月31日之帳面價值為多少？

(1)$600,000　　　(2)$480,000　　　(3)$450,000　　　(4)$440,000

答案：(3)

> **補充說明：**
>
> 1. 本題所使用之「帳面價值」用詞，**於適用國際財務報導準則時，應改為「帳面金額」。**

2. 截至 X1 年 12 月 31 日機器減損測試前之累計折舊
   ＝($800,000－$0)÷耐用年限 5 年×已提列 1 年＝$160,000

3. X1 年 12 月 31 日機器減損測試前之帳面金額
   ＝$800,000－$160,000＝$640,000

4. X1 年 12 月 31 日機器減損測試應認列減損損失，認列減損損失後之帳面金額為$600,000(＝機器之可回收金額)。

5. X2 年應提列之折舊費用
   ＝($600,000－$0)÷剩餘耐用年限 4 年＝$150,000

6. X2 年 12 月 31 日機器之帳面金額
   ＝$600,000－$150,000＝$450,000

3. 甲公司擁有運輸設備成本為$800,000，已提列累計折舊$450,000，公允價值為$300,000。甲公司以該運輸設備交換乙公司機器設備，成本為$650,000，已提列累計折舊$420,000，公允價值為$300,000。該交換交易具商業實質，試問甲公司應認列處分資產損益為多少？

(1)利益$20,000　　　　　　(2)損失$50,000

(3)利益$70,000　　　　　　(4)損失$120,000

答案：(2)

　　✎補充說明：

　　列示設備交換分錄如下：

xxxx/xx/xx	機器設備(新)	300,000③	
	累計折舊－運輸設備(舊)	450,000②	
	資產交換損失	**50,000④**	
	運輸設備(舊)		800,000①

①、②除列(沖銷)舊運輸設備及累計折舊帳列金額。

③為換入機器設備之入帳成本。

④＝①－②－③。

4.甲公司係化學產品製造商,X1 年自建完成建築物一筆供廢料倉儲之用。建築物建造工程支出$7,422,800,建築設計費$737,500,相關執照申請登記費$44,600,另建築物完工後尚未實際儲存廢料前,短期出租獲淨收益$378,200。若當地法令規定該類廢料之儲存建物僅得使用 3 年,屆滿時需委請專業環保公司拆除清理,估計處理成本$266,200。若該公司之加權平均資金成本為10%,則其應認列之建築物成本為:

(1)$8,026,700　　　(2)$8,092,900　　　(3)$8,404,900　　　(4)$8,471,100

答案:(3)

　　✎補充說明:

　　　建築物成本＝$7,422,800＋$737,500＋$44,600＋$266,200×(1+10%)$^{-3}$

　　　　　　　＝$7,422,800＋$737,500＋$44,600＋$200,000

　　　　　　　＝$8,404,900

【101 年初等特考試題】

1.甲公司於 X1 年年初以面額$363,000,X2 年年底到期的不附息票據(市場利率 10%)交換設備一批,另支付運費$3,000 及關稅$4,000,則設備的入帳成本為:

(1)$307,000　　　(2)$337,000　　　(3)$370,000　　　(4)$446,230

答案:(1)

　　✎補充說明:

　　　不附息票據之現值＝$363,000×(1+10%)$^{-2}$＝$300,000

　　　設備的入帳成本＝不附息票據之現值$300,000＋運費$3,000

　　　　　　　　　　＋關稅$4,000＝**$307,000**

2.若一部機器設備估計可使用 10 年,無殘值,則下列何種折舊方法所計提的第 1 年折舊費用金額最大?

(1)直線法　　　　　　　　　(2)雙倍餘額遞減法

(3)年數合計法　　　　　　　(4)資料不足,無法判定

答案:(2)

☙補充說明：

1. 採用直線法時，每年的折舊費用均相同，第1年的折舊費用為成本的 1/10 (＝10%)。

2. 選項(2)雙倍餘額遞減法，第1年折舊費用為成本的20%，計算如下：

　　折舊率＝1÷10 年×2 倍＝20%

　　第1年的折舊費用＝成本 × 20%

3. 選項(3)年數合計法，第1年之折舊費用為成本的 10/55(＝約 18%)，計算如下：

　　1＋2＋……＋10＝55

　　第1年的折舊費用＝成本 × 10/55

綜合以上分析，**選項(2)雙倍餘額遞減法第1年之折舊費用最大。**

3. 甲公司支付$4,500,000 整批購入土地、房屋及機器設備。而單獨購買土地的公允價值為$2,000,000，單獨購買房屋的公允價值為$1,500,000，單獨購買機器設備的公允價值為$1,500,000，則下列有關土地、房屋及機器設備的入帳成本，何者正確？

(1)土地$2,000,000，房屋$1,500,000，機器設備$1,000,000

(2)土地$1,800,000，房屋$1,350,000，機器設備$1,350,000

(3)土地$1,500,000，房屋$1,500,000，機器設備$1,500,000

(4)土地$1,350,000，房屋$1,350,000，機器設備$1,800,000

答案：(2)

☙補充說明：

甲公司整批購入土地、房屋及機器設備，**其總價$4,500,000 並不等於各項資產公允價值的合計數**，故甲公司應依各項資產的相對公允價值比例分攤其購入之總價，此法稱為相對公允價值法。分攤計算如下：

	公允價值	公允價值之相對比例	購價之分攤
土地	$2,000,000	40%①	$1,800,000⑥
房屋	1,500,000	30%②	1,350,000⑦
機器設備	1,500,000	30%③	1,350,000⑧
合　計	$5,000,000	100%④	$4,500,000⑤

① ＝ $2,000,000÷$5,000,000。

② ＝ $1,500,000÷$5,000,000。

③ ＝ $1,500,000÷$5,000,000。

④ ＝ ①＋②＋③。

⑤ 為支付的總價款。

⑥ ＝ ⑤×40%。

⑦ ＝ ⑤×30%。

⑧ ＝ ⑤×30%。

此欄即為答案

4.甲公司於 X1 年初購入設備，成本$400,000，估計可用 8 年，無殘值，採直線法提列折舊。甲公司於 X4 年初發現該設備總計僅可用 6 年，但估計有殘值$10,000。X5 年 7 月 1 日甲公司以$105,000 出售該設備，則出售損益為：

(1)損失$25,000　　　　　　　　(2)損失$85,000

(3)利得$25,000　　　　　　　　(4)利得$15,000

答案：(1)

📨補充說明：

出售設備分錄為：

x5/07/01	現金	105,000②	
	累計折舊—設備	270,000③	
	處分設備損失	**25,000④**	
	設備		400,000①

①除列(沖銷)設備帳列金額。

②出售價款$105,000。

③除列(沖銷)累計折舊帳列金額，計算如下：

❶X1～X3 三年折舊費用＝$(400,000－0)÷8 年×3 年＝$150,000。

❷X4 年折舊費用＝$(400,000－150,000－10,000)÷3 年
　　　　　　　＝$80,000。

❸X5 年 1 月 1 日至 7 月 1 日折舊費用＝$80,000(即 X4 年起會計估計變動後之折舊費用)×6/12＝$40,000。

❹X1 年 1 月 1 日至 X5 年 7 月 1 日折舊費用總額(即累計折舊會計科目餘額)＝$150,000＋$80,000＋$40,000＝$270,000。

④＝①－②－③。

5.公司於 X1 年初設備之成本為 600,000 元，累計折舊為 270,000 元，若公司採直線法提列折舊，估計殘值為 120,000 元，已知該設備之折舊費用每年為 30,000 元，則該設備在 X1 年初之剩餘耐用年限為：

(1)6 年　　　　　　(2)7 年　　　　　　(3)9 年　　　　　　(4)11 年

答案：(2)

　📖**補充說明：**

　　1.設備的總耐用年限為：

　　　　$(600,000－120,000)÷？年＝$30,000

　　　　　　　？年＝16 年

　　2.截至 X1 年初設備已提列折舊之年限$270,000÷$30,000＝9 年。

　　3.設備在 X1 年初之剩餘耐用年限＝16 年－9 年＝**7 年**。

【100 年普考試題】

1.乙公司在 X1 年 1 月 1 日購買一部機器標價為$190,000，該公司另行支付二年的保險費$20,000，安裝機器支出$12,000，測試費用$6,000。預計該機器可用 5 年，其殘值為$28,000，且採用年數合計法提列折舊費用。X3 年初重估該機器僅能再用 2 年，且殘值為 0。

試作：(答案若不能整除，請四捨五入至整數)

(一)乙公司購入機器有關之分錄。

(二)X1 年底之機器帳面金額為何？

(三)X3 年底之折舊分錄。

解題：

(一)乙公司購入機器有關之分錄為：

x1/01/01	機器	208,000①	
	現金		208,000

①機器成本＝$190,000＋$12,000＋$6,000＝$208,000。

x1/01/01	預付保險費	20,000	
	現金		20,000

(二)X1年底之機器帳面金額計算如下：

1. X1年折舊費用：$(208,000－28,000) × 5/15＝$60,000

2. X1年底機器之帳面金額＝$208,000－$60,000＝**$148,000**

(三)X3年底之折舊分錄如下：

x3/12/31	折舊費用	66,667①	
	累計折舊－機器		66,667

①＝(機器成本$208,000－X1年折舊費用$60,000－X2年折舊費用$48,000❶－殘值0)×2/3＝$66,667。❶X2年折舊費用＝($208,000－$28,000)×4/15＝$48,000

2.甲公司於X3年進口一台汽車，購價為$350,000，另外支付運費$10,000、運送過程保險費$5,000、關稅$7,000。汽車進口後發現，運送過程中意外碰撞而支付修理費用$3,000，另繳交當期牌照稅 $4,000 以便掛牌上路，並投保三年期意外險$6,000。試問汽車的入帳成本應為多少？

(1)$350,000　　　(2)$372,000　　　(3)$375,000　　　(4)$381,000

答案：(2)

 ☎補充說明：

汽車成本＝$350,000＋$10,000＋$5,000＋$7,000＝**$372,000**

☎題目敘述「繳交當期牌照稅 $4,000 以便掛牌上路」，依國際財務報導準則之規定，**若其為使資產達到能符合管理階層預期運作方式之必要狀態及地點之直接可歸屬成本**，則應列入汽車成本。

3. A 公司在 X1 年初將一項例行性之維護費用視為資本支出，分三年提列折舊，此錯誤對財務報表之影響，下列敘述何者正確？
(1)第一年淨利會低估
(2)第二年淨利會高估
(3)第二年資產會低估
(4)第三年底之保留盈餘將是正確

答案：(4)

☞補充說明：

1. 例行性維護費用應於發生當年度認列為費用，不應列為資本支出。
2. 資本支出分三年提列折舊，支出金額將於未來三年認列為費用。
3. 由前列第 1 項及第 2 項之說明，可知將例行性之維護費用視為資本支出，其影響分析如下：
    (1)第一年當年度：**費用低估→造成淨利高估**。
    (2)第二年及第三年當年度→**費用高低→造成淨利低估**。
    (3)**第三年底結帳後**→以三年費用總金額而言，不論將例行性之維護費用正確的於 X1 年認列為費用；或錯誤將其認列為資產，而於使用期間三年提列折舊而認列費用，**其三年總費用金額已相等**(前題：須無殘值)，故第三年底之保留盈餘是正確的。
    (4)第一年及第二年底→**資產高估**。

【100 年初等特考試題】

1. 丙公司於 X1 年 1 月 1 日購入機器一部，定價$600,000，因當天立即以現金支付，故可享受 1%的現金折扣。丙公司並於當日支付機器運費$6,000，安裝費$10,000，因司機於運送過程中超速，接到罰單$3,000，安裝時工人處理不慎造成機器稍有損壞，另支付$7,000 的修理費，則該機器之成本應為：
(1)$610,000　　(2)$616,000　　(3)$620,000　　(4)$626,000

答案：(1)

☞補充說明：

機器成本＝$600,000(1－1%)＋$6,000＋$10,000＝**$610,000**

2.乙公司於 X3 年年初支出$260,000 購入一部機器，估計可用 5 年，殘值為$10,000。試問採用直線法與雙倍餘額遞減法，X3 年折舊費用相差多少？
(1)$48,000　　　(2)$50,000　　　(3)$52,000　　　(4)$54,000

答案：(4)

　　✍補充說明：

　　　1.採用直線法 X3 年折舊費用
　　　　＝$(260,000－10,000)÷5 年＝$50,000

　　　2.採用雙倍餘額遞減法，X3 年之折舊費用為：
　　　　折舊率＝1÷5 年×2＝40%
　　　　X3 年折舊提列金額
　　　　　＝期初帳面金額×折舊率＝$260,000×40%＝$104,000

　　　3.採用直線法及雙倍餘額遞減法於 X3 年折舊費用之差額為：
　　　　雙倍餘額遞減法之折舊費用$104,000
　　　　－直線法之折舊費用$50,000＝**$54,000**

3.甲公司取得土地一筆，除了支付土地購買價格$2,000,000 以及仲介佣金$10,000 外，其餘取得土地後相關支出包括拆除及清運舊屋成本$10,000、整地支出$10,000 以及裝置照明設備$10,000，試問該土地之成本為多少？
(1)$2,010,000　　(2)$2,020,000　　(3)$2,030,000　　(4)$2,040,000

答案：(3)

　　✍補充說明：

　　　土地成本＝$2,000,000＋$10,000＋$10,000＋$10,000＝**$2,030,000**

　　　裝置照明設備$10,000 應列為土地改良物。

【100年四等地方特考試題】

1.甲公司 X1 年的房屋的折舊費用因計算錯誤，少提$100,000，X1 年底盤點存貨時，漏計$5,000，另外在 X1 年初也發現機器設備的經濟效益消耗型態由平均消耗變更為逐年遞減，故將折舊方法由直線法改為年數估計法，使得機器設備 X1 年的折舊必須多提$8,000。X1 年底結帳後發現上述事項，試問這些項目應如何調整 X2 年初之保留盈餘？

(1)增加$87,000　　　　　　　　(2)增加$95,000
(3)減少$87,000　　　　　　　　(4)減少$95,000

答案：(4)

補充說明：

分析各項對 X2 年初保留盈餘之影響如下：

	對 X2 年初保留盈餘之影響
房屋折舊費用少提	高估$100,000
存貨低估	低估$5,000
淨影響金額	高估$95,000

結論：應減少 X2 年初之保留盈餘$95,000

X1 年將折舊方法由直線法改為年數估計法，表示機器設備於 X1 年已按新方法提列折舊，故不須調整 X2 年初之保留盈餘金額。

2.甲公司於 20X1 年 1 月初購入機器一部，成本$300,000，估計可用 7 年，殘值$20,000，以年數合計法提折舊，至 20X3 年 6 月底重新評估其服務價值，估計其未折現之未來淨現金流量為$120,000，而未來淨現金流量之折現值為$95,000，則機器之資產減損數為：

(1)$105,000　　(2)$80,000　　(3)$50,000　　(4)$25,000

答案：(3)

補充說明：

資產減損金額計算如下：

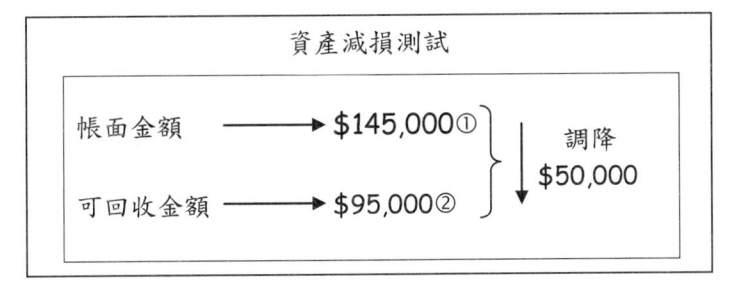

```
                    資產減損測試
  帳面金額  ──→  $145,000①  ⎫
                            ⎬  調降
  可回收金額 ──→  $95,000②   ⎭  ↓$50,000
```

①機器帳面金額為：

❶20X1年1月初至20X3年6月底之折舊費用：

	折舊費用
20X1	($300,000－$20,000) × 7/28＝$70,000
20X2	($300,000－$20,000) × 6/28＝$60,000
20X3至6月底	($300,000－$20,000) × 5/28 × 6/12＝$25,000
	$155,000

❷機器帳面金額＝機器成本$300,000－累計折舊$155,000

＝**$145,000**

②可回收金額為「**公允價值減出售成本**」及「**使用價值**」之較高金額者；「**使用價值**」即預期可由資產所產生之估計未來現金流量的現值。本題告知之估計其未折現之未來淨現金流量$120,000，既非「公允價值減出售成本」亦非「使用價值」，該金額與減損測試無關。

3. 甲公司購入上有舊屋之土地一筆以興建新屋，總價$1,000,000，另支付仲介佣金$40,000，過戶登記費$10,000，購入後將舊屋拆除重建，支付拆除費$30,000，拆除殘料售得$5,000，整地費$20,000，建圍牆及鋪設道路$50,000，建停車場工程款$80,000，新屋之設計費$20,000，新屋工程款$800,000，建築物使用執照費$3,000，則：

(1) 土地成本$1,120,000；房屋成本$848,000

(2) 土地成本$1,095,000；房屋成本$823,000

(3) 土地成本$1,070,000；房屋成本$898,000

(4) 土地成本$1,075,000；房屋成本$848,000

答案：(2)

✎補充說明：

1. 土地成本
   ＝$1,000,000＋$40,000＋$10,000＋$30,000－$5,000＋$20,000
   ＝**$1,095,000**

2. 房屋成本＝$20,000＋$800,000＋$3,000＝**$823,000**

建圍牆及鋪設道路$50,000及建停車場工程款$80,000**應列為土地改良物**。

【100年五等地方特考試題】

1. 甲公司於X3年初以$60,000購入機器設備，估計可用5年，殘值為$10,000，採直線法提列折舊。X5年底該設備確定發生資產減損，估計可回收金額為$15,000，無殘值，試問該設備X6年底應提列折舊的金額為多少？

(1)$7,500　　　(2)$10,000　　　(3)$12,500　　　(4)$15,000

答案：(1)

✎補充說明：

於X5年底認列資產減損之後，機器設備的帳面金額即調降至估計可回收金額，故自X6年起之折舊費用係以$15,000按新估計剩餘年限及殘值計算(＝($15,000－$0)÷估計剩餘年限2年＝**$7,500**)。

2. 甲公司的機器設備於X2年進行過資產減損處理，認列$20,000減損損失。X3年底評估設備之使用價值為$160,000，期末帳面金額為$140,000，而設備在未認列任何減損情況下之帳面金額為$145,000。試問可承認之減損迴轉利益為多少？

(1)$5,000　　　(2)$10,000　　　(3)$15,000　　　(4)$20,000

答案：(1)

✎補充說明：

計算及說明如下：

```
┌─────────────────────────────────────┐
│           資產減損測試                │
│                                     │
│   帳面金額  ──→  $140,000            │
│                              ↑ 調升  │
│                              $5,000 │
│   可回收金額 ──→ $145,000 ①          │
│                                     │
└─────────────────────────────────────┘
```

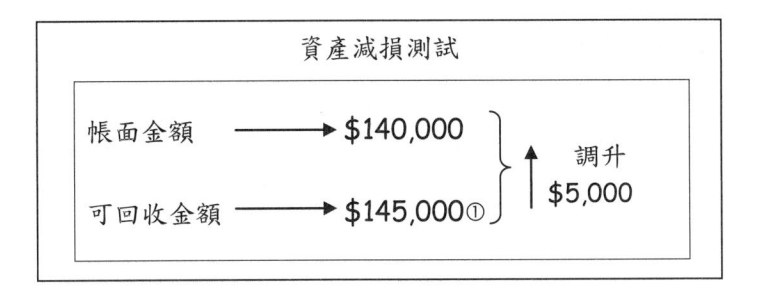

①為**可回收金額**(本題為使用價值)$160,000 **與設備在未認列任何減損情況下之帳面金額**$145,000 **取低者**，此為迴轉後設備的帳面金額上限。

3. 甲公司 X3 年 10 月 1 日以$56,000 購買一輛運輸卡車，估計耐用年限為 5 年，殘值為$4,000，採直線法提列折舊。X6 年 6 月 30 日出售產生損失$1,000，試問運輸卡車的售價為多少？

(1)$26,400　　　(2)$27,400　　　(3)$28,400　　　(4)$28,600

答案：(1)

補充說明：

由出售分錄可推算運輸卡車的售價，列示分錄如下：

x6/06/30	現金	？ ④
	累計折舊－運輸設備	28,600③
	處分設備損失	1,000②
	運輸設備	56,000①

①除列(沖銷)運輸卡車帳列金額。

②題目告知出售運輸卡車之損失金額。

③運輸卡車自 X3 年 10 月 1 日至 X6 年 6 月 30 日之折舊費用，計算如下：

$(56,000－4,000) ÷ 5 年 × (2 年 9 個月) ＝ $28,600

④運輸卡車的售價為**$26,400**(＝①－②－③)。

4.丙公司在 X2 年 1 月 1 日購買一部機器設備，該機器設備估計可使用 5 年，殘值$10,000。假設該公司會計年度結束日為 12 月 31 日，採用雙倍餘額遞減法提列折舊，在 X3 年提列之折舊費用為$150,000，請問該資產成本為何？

(1)$375,000　　　(2)$385,000　　　(3)$625,000　　　(4)$635,000

答案：(3)

　✍補充說明：

　　設：資產成本為？

　　折舊率＝1 ÷ 5 年 × 2＝40%

　　每年折舊提列金額＝期初帳面金額 × 折舊率

年度	折舊費用
X2 年	？ × 40% ＝0.4？
X3 年	(？ － 0.4？) × 40% ＝$150,000

進一步解題

0.6？ × 40% ＝$150,000

？＝**$625,000**

5.甲公司以成本$100,000，累計折舊$60,000，公允價值$50,000 的機器一部，換入功能相近的機器一部，並支付現金$10,000，假設此項交換具商業實質，則換入機器之成本為何？

(1)$30,000　　　(2)$40,000　　　(3)$50,000　　　(4)$60,000

答案：(4)

　✍補充說明：

　　換入機器之成本＝換出機器之公允價值$50,000＋現金支付數$10,000

　　　　　　　　＝**$60,000**

　延伸：列示機器交換分錄如下：

xxxx/xx/xx	機器設備(新)	60,000④	
	累計折舊－機器設備(舊)	60,000②	
	機器設備(舊)		100,000①
	現金		10,000③
	資產交換利益		10,000⑤

①、②除列(沖銷)舊機器設備及累計折舊帳列金額。

③題目告知現金支付數。

④為換入機器之入帳成本。

⑤＝②＋④－①－③。

6.甲公司於 X3 年初以面額$1,100,000，一年期之票據交換機器一台，另支付運費$20,000，若票據不附利息，市場利率為 10%，試問該機器的入帳成本為多少？

(1)$1,000,000　　　(2)$1,020,000　　　(3)$1,100,000　　　(4)$1,120,000

答案：(2)

> 補充說明：

　　機器入帳成本＝$1,100,000×$(1+10\%)^{-1}$＋$20,000＝**$1,020,000**

【99 年普考試題】

1.甲公司於今年年初對現有的機器，花了成本$1,020,000 進行重大的更新，預期可以比原估計耐用年限增加 10 年，比原估計殘值增加$40,000。機器設備的原始成本為$7,810,000，採用直線法已提列折舊 50 年，估計殘值為$110,000。今年年初累積折舊餘額為$5,500,000。

試問：

(一)機器設備原來每年的折舊費用為多少？

(二)機器設備原來估計的耐用年限為幾年？

(三)經過重大更新後機器設備的帳面金額為多少？

(四)經過重大更新後機器設備的耐用年限還有幾年？

(五)假設重大更新在今年初即開始進行並完成，仍採用直線法下，今年折舊費用為多少？

解題：

(一)機器設備原來每年的折舊費用

　　＝今年年初累積折舊(累計折舊)餘額$5,500,000÷已提列折舊 50 年

　　＝**$110,000**

(二)機器設備原來估計的耐用年限

＝(機器設備原始成本$7,810,000－估計殘值為$110,000)

÷機器設備原來每年的折舊費用$110,000＝**70 年**

(三)經過重大更新後機器設備的帳面金額：

＝機器設備原始成本$7,810,000

－今年年初累積折舊餘額$5,500,000

＋重大的更新成本$1,020,000＝**$3,330,000**

(四)經過重大更新後機器設備的剩餘耐用年限

＝70 年－50 年＋10 年＝**30 年**

(五)重大更新後，今年折舊費用為：

(經過重大更新後機器設備的帳面金額$3,330,000

－新估計殘值$150,000)

÷經過重大更新後機器設備的剩餘耐用年限 30 年＝**$106,000**

2.當收益支出被誤記為資本支出，對當年度財務報表之影響，下列敘述何者為真？
(1)高估資產，高估淨利
(2)高估資產，低估淨利
(3)低估資產，高估淨利
(4)低估資產，低估淨利

答案：(1)

☆補充說明：

收益支出被誤記為資本支出，對當年度財務報表之影響分析如下：

1.收益支出低估→造成費用低估→造成淨利高估。

2.資本支出高估→造成資產高估。

3. X1 年初購入 A 資產原始成本為$60,000，估計耐用年限為 10 年，估計殘值為$3,000，採用直線法攤提折舊。X3 年初後估計殘值為$1,000，耐用年限剩 5 年，且改採用雙倍餘額遞減法，則 X3 年之折舊費用應為：

(1)$19,040　　　　(2)$19,440　　　　(3)$15,840　　　　(4)以上皆非

答案：(2)

補充說明：

1. 截至 X3 年初已提列折舊金額為：

    $(60,000－3,000)÷10 年×2 年＝$11,400

2. 截至 X3 年初 A 資產帳面金額為：

    原始成本$60,000－截至 X3 年初已提列折舊金額$11,400

    ＝$48,600

3. X3 年之折舊費用為：

    折舊率＝1 ÷ 5 年 × 2＝40%

    X3 年折舊提列金額＝期初帳面金額×折舊率

    ＝截至 X3 年初 A 資產帳面金額$48,600×40%＝**$19,440**

【99 年初等特考試題】

1. 廠房的成本中，不包括：

(1)新廠房的設計費

(2)興建廠房支出

(3)興建廠房期間發生的火災損失

(4)挖掘地基費用

答案：(3)

補充說明：

依國際財務報導準則之規定，**為使廠房達到能符合管理階層預期運作方式之必要狀態及地點之直接可歸屬成本，方可列入廠房成本**；選項(3)並不符合規定，故不可以包括於廠房的成本中。

2.設備原始成本為$500,000,累計折舊為$420,000,因功能不適用必須提早報廢,其報廢出售殘值為$30,000,則報廢時應為:

(1)借:不動產、廠房及設備報廢損失$80,000

(2)借:不動產、廠房及設備報廢損失$50,000

(2)貸:不動產、廠房及設備報廢利益$30,000

(4)貸:不動產、廠房及設備報廢利益$50,000

答案:(2)

✎補充說明:

報廢設備之分錄如下:

xxxx/xx/xx	現金	30,000③	
	累計折舊—設備	420,000②	
	處分設備損失	50,000④	
	設備		500,000①

①除列(沖銷)設備帳列金額。

②除列(沖銷)設備之累計折舊帳列金額。

③題目告知出售價款。

④＝①－②－③。

3.修繕費誤記為機器設備,將使當期「資產、負債、權益、淨利」四項中,有幾項被高估?

(1)一項　　　　(2)二項　　　　(3)三項　　　　(4)四項

答案:(3)

✎補充說明:

此題係收益支出(費用)被誤記為資本支出(資產),對當年度財務報表之影響分析如下:

1.收益支出低估→造成費用低估→造成淨利高估→造成權益高估。

2.資本支出高估→造成資產高估。

3.對負債未造成影響。

4.甲公司於X1年初購入機器設備一部,定價$450,000,取得現金折扣$9,000,支付運費$9,000,安裝費$10,000,在運送途中因司機違反交通規則而被罰款$6,000。估計該機器設備可使用10年,估計可用100,000小時,殘值$10,000,採工作時間法計提折舊。若該機器設備於X1年間共使用12,000小時,則甲公司X1年應提列的折舊費用為:

(1)$45,000　　　(2)$45,600　　　(3)$54,000　　　(4)$54,720

答案:(3)

補充說明:

1. 機器設備的成本
   = $450,000 − $9,000 + $9,000 + $10,000 = **$460,000**

2. X1年應提列的折舊費用
   = $(460,000 − 10,000) ÷ 100,000 小時 × 12,000 小時 = **$54,000**

【99年四等地方特考試題】

1.甲公司會計年度為曆年制,期末需作折舊費用的調整,公司採用直線法提列折舊。試作下列X1年7月1日至X3年9月30日相關交易之分錄。

(一)X1年7月1日購買一台電腦,花了$35,000加上營業稅$1,750及運費$250,估計耐用年限為4年,殘值為$5,000。

(二)X2年7月1日為了增加電腦的作業效率及記憶體容量,支付$1,200進行電腦升級,沒有延長耐用年限也沒有改變殘值。

(三)X3年9月30日將舊電腦加上$27,000交換一部新電腦,此交換具備商業實質。新電腦公允價值為$45,000。

解題:

X1年7月1日至X3年9月30日**相關交易之分錄依時序列示如下:**

x1/07/01	電腦	37,000①	
	現金		37,000

① = $35,000 + $1,750 + $250 = $37,000。

x1/12/31	折舊費用	4,000	
	累計折舊－電腦		4,000①

①＝$(37,000－5,000)÷4 年×6/12＝$4,000。

x2/07/01	電腦	1,200	
	現金		1,200

x2/12/31	折舊費用	8,200	
	累計折舊－電腦		8,200①

①＝〔$(37,000－5,000)÷4 年×6/12〕＋〔$(37,000－8,000＋1,200－5,000)÷3 年×6/12〕＝$8,200；或＝$(37,000－5,000)÷4 年＋$1,200÷3 年×6/12＝$8,200。

x3/09/30	折舊費用	6,300	
	累計折舊－電腦		6,300①

①＝$(37,000－8,000＋1,200－5,000)÷3 年×9/12＝$6,300。

x3/09/30	電腦(新)	45,000③	
	累計折舊－電腦	18,500②	
	資產交換損失	1,700⑤	
	電腦(舊)		38,200①
	現金		27,000④

①除列(沖銷)舊電腦帳列金額。

②除列(沖銷)舊電腦之累計折舊帳列金額。

③換入電腦之入帳金額。

④題目告知現金支付數。

⑤＝①＋④－②－③。

2.公司花了$7,000,000 取得一塊土地及地上一棟舊建築物，舊建築物市價為$2,500,000。公司取得土地的目的是為了要蓋一棟新辦公大樓，因此拆除舊建築物花了$300,000，殘值收回$20,000。試問土地成本要認列多少？

(1)$4,500,000　　　(2)$4,780,000　　　(3)$7,000,000　　　(4)$7,280,000

答案：(4)

> 補充說明：
>
> 土地的成本＝$7,000,000＋$300,000－$20,000＝**$7,280,000**

【99 年五等地方特考試題】

1. 累計折舊是屬於下列何種性質的會計科目：
(1)資產，正常餘額為借方
(2)負債，正常餘額為貸方
(3)資產抵銷科目，正常餘額為借方
(4)資產抵銷科目，正常餘額為貸方

答案：(4)

> 補充說明：
>
> 累計折舊為相關資產的減項科目，正常餘額為貸方。

2. 甲公司於 X1 年初以成本$80,000 買入機器一部，估計可用 8 年，無殘值，會計人員誤記為修理費，至 X2 年初才發現此項錯誤，試問該錯誤對 X1 年度淨利的影響為何(不考慮所得稅)？
(1)淨利高估$70,000
(2)淨利低估$70,000
(3)淨利高估$80,000
(4)淨利低估$80,000

答案：(2)

> 補充說明：
>
> 買入機器的成本誤記為修理費，其對於淨利的影響分析如下：
>
> 1. 機器未入帳造成未提折舊→機器折舊費用低估→**造成淨利高估** $10,000(＝$80,000÷8 年)。
> 2. 修理費高估→**造成淨利低估**$80,000。
>
> 綜合以上分析，買入機器的成本誤記為修理費將造成**淨利低估 $70,000** (淨利低估$80,000－淨利高估$10,000)。

3.乙公司於 X3 年初買入一部機器$300,000，估計耐用年限 6 年，無殘值，採直線法提列折舊，X6 年 3 月 1 日支出$10,000 進行檢修維護，7 月 1 日支出$120,000 進行大修，估計大修後尚可用 4 年，估計殘值為$15,000。試問 X6 年與機器有關之費用共有多少？

(1)$53,750　　　　(2)$57,500　　　　(3)$61,500　　　　(4)$63,750

答案：(4)

☞補充說明：

　　1.X6 年與機器有關支出之分析：

　　　(1) X6 年 3 月 1 日支出$10,000→認列為維護費用**$10,000**。

　　　(2) X6 年 7 月 1 日支出$120,000→增列機器帳面金額$120,000。

　　　(3) X6 年的折舊費用計算如下：

　　　　X3 年~X5 年：$(300,000－0)÷6 年×3＝$150,000

　　　　X6/1/1~ X6/6/30：$(300,000－0)÷6 年×6/12＝**$25,000**

　　　　X6/7/1~ X6/12/31：$(300,000－150,000－$25,000＋$120,000

　　　　　　　　　　　　－$15,000)÷4 年×6/12＝**$28,750**

　　2.X6 年與機器有關之費用合計數
　　　＝$10,000＋$25,000＋$28,750＝**$63,750**

4.乙公司於 X1 年初購買機器一部，價格為$160,000，並支付運費$4,000，機器安裝費用為$5,000，乙公司估計該機器可使用年限為 5 年，殘值為$3,000，採用直線法提列折舊，試求該部機器 X3 年之折舊金額為何？

(1)$32,200　　　　(2)$32,400　　　　(3)$33,200　　　　(4)$33,800

答案：(3)

☞補充說明：

　　1.機器設備成本＝$160,000＋$4,000＋$5,000＝$169,000。

　　2. X3 年應提列折舊費用＝$(169,000－3,000)÷5 年＝**$33,200**。

5.甲公司 X8 年初將機器設備之每年正常維修支出當作資本支出處理,則下列敘述何者正確?
(1)甲公司 X8 年度淨利會高估,X9 年度折舊費用將高估
(2)甲公司 X8 年度資產會高估,X9 年度折舊費用將低估
(3)甲公司 X8 年度淨利會低估,X9 年度折舊費用將高估
(4)甲公司 X8 年度資產會低估,X9 年度折舊費用將低估

答案:(1)

> 補充說明:
>
> 此題為將收益支出(費用)誤記為資本支出(資產),對當年度財務報表之影響分析如下:
> 1. 收益支出低估→造成費用低估→造成淨利高估。
> 2. 資本支出高估→造成資產高估→將造成往後年度折舊費用高估。

6.乙公司以一部成本$95,000,累計折舊$65,000 的辦公設備,交換一部公允價值$28,000 而功能相似的辦公設備,並收到現金$8,000。假設此項辦公設備交換具商業實質,則乙公司應認列之處分辦公設備損益為何?
(1)應認列處分辦公設備損失$2,000
(2)應認列處分辦公設備利益$6,000
(3)應認列處分辦公設備損失$10,000
(4)應認列處分辦公設備利益$10,000

答案:(2)

> 補充說明:
>
> 辦公設備交換分錄為:

xxxx/xx/xx	辦公設備(新)	28,000③	
	累計折舊—辦公設備(舊)	65,000②	
	現金	8,000④	
	辦公設備(舊)		95,000①
	資產交換利益		6,000⑤

> ①除列(沖銷)舊辦公設備帳列金額。
> ②除列(沖銷)舊辦公設備之累計折舊帳列金額。

③換入辦公設備之入帳金額。

④題目告知現金收現數。

⑤＝②＋③＋④－①。

【98年普考試題】

1.以下二項為獨立之狀況：

(一)甲公司採曆年制，在 X4 年發現 X2 年初以面額$10 之普通股 60,000 股，換入房屋一棟，公司以股票面額總數記錄房屋成本，同日公司股票市價為每股$30。房屋採倍數餘額遞減法提列折舊費用，估計耐用年限為 20 年，殘值為 $200,000。試問房屋的成本應為多少？房屋的成本認列的錯誤致使 X2 年、X3 年的淨利高估或低估多少？

(二)乙公司 X3 年 4 月 1 日以$45,000 購買一部機器，估計耐用年限為 5 年，殘值為$3,000。乙公司採曆年制，並用年數合計法提列折舊。X4 年年終進行重大零件之更換$20,000，此筆支出可以增加機器生產之效能，但不增加耐用年限，所以公司全數將$20,000 做為費用認列而未提列當年度折舊費用。試問 X4 年應提列的折舊費用為多少？X4 年原列淨利高估或低估多少？

解題：

第(一)項之分析及計算：

1.房屋成本＝股票每股市價$30×60,000 股＝**$1,800,000**。

2.房屋的折舊率：1÷20 年×2 倍＝10%。

3.房屋於 X2 年 正確 的折舊費用＝$1,800,000×10%＝$180,000。

4.房屋於 X3 年 正確 的折舊費用＝$(1,800,000－180,000)×10%
　　　　　　　　　　　　　　　＝$162,000。

5.房屋於 X2 年 錯誤 的折舊費用＝$600,000×10%＝$60,000。

6.房屋於 X3 年 錯誤 的折舊費用＝$(600,000－60,000)×10%＝$54,000。

7.房屋的成本認列的錯誤**致使 X2 年之淨利高估$120,000**（＝正確的折舊費用$180,000－錯誤的折舊費用$60,000）。

8. 房屋的成本認列的錯誤**致使 X3 年之淨利高估$108,000**（＝正確的折舊費用$162,000－錯誤的折舊費用$54,000）。

第(二)項之分析及計算：

1. 機器設備 X4 年應提列折舊費用計算如下：

   ($45,000－$3,000) × 5/15 × 3/12＝$3,500

   ($45,000－$3,000) × 4/15 × 9/12＝$8,400

   $3,500＋$8,400＝**$11,900**

2. 因為乙公司是於 X4 年之年終更換重大零件，故 X4 年的折舊費用未發生錯誤。更換重大零件支出$20,000 錯誤認列為費用，**造成 X4 年費用高估，進而使淨利低估$20,000**。

2. 丙公司 X3 年 10 月 1 日以$50,000 購買一輛運輸卡車，估計耐用年限為 4 年，殘值為$2,000，採直線法提列折舊。X6 年 5 月 1 日出售產生利得$6,000，試問運輸卡車的售價為多少？

(1)$8,000　　　(2)$13,000　　　(3)$19,000　　　(4)$25,000

答案：(4)

▶ 補充說明：

由出售分錄可推算運輸卡車的售價，列示分錄如下：

x6/05/01	現金	？ ④	
	累計折舊－運輸設備	31,000③	
	運輸設備		50,000①
	處分設備利益		6,000②

① 除列(沖銷)運輸卡車帳列金額。

② 題目告知出售運輸卡車之利益金額。

③ 運輸卡車自 X3 年 10 月 1 日至 X6 年 5 月 1 日之折舊費用＝

$(50,000－2,000)÷4 年×(2 年 7 個月)＝$31,000。

④ 運輸卡車的售價為**$25,000**(＝①＋②－③)。

【98 年初等特考試題】

1.不動產、廠房及設備耐用年限之估計變動時，應如何處理？
(1)計算估計變動累積影響數，於本期損益表單獨揭露
(2)計算估計變動累積影響數，以之調整期初保留盈餘
(3)以前年度報表均不作任何變更
(4)計算估計變動累積影響數，做為本期銷貨成本的調整

答案：(3)

> 補充說明：
> 國際財務報導準則規定**會計估計變動應採推延適用，即由變動當年度及以後年度依新估計金額計算及認列**，不須計算累計影響數也無須改變及更正以前年度已認列之金額。

2.機器設備的成本中，不包括：
(1)購買價格   (2)關稅
(3)行車執照費   (4)安裝費用

答案：(3)

> 補充說明：
> 選項(1)、選項(2)及選項(4)**均為使機器設備達到能符合管理階層預期運作方式之必要狀態及地點之直接可歸屬成本**(國際財務報導準則之規定)，應列入機器設備成本。

3.甲公司於 X1 年初購入機器設備一部，成本$330,000，殘值$30,000，估計可使用 5 年，帳上誤列為費用，於 X2 年初發現此項錯誤，甲公司採年數合計法提列折舊，則其更正分錄為：
(1)貸：累計折舊－機器設備$100,000
(2)貸：累計折舊－機器設備$110,000
(3)貸：前期損益調整$220,000
(4)貸：前期損益調整$330,000

答案：(1)

🖎補充說明：

1. X1 年應認列之正確折舊費用為：

$(330,000-30,000) \times 5/15 = \$100,000$

2. X2 年初發現項錯誤時之更正分錄為：

x2/xx/xx	機器設備	330,000①	
	累計折舊—機器設備		100,000②
	前期損益調整(或保留盈餘)		230,000③

①認列機器設備之金額。

②認列機器設備之累計折舊金額。

③X1 年高估費用$330,000 並低估折舊費用$100,000，其淨影響為高估 X1 年費用$230,000→造成淨利低估→**結帳後，造成保留盈餘低估；更正時，應調升(貸記)保留盈餘(或以「前期損益調整」列帳)**。

4.【依 IAS 或 IFRS 改編會計科目】甲公司期初帳列土地資產$25,000,000，本年度日記簿中包括下列分錄：

借：土地　　　　　　　　10,000,000

　　貸：土地重估增值　　　　　10,000,000

下列敘述何者錯誤？

(1)該公司進行資產重估

(2)「土地重估增值」列為營業外利益

(3)總資產增加$10,000,000

(4)權益增加$10,000,000

答案：(2)

🖎補充說明：

1.選項(1)、選項(3)及選項(4)之敘述是正確的。

2.選項(2)之敘述是錯誤的，**「土地重估增值」應列為權益項目**。

第29頁（第六章 不動產、廠房及設備）

5.甲公司於X1年年初以面額$220,000，X1年底到期的附息票據(票面利率與市場利率均為10%)交換土地一筆，另支付佣金$6,000，則土地的入帳成本為：

(1)$220,000÷1.1=$200,000

(2)$220,000÷1.1+$6,000=$206,000

(3)$220,000+$6,000=$226,000

(4)$220,000+$220,000×10%+$6,000=$248,000

答案：(3)

> **補充說明：**
>
> 附息票據因為票面利率與市場利率相同(均為10%)，**其現值等於票面金額**，故土地的入帳成本＝票據現值＋佣金＝票據票面金額＋佣金＝$220,000+$6,000=**$226,000**。

【98年四等地方特考試題】

1.甲公司於X1年1月1日取得新機器，標價為$200,000，現金折扣為5%，由於公司內部資金調度不及，未能取得折扣。該公司另行支付2年的保險費$20,000，安裝機器支出$12,000，測試費用$6,000。預計該機器可用5年，其殘值為$28,000。在X2年初支付$50,000增添設備以增強機器效能，該增添部分之殘值為$0。在X5年初支付$72,000更換新引擎，估計耐用年限可延長2年，殘值不變。折舊費用均採用直線法提列。

試作：

(一)X1年取得該機器之成本為何？

(二)X2年及X5年之相關分錄。

解題：

第(一)項之計算：

機器成本＝$200,000(1－5%)＋$12,000＋$6,000＝**$208,000**

第(二)項 X2年及X5年之相關分錄：

x2/01/01	機器	50,000	
	現金		50,000

x2/12/31	折舊費用	48,500	
	累計折舊－機器		48,500①

①計算如下：

X1 年折舊費用：$(208,000-28,000)÷5$ 年$=\$36,000$

X2 年折舊費用：$(208,000-36,000+50,000-28,000)÷4$ 年

$=\$48,500$

x5/01/01	累計折舊－機器	72,000①	
	現金		72,000

①資本支出若能延長耐用年限，會計慣例會借記「累計折舊」。

x5/12/31	折舊費用	40,167	
	累計折舊－機器		40,167①

①計算如下：

X3 年及 X4 年各年度折舊費用：同 X2 年之$\$48,500$。

X5 折舊費用：$(\$208,000-\$36,000+\$50,000-\$48,500-\$48,500$

$-\$48,500+\$72,000-\$28,000)÷3$ 年$=\$40,167$

2.X1 年 7 月 1 日甲公司以$\$22,000$出售成本$\$60,000$之機器。該機器之耐用年限為 5 年，殘值$\$10,000$，公司以直線法計提折舊，X1 年 1 月 1 日累計折舊帳戶餘額為$\$35,000$。則甲公司應認列之處分損益為：

(1)處分損失$\$2,000$　　　　　　　　(2)處分損失$\$3,000$

(3)處分利得$\$2,000$　　　　　　　　(4)處分利得$\$3,000$

答案：(3)

補充說明：

處分機器設備之分錄為：

x1/07/01	現金	22,000③	
	累計折舊－機器	40,000②	
	機器		60,000①
	處分資產利益		**2,000**④

①除列(沖銷)機器帳列金額。

②除列(沖銷)機器之累計折舊帳列金額，計算如下：

X1/1/1~X1/7/1 之折舊費用＝$(60,000－10,000)÷5 年×6/12

＝$5,000

X1/1/1 累計折舊餘額$35,000＋X1/1/1~X1/7/1 之折舊費用$5,000

＝截至 X1/7/1 之累計折舊餘額$40,000

③題目告知出售價款。

④＝①－②－③。

【98年五等地方特考試題】

1.下列資產中，不須提列折舊、折耗或攤銷的資產是：

(1)辦公設備　　　　　　　　　(2)專利權

(3)土地　　　　　　　　　　　(4)森林

答案：(3)

✎補充說明：

提列折舊、折耗或攤銷分別為折舊性資產、遞耗資產及無形資產之成本分攤金額。**因土地之耐用年限為非確定耐用年限，其不須分攤成本。**

2.甲公司於 X1 年 7 月 1 日購入運輸設備一輛，估計可以使用 5 年，殘值$24,000，採直線法計提折舊。今知該運輸設備於 X3 年 10 月 31 日出售時借記累計折舊$280,000，則出售前運輸設備的帳面金額為：

(1)$344,000　　　(2)$366,222　　　(3)$444,000　　　(4)$624,000

答案：(1)

✎補充說明：

1.題目告知「運輸設備於 X3 年 10 月 31 日出售時借記累計折舊$280,000」，表示 X1 年 7 月 1 日購入運輸設備至 X3 年 10 月 31 日出售時所提列的折舊費用總金額為$280,000；X1 年 7 月 1 日至 X3 年 10 月 31 日共 2 年 4 個月。

2. 由第 1 項分析可知$280,000 為 2 年 4 個月的折舊費用，由此可推算運輸設備之原始成本，計算如下：

設：運輸設備之原始成本為 x

$$(x-24,000) \div 5 \text{ 年} \times (2 \text{ 年} 4 \text{ 個月}) = \$280,000$$

$$x = \$624,000$$

3. 出售前運輸設備的帳面金額

＝運輸設備之原始成本$624,000

－X3 年 10 月 31 日之累計折舊餘額$280,000＝**$344,000**

3.【依 IAS 或 IFRS 改編】下列何者情況顯示資產發生減損？
(1)資產的帳面金額超過可回收金額
(2)資產的帳面金額低於可回收金額
(3)資產的公允價值減出售成本超過可回收金額
(4)資產的公允價值減出售成本低於可回收金額

答案：(1)

📚補充說明：

減損測試時，當「帳面金額」高於「可回收金額」時表示資產已發生減損。

4. 甲公司於 X1 年初購入一套生產設備，成本為$1,000,000，估計可使用五年，殘值為$200,000，採用直線法折舊，則截至 X4 年底之累計折舊為：
(1)$160,000　　　(2)$480,000　　　(3)$600,000　　　(4)$640,000

答案：(4)

📚補充說明：

截至 X4 年底之累計折舊

＝$(1,000,000－200,000)÷5 年×4 年＝**$640,000**

【97年普考試題】

1.【依 IAS 或 IFRS 改編】甲公司以汽車(成本$125,000，累計折舊$37,500，公允價值$80,000)並支付現金$25,000，交換機器設備(成本$250,000，累計折舊$150,000)，若此項交換具有商業實質時，則甲公司應認列資產交換損益為：

(1)利益$5,000　　　　　　　　　(2)利益$7,500
(3)損失$5,000　　　　　　　　　(4)損失$7,500

答案：(4)

✎補充說明：

資產交換之分錄為：

xxxx/xx/xx	機器設備	105,000④	
	累計折舊－汽車	37,500②	
	資產交換損失	7,500⑤	
	汽車		125,000①
	現金		25,000③

①除列(沖銷)汽車帳列金額。
②除列(沖銷)汽車之累計折舊帳列金額。
③題目告知現金付現數。
④為換入機器設備入帳金額(＝汽車公允價值$80,000＋現金付現數$25,000)。
⑤＝①＋③－②－④。

國際財務報導準則不再以是否為同種類資產交換作為決定會計處理之依據，而是以是否具有商業實質而定；但一般認為不同種類的資產交換是具有商業實質的。

2. 於 X1 年初購入成本$20,000 之設備並安裝正式運轉。若安裝設備之成本$8,000 誤記為修理費，假設該設備估計使用年限為五年，採直線法提列折舊，無殘值，則前述錯誤將使 X1 年之淨利(不考慮稅的影響)：

(1)少計$1,600　　　　　　　　　(2)少計$6,400
(3)多計$1,600　　　　　　　　　(4)少計$8,000

答案：(2)

✎ 補充說明：

安裝設備之成本$8,000 誤記為修理費，對 X1 年之淨利影響分析如下：

1. 修理費多計→造成**淨利少計**$8,000。

2. 設備少計→造成折舊費用少計→**淨利多計**$1,600(＝$8,000÷5 年)。

綜合以上分析，可知安裝設備之成本$8,000 誤記為修理費，**對 X1 年之淨利的淨影響金額為淨利少計**$6,400(＝淨利少計$8,000－淨利多計$1,600)。

3. 購買機器支付進口關稅時，其分錄應借記：
(1)機器　　　　　　　　　　　(2)遞延費用
(3)費用　　　　　　　　　　　(4)累計折舊－機器

答案：(1)

✎ 補充說明：

依國際財務報導準則之規定，**進口關稅為使機器達到能符合管理階層預期運作方式之必要狀態及地點之直接可歸屬成本**，應列入機器成本。

【97 年初等特考試題】

1. X1 年初購入設備$7,000，估計可用三年，殘值$1,000，按直線法提列折舊，X3 年 10 月 1 日售得$2,000 時應：
(1)借記出售資產損失$500　　　(2)貸記出售資產利益$500
(3)借記累計折舊$5,000　　　　(4)借記折舊$500

答案：(2)

✎ 補充說明：

出售設備之分錄為：

| x3/10/01 | 折舊費用　　　　　　　　　1,500② |
| | 　　累計折舊－設備　　　　　　　　1,500① |

① ＝$(7,000－1,000)÷3 年×9/12＝$1,500。

x3/10/01	現金	2,000③	
	累計折舊―設備	5,500②	
	設備		7,000①
	處分資產利益		**500**④

①除列(沖銷)設備帳列金額。

②除列(沖銷)設備之累計折舊帳列金額(＝X1/1/1~ X3/10/1 之折舊費用＝($7,000－$1,000)÷3 年×(2 年 9 個月))。

③題目告知出售價款。

④＝①－②－③。

2.下列何項不屬營業資產？

(1)商譽　　　　　　　　　　　　(2)償債基金

(3)專利權　　　　　　　　　　　(4)土地

答案：(2)

　補充說明：

　　　償債基金為企業之存款，其將用於償還債務。

3.甲公司以機器設備換入運輸設備。機器設備成本$88,000，累計折舊$64,000，公允價值$40,000，另外收取現金$15,000。若此項交換具有商業實質時，則換入運輸設備的入帳金額為：

(1)$9,000　　(2)$25,000　　(3)$35,000　　(4)$40,000

答案：(2)

　補充說明：

　　　換入運輸設備的入帳金額＝$40,000－$15,000＝**$25,000**

4.公司購買了一部舊機器，其購買價格為$77,000，另外需要大檢修費用$8,000，安裝成本$5,000，以及購買介紹費$2,000。請問該機器的入帳成本應為：

(1)$92,000　　(2)$90,000　　(3)$87,000　　(4)$86,000

答案：(1)

補充說明：

機器設備的成本
$$=\$77,000+\$8,000+\$5,000+\$2,000=\textbf{\$92,000}$$

【97 年四等地方特考試題】

1.甲公司於 X1 年 1 月 1 日購買一部機器，總成本為$175,000，經濟耐用年限為 5 年，殘值為$15,000，採用雙倍餘額遞減法提列折舊。在 X5 年 6 月 30 日公司將這舊機器折抵$20,000，換入市價為$200,000 的新機器，並付現金$30,000，餘款則開立支票支付。

試問：

(一)X5 年 6 月 30 日之舊機器的帳面金額為何？

(二)若此交換交易屬不具有商業實質，列出此之交換分錄。

(三)若此交換交易具有商業實質，列出此之交換分錄。

解題：

(一)X5 年 6 月 30 日之舊機器的帳面金額計算如下：

折舊率＝1 ÷ 5 年 × 2＝40%

每年折舊提列金額＝ 期初帳面金額×折舊率

年度	折舊費用
X1 年	$175,000 × 40% ＝$70,000
X2 年	$105,000 × 40% ＝$42,000
X3 年	$63,000 × 40% ＝$25,200
X4 年	$37,800 × 40% ＝$15,120
X5 年	($37,800－$15,120－殘值$15,000)×6/12＝$3,840
合計	$156,160

X5 年 6 月 30 日之舊機器的帳面金額

＝成本$175,000－累計折舊$156,160＝**$18,840**

(二)若交換交易 不具有商業實質，則交換分錄為：

要了解本項之分錄，建議先了解下列第(三)項之分錄。**不具有商業實質之資產交換先比照具有商業實質編製分錄，再刪除資產交換損益金額**(因為不具有商業實質的交換交易，不可以認列資產交換損益)，**並修改「機器設備(新)」的入帳金額，即可轉換為不具有商業實質之交換分錄**，列示如下：

x5/06/30	機器(新)	198,840 ~~200,000~~③	
	累計折舊－機器(舊)	156,160②	
	機器(舊)		175,000①
	現金		30,000④
	應付票據		150,000⑤
	~~資產交換損失~~		~~1,160⑥~~

重新列示修改後之分錄

x5/06/30	機器(新)	198,840	
	累計折舊－機器(舊)	156,160	
	機器(舊)		175,000
	現金		30,000
	應付票據		150,000

(三)若交換交易 具有商業實質，則交換分錄如下：

x5/06/30	機器(新)	200,000③	
	累計折舊－機器(舊)	156,160②	
	機器(舊)		175,000①
	現金		30,000④
	應付票據		150,000⑤
	資產交換損失		1,160⑥

①除列(沖銷)機器(舊)帳列金額。

②除列(沖銷)機器(舊)之累計折舊帳列金額。

③換入機器的公允價值。

④支付現金之金額。

⑤＝換入機器的公允價值$200,000－舊機器折抵金額$20,000－現金支付數$30,000。

⑥為差額＝①＋④＋⑤－②－③。

2.拆除購入土地上舊有建物以興建新房屋之支出應列為：
(1)房屋的成本　　　　　　　　(2)土地的成本
(3)拆除費用　　　　　　　　　(4)舊屋處分損益

答案：(2)

補充說明：

依國際財務報導準則之規定，**拆除購入土地上舊有建物，是為使土地達到能符合管理階層預期運作方式之必要狀態及地點之直接可歸屬成本**，應列入土地成本。

3.甲公司採曆年制，於 X2 年 1 月 1 日購入一部機器，耐用年限 5 年，採直線法提列折舊。甲公司於 X4 年 5 月 1 日對此機器進行極重大零件更新，花費 $64,000，該支出將增加機器產能但不改變耐用年限及殘值，這筆支出會計人員認列為當期費用。試問甲公司 X4 年的淨利：

(1)正確　　　　　　　　　　　(2)高估$64,000
(3)低估$64,000　　　　　　　(4)低估$48,000

答案：(4)

補充說明：

將增加機器產能支出錯誤認列為費用，對X4年淨利影響之分析如下：

1. 當期費用高估→**造成淨利低估**$64,000。
2. 機器低估→造成 X4 年折舊費用低估$16,000(＝$64,000÷剩餘耐用年限 32 個月×8 個月)→**造成淨利高估**$16,000。

綜合以上分析，將增加機器產能支出錯誤認列為費用，**對X4年淨利之淨影響會造成淨利低估$48,000**(＝淨利低估$64,000－淨利高估$16,000)。

【97年五等地方特考試題】

1. 甲公司X1年初誤將更換汽車引擎支出$40,000列為費用處理，公司估計該汽車尚可使用5年，無殘值，採直線法計提折舊。則針對該項錯誤所造成之影響，下列敘述何者正確？
   (1)X1年資產低估，費用低估，淨利高估
   (2)X1年資產高估，費用低估，淨利高估
   (3)X2年資產低估，費用低估，淨利高估
   (4)X2年資產低估，費用高估，淨利低估

答案：(3)

> 補充說明：
> 將更換汽車引擎支出$40,000錯誤認列為費用處理，造成影響之分析如下：
> 1. 當期費用高估→造成淨利低估。
> 2. 汽車低估→造成資產低估→造成汽車耐用年限5年內之每年折舊費用均低估→X2年起每年淨利高估。

2. 有關不動產、廠房及設備的資本支出，如其支出效果在於延長使用年限，則應：
   (1)借：「資產」帳戶　　　　(2)借：「累計折舊」帳戶
   (3)借：「費用」帳戶　　　　(4)借：「遞延借項」帳戶

答案：(2)

> 補充說明：
> 資本支出若可延長資產之使用年限，一般會計慣例均以借記「累計折舊」處理，但國際財務報導準則對此會計處理並未明訂相關規定。

3. 土地的成本中，不包括：
   (1)購價　　　　　　　　　　(2)經紀人佣金
   (3)拆除原土地上的建築物支出　(4)興建下水道及人行道支出

答案：(4)

✎ 補充說明：

選項(4)非屬使土地達到能符合管理階層預期運作方式之必要狀態及地點之直接可歸屬成本，其應列為土地改良物。

【96年普考試題】

1. 某公司採曆年制，民國94年初購買一不動產、廠房及設備，該資產之估計耐用年限為5年或7,000單位。該公司之會計人員以直線法、年數合計法、二倍數餘額遞減法、生產數量法分別計算94年及95年之折舊費用，並編製下表。

	方法一	方法二	方法三	方法四
94年	$8,800	$4,200	$7,000	$4,500
95年	5,280	4,200	5,600	6,000

方法三是何種折舊方法？
(1)直線法　　　　　　　　　　(2)年數合計法
(3)二倍數餘額遞減法　　　　　(4)生產數量法

答案：(2)

✎ 補充說明：

1. 由方法三之94年及95年的折舊費用金額，可知不會是直線法。另因為資料不全，無法確定是否為生產數量法。**法方三符合年數合計法或雙倍餘額遞減法之特性，因為耐用年限初期提列折舊費用會較高並逐期下降。**

2. 檢驗是否為年數合計法如下：

   94年：(成本－估計殘值) × 5/15

   95年：(成本－估計殘值) × 4/15

   由上列算式可知94年折舊費用為95年折舊費用的1.25倍(＝分子5÷分子4)。題目列示之94年折舊費用$7,000為95年折舊費用$5,600的1.25倍，二者相符，**答案為選項(2)。**

2.下列何者為收益支出？

(1)在廠房內加裝之電梯

(2)機器設備大修，因而延長設備之耐用年限

(3)更新舊卡車之火星塞

(4)新屋建造期間的保險費

答案：(3)

📖 補充說明：

收益支出即應列為費用或損失之支出項目；選項(1)、選項(2)及選項(4)均屬資本支出。

3.某公司之「機器設備」科目於去年增加$400,000，「累計折舊─機器設備」增加$30,000。該公司於去年購入一新機器設備，成本$700,000；並曾出售一舊機器設備，出售損失為$20,000。去年之折舊費用共為$100,000。該公司去年僅此三項與機器設備相關之交易，試問，該公司自出售機器設備所得之款項為若干？

(1)$210,000　　　(2)$250,000　　　(3)$280,000　　　(4)$320,000

答案：(1)

📖 補充說明：

1.將題目告知之資料分別填入下列T字帳之適當位置，**假設「機器設備」及「累計折舊─機器設備」期初餘額為$0，則期末金額即為當年度變動金額**：

機器設備		累計折舊─機器設備	
0	出售時？①	出售時？②	0
700,000			100,000
400,000			30,000

由上列可推算出售時應除列(沖銷)「機器設備」①$300,000(＝$700,000－$400,000)、除列(沖銷)「累計折舊─機器設備」②$70,000(＝$100,000－$30,000)。將此二項金額填入下列分錄：

xxxx/xx/xx	現金	?⑤	
	累計折舊－機器設備	?④	
	處分資產損失	20,000	
	機器設備		?③

③＝①$300,000。

④＝②$70,000。

⑤＝③$300,000－④$70,000－處分資產損失$20,000＝**$210,000**。

4.【依 IAS 或 IFRS 改編」】企業接受股東捐贈建廠用地，將產生：

(1)法定資本　　　　　　　　(2)資本公積

(3)其他損益　　　　　　　　(4)保留盈餘

答案：(2)

✎補充說明：

　　接受股東捐贈建廠用地，**應以公允價值增列資產及資本公積**。

【96 年初等特考試題】

1.賒購機器 1 部，定價$250,000，按 8 折成交，付款條件 2/10，n/30，未取得現金折扣，另支付運費$250，安裝費$1,000，搬運時不慎損壞修繕費$500，若採淨額法入帳，則該機器成本為：

(1)$197,250　　　(2)$197,750　　　(3)$201,750　　　(4)$246,750

答案：(1)

✎補充說明：

　　機器設備成本＝$250,000×80%×(1－2%)＋$250＋$1,000＝**$197,250**

2.甲公司於 2005 年初以面額$400,000，不附息票據交換機器 1 部，票據 2 年到期，設備之現金價格無法明確決定，而當時市場利率 10％，則下列敘述正確者有幾項？

①機器設備之成本為$400,000　　　②交換時應貸記應付票據$400,000

③交換時應借記利息費用$72,000　　④年底應付票據之帳面金額為$363,636

(1)一項　　　(2)二項　　　(3)三項　　　(4)四項

答案：(2)

> 補充說明：
>
> 1. 機器成本 $= \$400{,}000 \times (1+10\%)^{-2} = \$330{,}580$
>
> 2. 以票據購買機器設備之分錄為：
>
> | 2005/01/01 | 機器設備 | 330,580② | |
> |---|---|---|---|
> | | 應付票據折價 | 69,420③ | |
> | | 　應付票據 | | 400,000① |
>
> ①以票據之票面金額入帳。
> ②為第 1 項計算所得之機器成本。
> ③為差額＝①－②。
>
> 3. 2005 年底應付票據之帳面金額＝2005 年初帳面金額$330,580
>   ＋2005 年之利息費用$33,058(＝$330,580×10%)＝$363,638(和④
>   之敘述尾差$2)
>
> 綜合以上說明，②及④**的敘述是正確的**。

3. 資產成本為$40,000，殘值為$4,000，估計可使用 5 年，按年數合計法計提折舊，第 3 年底之累計折舊為：

(1)$21,600　　　(2)$24,000　　　(3)$28,800　　　(4)$32,000

答案：(3)

> 補充說明：
>
> 計算如下：
>
> 1. 第 1 年折舊費用：$(40,000－4,000) × 5/15＝$12,000
> 2. 第 2 年折舊費用：$(40,000－4,000) × 4/15＝$9,600
> 3. 第 3 年折舊費用：$(40,000－4,000) × 3/15＝$7,200
> 4. 第 3 年底之累計折舊＝第 1~3 年折舊費用合計數
>   ＝$12,000＋$9,600＋$7,200＝**$28,800**

4.下列何項非為於企業財務狀況表之不動產、廠房及設備項下表達之必要條件？

(1)具有未來經濟效益

(2)剩餘耐用年限必須超過1年或1個營業週期

(3)供營業使用

(4)具有實體存在

答案：(2)

> **補充說明：**
>
> 不動產、廠房及設備至耐用年限屆滿之年度，其「剩餘耐用年限」**不會**超過1年或1個營業週期。

【96年四等地方特考試題】

1.甲公司於民國96年初購買一艘郵輪進行減損測試，該郵輪為一現金產生單位，其購買金額為$500,000,000，剩餘耐用年限為10年，並以年數合計法提列折舊。甲公司於民國100年初發現其產業環境受到不利之影響，經公司評估減損測試後，預估未來每年淨現金流入約為$100,000,000，其剩餘耐用年限縮短為2年，並決定改採直線法提列折舊，折現率為12%，折現值為$169,005,102。

試作：

(一)民國100年所作之資產價值減損損失分錄。

(二)民國100年的折舊分錄。

解題：

(一)民國100年初資產減損損失之計算及分錄：

資產減損金額計算如下：

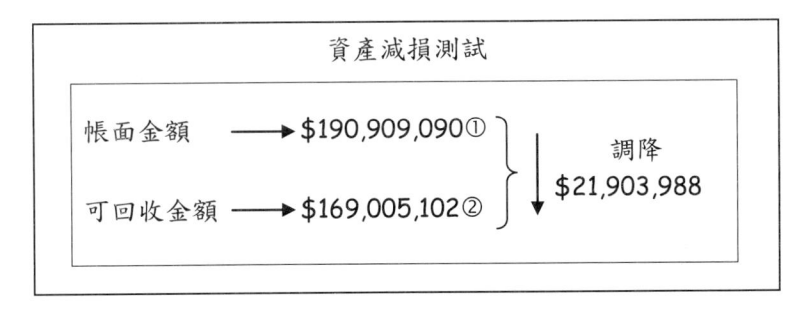

資產減損測試
帳面金額 → $190,909,090① ⎫ 調降
可回收金額 → $169,005,102② ⎭ $21,903,988

①機器帳面金額為:

❶96年1月初日至99年12月底之折舊費用:

	折舊費用
96年	$500,000,000 × 10/55＝$90,909,091
97年	$500,000,000 × 9/55＝$81,818,182
98年	$500,000,000 × 8/55＝$72,727,273
99年	$500,000,000 × 7/55＝$63,636,364
合　計	$309,090,910

❷機器帳面金額＝機器成本$500,000,000
　　　　　　　－累計折舊$309,090,910＝$190,909,090

②可回收金額即為題目告知之郵輪淨現金流入折現值,此為國際財務報導準則所稱之使用價值。

認列資產減損損失之分錄為:

100初	減損損失　　　　　21,903,988	
	累計減損－郵輪	21,903,988

(二)民國100年的提列折舊之分錄為:

100/12/31	折舊費用　　　　　84,502,551	
	累計折舊－郵輪	84,502,551①

①＝100年初認列減損損失後之郵輪帳面金額$169,005,102÷剩餘耐用年限2年。

2.下列那項支出不可列入土地成本?
(1)政府在該地區修建地下水道所強制徵收之受益費
(2)支付土地仲介業者之佣金
(3)拆除地上舊建築物之費用
(4)鋪設道路之支出

答案:(4)

✎補充說明如下:

選項(1)，因政府修建地下水道，其維護亦為政府負責，**企業除第一次被強制徵收受益費之外，不須再負擔任何費用，其認列為土地成本**；若企業除第一次被強制徵收受益費之外，其於往後年度仍須再負擔相關維護費用，**則應認列為土地改良物**。

選項(4)非屬使土地達到能符合管理階層預期運作方式之必要狀態及地點之直接可歸屬成本，其應列為土地改良物。

【96年五等地方特考試題】

1.累計減損屬於：
(1)資產科目　　　　　　　　　　(2)負債科目
(3)資產之評價科目　　　　　　　(4)費用科目

答案：(3)

☞補充說明：

累計減損應列為相關資產的抵減科目，其表達方式同累計折舊。

2.甲公司於 X1 年 4 月 1 日購入機器一部，成本$61,000，估計可用 5 年，殘值$1,000，採直線法提列折舊，於 X3 年 10 月 1 日將該機器出售，售價$28,000，但拆卸該機器支出$2,000，則出售時發生：
(1)處分損失$15,000　　　　　　　(2)處分損失$5,000
(3)處分損失$17,000　　　　　　　(4)處分利得$1,000

答案：(2)

☞補充說明：

編製出售設備分錄，即可求得答案，列示如下：

x3/10/01	折舊費用	9,000	
	累計折舊－機器		9,000①

① ＝$(61,000－1,000)÷5 年×9/12＝$9,000。

x3/10/01	現金	26,000③	
	累計折舊—機器	30,000②	
	處分資產損失	**5,000**④	
	機器		61,000①

①除列(沖銷)設備帳列金額。

②除列(沖銷)設備之累計折舊帳列金額，計算如下：

X1/4/1~ X3/10/1 之折舊費用

＝$(61,000－1,000)÷5 年×(2 年 6 個月)＝$30,000

③為出售機器淨收款金額(＝出售價款$28,000－拆卸機器支出$2,000)。

④＝①－②－③。

3.若機器設備已經完全折舊，但仍繼續使用，則下列敘述何者正確？

(1)將機器設備的成本及累計折舊自會計帳上沖銷

(2)將機器設備的成本及累計折舊留在會計帳上，但毋需再提列折舊

(3)將機器設備的成本及累計折舊留在會計帳上，且繼續提列折舊

(4)更改或調整以前年度的折舊費用

答案：(2)

> **補充說明：**
>
> 因為機器設備已經完全折舊，無法再提折舊；至機器設備處分、報廢或轉分類為待出售時才可予以除列(沖銷)。

4.下列何者應視為收益支出？

(1)修復機器，並能增加經濟效益的支出

(2)更換重要零組件，增加機器設備耐用年限的支出

(3)增添防治污水設備的支出

(4)機器經常性的維護保養的支出

答案：(4)

> **補充說明：**
>
> **收益支出**指該項支出之經濟效益僅及於當年度或未產生經濟效益。

【95 年普考試題】

1.大山公司 94 年初購入設備乙部，成本$125,000，估計可用 10 年，殘值$15,000，採年數合計法提列折舊，則 96 年度折舊費用為：

(1)$14,000　　　(2)$16,000　　　(3)$18,000　　　(4)$20,000

答案：(2)

✎ 補充說明：

　　96 年折舊費用＝($125,000－$15,000) × 8/55＝**$16,000**

【95 年初等特考試題】

1.【依 IAS 或 IFRS 改編】和平公司以一舊有設備交換類似設備。該舊有設備原始購買成本為$150,000，累計折舊為$90,000，交換當時的公允價值$75,000。和平公司並於交換類似設備時，額外付現$66,000。若此項交換不具有商業實質時，此新設備的入帳金額應為：

(1)$135,000　　　(2)$150,000　　　(3)$126,000　　　(4)$141,000

答案：(3)

✎ 補充說明：

　　因為和平公司的交換不具有商業實質，故：

　　新設備的入帳金額

　　　＝舊有設備的**帳面金額**$60,000＋付現數$66,000＝**$126,000**

　　國際財務報導準則對於資產交換之會計處理，不再以相似或非相似資產交換分別規定其會計處理，**而是以是否具有商業實質做為決定會計處理之判斷依據。**

2.民國 94 年 3 月 1 日購置設備，成本$360,000，估計耐用年限為 5 年，估計殘值為$0 (假設為曆年制公司)。則 94 年 12 月 31 日該設備帳面金額為：

(1)$300,000　　　(2)$234,000　　　(3)$324,000　　　(4)$352,000

答案：(1)

✎ 補充說明如下：

1. 94年度應提列的折舊費用＝($360,000－$0)÷5年×10/12＝$60,000

2. 94年12月31日設備帳面金額＝$360,000－$60,000＝**$300,000**

3.某零售業購買土地，供未來出售圖利，此類土地在財務狀況表上應列為：
(1)流動資產　　　　　　　　　　(2)投資
(3)財產廠房與設備　　　　　　　(4)天然資源

答案：(2)

📝 補充說明：

購買土地，供未來出售圖利，此類土地應歸類為投資，其符合國際財務報導準則規定之**投資性不動產**。

4.和平公司在民國86年1月1日以$60,000購買一部機器設備，該設備預期耐用年限為十年，無殘值，且以直線法提列折舊。民國93年底，公司決定將此設備報廢，則在會計上應做的分錄包括：
(1)借：報廢損失$12,000
(2)貸：折舊費用$6,000
(3)借：機器設備$60,000
(4)貸：累計折舊－機器設備$48,000

答案：(1)

📝 補充說明：

報廢機器設備之分錄為：

93/12/31	累計折舊－機器設備	48,000②	
	處分資產損失	12,000③	
	機器設備		60,000①

①除列(沖銷)機器設備帳列金額。
②除列(沖銷)機器設備累計折舊帳列金額(＝$60,000÷10年×8年)。
③＝①－②。

5.某公司於 95 年 4 月 1 日購買機器設備,該機器設備標價$1,000,000,購入時現金折扣為$40,000,另支付運費$20,000,安裝費$80,000,搬運不慎發生碰損而付出修理費$25,000,該機器設備耐用年限 10 年,剩餘價值$60,000,採直線法提列折舊,則該機器設備 95 年應提列之折舊費用為:
(1)$100,000　　　(2)$75,000　　　(3)$102,500　　　(4)$76,875

答案:(2)

　　📩補充說明:
　　　1.機器設備成本＝$1,000,000－$40,000＋$20,000＋$80,000
　　　　　　　　　＝$1,060,000

　　　2.機器設備 95 年應提列之折舊費用
　　　　＝$(1,060,000－60,000)÷10 年×9/12＝**$75,000**

6.下列何者最可能認列為資本支出?
(1)每年例行的機器檢修　　　　(2)修理電話機費用
(3)粉刷展覽室之支出　　　　　(4)換修工廠屋頂之支出

答案:(4)

　　📩補充說明:
　　　資本支出產生之經濟效益不僅及於當年度且及於以後年度,其應認列為資產。

7.某保險公司購入一筆土地但未規劃使用該土地,而擬長期持有以因應未來理賠需要,該土地在該保險公司之財務狀況表上應列為:
(1)存貨　　　　　　　　　　　(2)長期投資
(3)不動產、廠房及設備　　　　(4)其他資產

答案:(2)

　　📩補充說明:
　　　過去之會計處理均將此類土地列為長期投資。但若依國際財務報導準則之定義,其似符合「供管理目的而持有」的土地,若此,則應列為不動產、廠房及設備。

【95年四等地方特考試題】

1. 期末賒購設備，若將分錄借方記為修理費用，則其影響為何？
(1)淨利高估
(2)費用高估
(3)負債低估
(4)資產高估

答案：(2)

✎補充說明：

將購買設備列為修理費用，造成影響之分析：
1. 修理費用高估→**造成費用高估**→**造成淨利低估**。
2. 設備低估→**造成資產低估**。

2. 某企業為設置停車場，發生鋪設成本$40,000及照明設備成本$15,000，則該企業應：
(1)借記土地$40,000
(2)借記土地改良物$15,000
(3)借記土地$55,000
(4)借記土地改良物$55,000

答案：(4)

✎補充說明：

停車場之成本應列為土地改良物，**因為停車場的耐用年限是有限的**，不可以列為土地。

【95年五等地方特考試題】

1. 不須提列折舊之不動產、廠房及設備為：
(1)建築物
(2)機器設備
(3)土地
(4)租賃資產

答案：(3)

✎補充說明：

因為**土地的耐用年限為非確定耐用年限**(為國際財務報導準則之用詞)，故不須提列折舊。

2.甲公司於 2005 年 12 月 31 日按 26,000 元出售成本 70,000 元之機器設備，提列 2005 年折舊 3,000 元之後，當日之累計折舊餘額為 42,000 元。甲公司出售該機器時應認列：

(1)處分損失 $ 5,000　　　　　　　　(2)處分損失 $ 2,000
(3)處分利得 $ 2,000　　　　　　　　(4)處分利得 $ 5,000

答案：(2)

　　✎補充說明：

　　　　出售機器設備之分錄為：

2005/12/31	現金	26,000③
	累計折舊－機器設備	42,000②
	處分資產損失	**2,000④**
	機器設備	70,000①

　　　　①除列(沖銷)機器設備帳列金額。
　　　　②除列(沖銷)機器設備之累計折舊帳列金額。
　　　　③為機器設備的出售價款。
　　　　④＝①－②－③。

2.會計上提列折舊之目的在於：
(1)對資產進行評價
(2)累積資金以備重置新資產
(3)增加各期費用，以節省所得稅支付
(4)將資產成本作一合理分攤

答案：(4)

　　✎補充說明：

　　　　提列折舊是將資產成本分攤於資產產生經濟效益期間，以達成本收入配合原則。

3.企業為增進工作效率,將原有機器設備等重新加以改裝整修,其所耗費之支出應列為:
(1)機器設備成本之增加　　　　(2)折舊費用
(3)營業損失　　　　　　　　　(4)累計折舊之減項

答案:(1)

✎補充說明:

　　因為該支出可增進工作效率,故應增列資產帳列金額。

4.某機器成本$60,000,耐用年限 4 年,殘值$5,000,估計該機器在使用年限內可生產 50,000 單位的產品。第一年實際生產 15,000 單位,第二年生產 13,000 單位,第三年生產 12,000 單位,第四年生產 10,000 單位,若按生產數量法攤提折舊費用,則第三年底之累計折舊應為:
(1)$60,000　　　(2) $55,000　　　(3) $48,000　　　(4) $44,000

答案:(4)

✎補充說明:

　　計算如下:

　　　　1.每單位應提列折舊費用之金額
　　　　　＝($60,000－$5,000)÷50,000 單位＝$1.1(每單位)
　　　　2.第 1 年折舊費用＝$1.1 × 15,000 單位＝$16,500
　　　　3.第 2 年折舊費用＝$1.1 × 13,000 單位＝$14,300
　　　　4.第 3 年折舊費用＝$1.1 × 12,000 單位＝$13,200
　　　　5.第 3 年底之累計折舊＝第 1~3 年折舊費用合計數
　　　　　＝$16,500＋$14,300＋$13,200＝**$44,000**

5.當資本支出被誤記為收益支出時,對當年財務報表的影響為:
(1)低估淨利、低估資產　　　　(2)低估淨利、高估資產
(3)高估淨利、低估資產　　　　(4)高估淨利、高估資產

答案:(1)

✎補充說明如下:

將資本支出錯誤列為收益支出，造成影響之分析如下：

1. 收益支出高估→造成費用高估→造成淨利低估。
2. 資本支出低估→造成資產低估。

6. 甲公司於 2004 年 3 月 19 日購入機器一部，成本$305,000，估計可使用 5 年，殘值$5,000，採用直線法提列折舊，公司之折舊政策為使用未滿一個月者，該月不提折舊，則 2006 年底該公司機器之帳面金額為：
(1) $120,000　　(2) $125,000　　(3) $135,000　　(4) $140,000

答案：(4)

☞ 補充說明：

計算如下：

1. 採用直線法提列折舊之每年折舊費用
 ＝$(305,000－5,000)÷5 年＝$60,000
2. 2004 年折舊費用＝$60,000×9/12＝$45,000
3. 2005 年折舊費用＝$60,000
4. 2006 年折舊費用＝$60,000
5. 2006 年底之累計折舊＝2004 年~2006 年折舊費用合計數
 ＝$45,000＋$60,000＋$60,000＝$165,000
6. 2006 年底之帳面金額＝$305,000－$165,000＝**$140,000**

第七章　遞耗資產、農業、投資性不動產

重點提示：

- 本章主題
    1. 遞耗資產。
    2. 折耗之提列。
    3. 折耗之估計變動。
    4. 農業。
    5. 投資性不動產。

- 遞耗資產包括天然資源，如煤礦、林礦及油礦等。

- 折耗之提列

    遞耗資產之成本分攤稱為折耗，一般採生產數量法提列折耗。估計生產數量變動時，應以會計估計變動處理之。

- 農業

    所謂農業活動之會計處理，係指**生物資產及收成點之農產品**的會計處理。相關的除非公允價值無法可靠衡量，生物資產或農產品於原始認列及續後衡量規定為：

    1. **生物資產應於原始認列時及各報導期間結束日以公允價值減出售成本衡量**。若於原始認列時，其支付的價款和當日之公允價值減出售成本不相等時，**其差額應認列為損益項目**。

    2. 自企業生物資產 收成 之農產品，**應以收成時點之公允價值減出售成本衡量**；收成時點 後 即應適用國際會計準則第 2 號「存貨」或其他適用之會計準則。

● 投資性不動產

  國際會計準則第 40 號「投資性不動產」定義投資性不動產為：

  「**投資性不動產係指為賺取租金或資本增值或兩者兼具，而由所有者或融資租賃之承租人所持有之不動產**」。

  國際會計準則第 40 號「投資性不動產」，允許企業對於投資性不動產於原始衡量後，可以自由選擇成本模式及公允價值模式二種會計處理；**企業選擇以公允價值衡量時，公允價值之變動應認列為損益項目。**

【101 年普考試題】

1. 甲牧場 X1/1/1 以$100,000 購入乳牛一隻以生產牛乳。X1 年間飼養該乳牛之成本包含飼料$20,000，專屬飼養人員薪資$200,000。若該乳牛 X1/12/31 之公允價值為$98,000，出售成本為$3,000，則甲公司 X1 年底資產負債表中該乳牛之列示金額為：

(1)$95,000　　　　(2)$98,000　　　　(3)$120,000　　　　(4)$320,000

答案：(1)

> **補充說明：**
> 乳牛為生物資產，其於原始認列及報導期間結束日均須以公允價值減出售成本衡量，**故甲公司 X1 年底資產負債表**（我國仍稱為「資產負債表」，國際財務報導準則稱為「財務狀況表」）**中乳牛之列示金額即為「公允價值減出售成本」之金額**$95,000（＝$98,000－$3,000）。

2. 甲公司 X1/1/1 以$1,100,000 購入建築物一筆以出租收取租金，符合認列為投資性不動產。該建築物耐用年限為 20 年，殘值$100,000，直線法提列折舊，採公允價值模式衡量。若該建築物 X1 年共得租金收入$60,000，且 X1 年底之公允價值為$1,080,000，則該建築物對甲公司 X1 年淨利之影響數為（不考慮所得稅）：

(1)減少$10,000　　　　　　　　(2)增加$10,000

(3)增加$40,000　　　　　　　　(4)增加$60,000

答案：(3)

> **補充說明：**
> 建築物對甲公司 X1 年淨利之影響數
> ＝公允價值變動金額＋租金收入
> ＝租金收入$60,000－($1,100,000－$1,080,000)
> ＝租金收入$60,000－公允價值變動金額造成之損失$20,000
> ＝**淨利增加金額$40,000**

【100 年普考試題】

1.甲公司於 X1 年 7 月 1 日以$900,000 購入一座估計蘊藏量 750,000 噸的煤礦，煤礦開採完後需以$30,000 將環境復原。X1 年甲公司開採 50,000 噸，出售 40,000 噸，則 X1 年銷貨成本中折耗額是多少？

(1)$46,400　　　　(2)$49,600　　　　(3)$58,000　　　　(4)$62,000

答案：(2)

📖補充說明：

每噸折耗金額

＝(煤礦成本$900,000＋復原成本$30,000)÷750,000 噸＝$1.24

銷貨成本中折耗額＝每噸折耗金額$1.24×出售噸數 40,000 噸

＝**$49,600**

【100 年初等特考試題】

1.乙公司於 X6 年 1 月 1 日取得鐵礦，成本為$20,000,000，原估計蘊藏量為 10,000,000 噸，開採完畢後估計殘值為$2,000,000，X6 年至 X9 年間共計開採 6,000,000 噸。乙公司於 X10 年 1 月 1 日探勘後發現蘊藏量僅餘 2,000,000 噸，新估計殘值亦變為$1,000,000，則 X10 年底之每噸折耗率為：

(1)$1.58　　　　(2)$2.38　　　　(3)$3.60　　　　(4)$4.10

答案：(4)

📖補充說明：

X10 年之以前年度已提列折耗金額：

$(20,000,000－2,000,000)÷10,000,000 噸×已開採 6,000,000 噸

＝$10,800,000

X10 年及以後年度之**每噸折耗率**：

$(20,000,000－10,800,000－1,000,000)÷2,000,000 噸

＝**$4.1**

【99 年普考試題】

1.乙公司 X2 年 7 月 1 日購買一座煤礦,成本為$24,000,000,估計蘊藏量為 1,000,000 噸,開採完畢後土地可售得$1,800,000,當年度開採並銷售 150,000 噸的煤,試問當年度的折耗費用為多少?

(1)$1,665,000　　　(2)$1,800,000　　　(3)$3,330,000　　　(4)$3,600,000

答案:(3)

補充說明:

$(24,000,000－1,800,000)÷1,000,000 噸×150,000 噸＝**$3,330,000**

【98 年初等特考試題】

1.甲公司以$1,300,000 購買礦山一座,另支付開發成本$400,000,估計總蘊藏量為 1,000,000 噸,預計開採完畢後土地殘值$200,000。若第一年生產 200,000 噸,除折耗外,另支付人工成本 $350,000 及其他開採費用$150,000。該年出售 100,000 噸,每噸售價$8,則第一年認列的銷貨成本為:

(1)$150,000　　　(2)$300,000　　　(3)$400,000　　　(4)$800,000

答案:(3)

補充說明:

1.第一年折耗金額
 ＝$(1,300,000＋400,000－200,000)÷1,000,000 噸×200,000 噸
 ＝$300,000

2.生產成本:

1.折耗費用	$300,000
2.人工成本	350,000
3.其他開採費用	150,000
合　　計	$800,000

3.第一年認列的銷貨成本
 ＝生產成本$800,000÷生產量 200,000 噸×出售量 100,000 噸
 ＝**$400,000**

第八章　無形資產

重點提示：

- 可辨認無形資產之定義
  1. **具可辨認性**。
  2. 對資源具有可控制性。
  3. 具有未來經濟效益。

- **商譽為不可辨認的無形資產，因其無法與企業分割而單獨出售。**

- 無形資產之認列條件

  企業認列無形資產，除該資產**須符合無形資產之定義外**，尚須符合下列二項認列條件：
  1. 可歸屬於該資產之**預期未來經濟效益很有可能流入企業**。
  2. 資產之**成本能可靠衡量**。

- 內部產生無形資產成本之認列

  所謂內部產生的無形資產，係指企業**自行研究發展**而產生的無形資產；企業內部產生之無形資產應依下列規定認列及衡量：
  1. 應將無形資產之產生過程，**分為研究階段及發展階段；若無法區分，則全部視為發生於「研究階段」**。
  2. **於研究階段之支出**，應於發生時認列為費用。
  3. **於發展階段之支出**，若企業能證明下列各項時，才可以開始將相關支出認列為無形資產：
     (1) 完成之無形資產**已達技術可行性**，將可使該資產可供使用或出售。
     (2) **意圖**完成該無形資產，並加以使用或出售。
     (3) **有能力**使用或出售該無形資產。

(4)無形資產將如何產生**很有可能**的未來經濟效益。企業必須能證明無形資產之產出、或無形資產本身已存在市場,若無形資產係供內部使用,企業必須證明該資產是具有用性。

(5)**具充足之技術、財務及其他資源以完成此項發展**,並使用或出售該無形資產。

(6)歸屬於該無形資產發展階段之**支出**,能夠可靠衡量。

● 以購買方式取得無形資產成本之認列

以購買方式取得無形資產,**無形資產的成本僅能累計至已達到管理階層所預期方式運作之必要狀態(可供使用狀態)**前。

● 無形資產耐用年限的種類

無形資產的耐用年限可分為二種,一為**有限耐用年限**,一為**非確定耐用年限**。所謂「非確定耐用年限」,係指企業預期該等資產為企業產生淨現金流入之期間未存在可預見之限制。

● 無形資產之攤銷

有限年限無形資產應採用有系統之方法攤銷無形資產的成本;**其殘值應假定為「零」**,除非符合持定條件才會有殘值。

非確定耐用年限之無形資產,因為無法預見其終止期限而無法決定其攤銷年限,**故不得攤銷**。

● 無形資產之減損

無形資產減損之計算及會計處理同不動產、廠房及設備,相關說明請參閱本書第六章「不動產、廠房及設備」之重點提示。

【101年普考試題】

1. 甲公司X1年初以$4,500,000併購乙公司之全部淨資產。乙公司可辨認資產帳面金額為$6,850,000，公允價值為$7,300,000，另外發現帳上漏列專利權成本$150,000，其公允價值為$250,000；負債帳面金額與公允價值相等為$4,050,000。試問甲公司併購乙公司之商譽價值為多少？

(1)$1,000,000　　(2)$1,450,000　　(3)$1,500,000　　(4)$1,550,000

答案：(1)

> 補充說明：
>
> 商譽＝併購價款－乙公司可辨認淨資產公允價值
> 　　　＝$4,500,000－($7,300,000＋$250,000－$4,050,000)
> 　　　＝**$1,000,000**

2. 下列為公司內部產生之無形項目，何者符合無形資產之定義及認列條件？
(1)產品材料及生產流程改良之研究支出
(2)開設新據點或業務之開辦活動支出
(3)員工訓練活動支出
(4)企業合併時取得之品牌

答案：(4)

> 補充說明：
>
> 選項(1)、選項(2)及選項(3)均應發生當年度認列為費用。

【100年五等地方特考試題】

1. 下列何項屬於無形資產之成本？
(1)推出新產品之廣告成本　　(2)新營業處所之員工訓練成本
(3)管理成本　　　　　　　　(4)相關稅捐

答案：(4)

> 補充說明：
>
> 四個選項中，較適當的答案為選項(4)，**但該相關稅捐須為取得無形資產之直接可歸屬且為必要支出。**

【99年四等地方特考試題】

1.甲公司以 $50,000,000 買入乙公司。當時乙公司淨資產之帳面金額為 $30,000,000；可辨認淨資產之公允價值為$35,000,000。甲公司於此項交易中將認列之商譽金額為何？

(1)$0　　　(2)$5,000,000　　　(3)$15,000,000　　　(4)$20,000,000

答案：(3)

> 補充說明：
>
> 商譽＝$50,000,000－$35,000,000＝**$15,000,000**

【98年初等特考試題】

1.下列那一項支出可列企業之無形資產？
(1)內部自行發展之商譽
(2)自外部購買之產品配方
(3)在創業時所發生之開辦費
(4)供出售之電腦軟體在建立技術可行性前所發生之成本

答案：(2)

> 補充說明：
>
> 選項(1)、選項(3)及選項(4)均應認列為費用；其中選項(4)為自行研究發展軟體，其可認列為無形資產之條件請參閱本章之重點提示說明。

【98年四等地方特考試題】

1.下列何者不是「無形資產」的特性？
(1)能提供未來經濟效益　　　　(2)供營業使用
(3)不具有排他專用權　　　　　(4)無實體存在

答案：(3)

> 補充說明：
>
> 選項(3)「不具有排他專用權」表示除企業本身之外，其他企業或個人也可使用，其不可認列為資產。

2.【依 IAS 或 IFRS 改編】下列何者非屬財務狀況表上之無形資產？
(1)專利權　　　　　　　　　(2)研究支出
(3)商譽　　　　　　　　　　(4)特許權
答案：(2)

　　✎補充說明：
　　　研究支出應於發生時列為費用。

【98 年五等地方特考試題】

1.下列何項資產不屬於可明確辨認之無形資產？
(1)特許權　　　　　　　　　(2)著作權
(3)商譽　　　　　　　　　　(4)專利權
答案：(3)

　　✎補充說明：
　　　商譽為不可辨認之無形資產。

【97 年初等特考試題】

1.甲公司於 X1 年 7 月 1 日以$720,000 購入一組客戶名單，預期該名單資訊所產生的效益至少 1 年但不超過 3 年，該客戶名單將依管理當局對耐用年限的最佳估計，以 20 個月攤銷，則 X1 年應提列的攤銷費用為：
(1)$216,000　　(2)$252,000　　(3)$150,000　　(4)$120,000
答案：(1)

　　✎補充說明：
　　　X1 年應提列的攤銷費用
　　　　＝$720,000÷20 個月×6 個月＝**$216,000**

2.有關無形資產的殘值,下列敘述何者錯誤?

(1)企業應至少於會計年度終了時評估無形資產的殘值

(2)無形資產殘值的變動應視為會計估計變動

(3)無形資產的殘值增加而大於或等於其帳面金額時,該無形資產仍應繼續攤銷

(4)有限耐用年限無形資產的殘值通常為零

答案:(3)

> 補充說明:

選項(1)、選項(2)及選項(4)均為國際財務報導準則之規定。選項(3)的正確敘述應為:**無形資產的殘值增加而大於或等於其帳面金額時,該無形資產當年度不須攤銷**,直至該無形資產的殘值後續減少至低於其帳面金額時,才須依規定繼續攤銷。

【97年五等地方特考試題】

1.甲公司於X1年8月1日開始致力於發展一項新的生產技術。X1年8月1日至X1年10月31日為研究階段,共支出$750,000。X1年11月1日甲公司能證明該技術符合認列無形資產的全部條件,X1年11月1日至X1年12月31日共支出$150,000,X1年12月31日該生產技術的可回收金額為$120,000,則下列相關會計處理,何者正確?

(1)借:發展費用$900,000

(2)借:發展中之無形資產$900,000

(3)借:遞延借項$120,000

(4)借:減損損失$30,000

答案:(4)

> 補充說明:

本題相關支出之會計處理說明如下:

1.X1年8月1日至X1年10月31日為**研究階段**,其支出$750,000 **應認列為費用**。

2. X1 年 11 月 1 日至 X1 年 12 月 31 日支出$150,000 **應認列為「發展中之無形資產」，其屬無形資產。**

3. X1 年 12 月 31 日「發展中之無形資產」**應認列減損失**$30,000(＝帳面金額$150,000－可回收金額$120,000)。

【96 年普考試題】

1.設立公司時支出之開辦費用係屬於財務報表中之那一類？
(1)費用 　　　　　　　　　　(2)流動資產
(3)收入 　　　　　　　　　　(4)無形資產

答案：(1)

【96 年五等地方特考試題】

1.甲公司在 X1 年初成立，在開始營運前共支付下列項目：協助公司成立的律師公費$60,000，針對租賃辦公室所作的改良$100,000，股票印製及承銷費用$10,000，為籌組公司而召開會議的相關支出$20,000。則甲公司 X1 年應認列的開辦費為：
(1)$90,000　　(2)$160,000　　(3)$170,000　　(4)$190,000

答案：(1)

✍補充說明：

開辦費＝$60,000＋$10,000＋$20,000＝$90,000，國際財務報準則並未說明開辦費之項目及會計處理。**租賃辦公室所作的改良$100,000 應列為租賃改良物。**

【95 年普考試題】

1.企業財務狀況表上顯示資產總額$86,400 及負債總額$14,400，其中資產之總市價為$90,000，而負債可以以其帳面金額清償。若此時乙企業以支付現金$83,520 之方式取得甲企業，則乙企業所須記下之商譽金額應為：
(1)$2,880　　(2)$7,920　　(3)$10,800　　(4)$11,520

答案：(2)

 📖補充說明：

  商譽＝$83,520－($90,000－$14,400)＝**$7,920**

【95年五等地方特考試題】

1. 2005年10月1日購入一項專利權，成本$600,000，該專利法定年限15年，購入時法定年限到期日尚有12年，惟預計8年後即有新產品發明而完全取代利用本專利生產之產品，則2006年專利權之攤銷費用若干？
(1)$40,000 (2)$50,000 (3)$75,000 (4)$30,000

答案：(3)

 📖補充說明：

  2006年專利權之攤銷費用＝$600,000÷8年＝**$75,000**

  📖本題並非計算 2005年 而是 2006年 專利權之攤銷費用，**故不須再乘以期間**。

第九章　流動負債、負債準備、或有負債及資產

重點提示：

● 本章主題

　1. 流動負債。

　2. 負債準備。

　3. 或有負債。

　4. 或有資產。

● **負債**之定義

負債係指個體因**過去事項**所產生之**現時義務**，該義務之清償預期**將導致具經濟效益之資源自該個體流出**。

● **流動負債**之定義

國際財務報導準則規定，**有下列情況之一者**，企業應將負債分類為流動負債：

1. 企業預期於其**正常營業週期中清償**之負債。

2. 企業**主要為交易目的而持有**之負債。

3. 企業**預期於報導期間後十二個月內到期清償**之負債。

4. 企業**未具無條件將清償期限遞延至報導期間後至少十二個月之權利**之負債。

● **負債準備**之定義及認列條件

負債準備係指不確定時點或金額之負債。負債準備於下列情況下應予認列：

1. 企業因**過去事件**而負有**現時義務**(法定義務或推定義務)。

2. **很有可能需要流出具經濟效益之資源**以清償該義務。

3. **該義務之金額能可靠估計**。

若前述各條件未能符合，企業不得認列負債準備。

● 負債準備認列金額之估計

認列負債準備之金額**應為報導期間結束日清償現時義務所需支出之最佳估計**。

認列負債準備金額所存在之不確定性，可依不同情況而採取不同的估計方式，例如：

1. 若衡量負債準備涉及之項目，**其結果發生之機率各有不同時，應以其各種可能結果按相關發生機率予以加權計算應認列負債之金額**，此種計算所得之金額稱為**「期望值」**。以實例說明如下：

   【實例：

   台北公司銷售附有保固條款之商品，客戶購買後六個月內出現之任何製造瑕疵之修理成本由企業負擔。台北公司估計若全部出售商品均發現輕微瑕疵，將花費$200,000 維修成本；若全部出售商品均發現重大瑕疵，則將花費$800,000 維修成本。台北公司根據過去的經驗及對未來的預期，預估已出售商品在下一年度中，有80% 之出售商品不會發生瑕疵，有18% 之出售商品會發生輕微瑕疵，有2% 之出售商品會發生重大瑕疵。

   試作：

   　　計算出售商品當年度產品保固費用及負債準備認列之金額。

   解題：

   出售商品當年度產品保固費用及負債準備認列之金額
   ＝$0×80%＋$200,000×18%＋$800,000×2%
   ＝**$52,000**】

2. 若可能結果為連續區間，且該區間內之每一點(金額)與其他各點(金額)之可能性均相同，則應採用該區間之中間點(即中間數)為出售商品當年度產品保固費用及負債準備認列之金額。

- **或有負債之定義及會計處理**

    國際財務報導準則對於或有負債之定義為：

    1. 因**過去事件**所產生之**可能義務**，其**存在與否**僅能由一個或多個**未能完全由企業所控制之不確定未來事件之發生或不發生加以證實**。

    2. 因過去事件所產生之現時義務，但因下列原因之一而未予以認列：
        (1) **並非很有可能**需要流出具經濟效益之資源以清償該義務。
        (2) 該義務之金額**無法充分可靠地衡量**。

    國際財務報導準則規定企業**不得認列或有負債**；企業應揭露或有負債，除非具經濟效益資源流出之可能性甚低。此表示，原則上企業應揭露或有負債，**但若該或有負債使具經濟效益資源流出之可能性甚低時，則可不揭露**。

- **或有資產之定義及會計處理**

    或有資產係指因**過去事件**所產生之**可能資產**，其**存在與否**僅能由一個或多個**未能完全由企業所控制之不確定未來事件之發生或不發生加以證實**。或有資產即為過去所稱之或有利得項目。

    企業不得認列或有資產；當經濟效益之流入很有可能時，則應依規定揭露或有資產。

【101年普考試題】

1.成立於 X1/1/1 之甲公司 X1 年底相關資料如下：①有 300 個產品保固合約流通在外，每個合約成本為$1,000，估計有 70%會請求保固，30%不會請求保固。②有一尚未宣判之訴訟案，該公司律師認為勝訴機率為 80%而無須賠償，敗訴機率為 20%須賠償$600,000。③根據 X1/10/31 公布之法令，該公司若欲繼續營運，需於 X2/10/31 前安裝一成本估計約$100,000 之環保設備，該公司 X1 年底尚未安裝。就上述資料，甲公司 X1 年底資產負債表中應列示之相關負債準備金額總計為：

(1)$210,000　　　(2)$310,000　　　(3)$400,000　　　(4)$430,000

答案：(1)

補充說明：

1. 甲公司 X1 年底資產負債表(國際財務報導準則稱為「財務狀況表」)中應列示之相關負債準備金額
   ＝$1,000×300 個產品保固合約×70%＝$210,000

2. 第②項所述尚未宣判之訴訟案，**其並未說明其發生賠償的可能性為「很有可能」**，並不符合負債準備之認列條件。

3. 第③項所述安裝環保設備之法令規定，**其並非因過去事件而負有現時義務**，故不符合負債準備認列條件。

【101年初等特考試題】

1. X1 年 9 月 1 日向銀行借款，年息 3.5%，半年付息 1 次；該年底調整應付未付之利息為$42,000，問該借款本金為多少(1 年以 12 月計)？

(1)$3,500,000　　　(2)$3,600,000　　　(3)$3,900,000　　　(4)$4,000,000

答案：(2)

補充說明：

借款本金？ × 3.5% × 4/12 ＝ $42,000

借款本金？ ＝ **$3,600,000**

【100年初等特考試題】

1. X9 年 1 月 1 日甲公司出租一棟大樓給乙公司，租期為 10 年，每年之租金為$150,000，期初付款。乙公司在租期開始時先支付 2 年之租金與保證金$300,000。租期屆滿時此保證金並不退還給乙公司，但可抵最後2年之租金。試問甲公司於 X9 年 12 月 31 日之財務狀況表上應如何表達乙公司支付之$600,000？

(1)流動負債：$0；非流動負債：$600,000
(2)流動負債：$150,000；非流動負債：$300,000
(3)流動負債：$300,000；非流動負債：$300,000
(4)流動負債：$300,000；非流動負債：$150,000

答案：(2)

☞ 補充說明：

甲公司於 X9 年 1 月 1 日共支付現金$600,000(＝2 年租金$300,000＋保證金$300,000)，各項金額於 X9 年 12 月 31 日於財務報表之表達為：

項　　目	說　　明
2 年之租金$300,000	1. 其中$150,000 為 X9 年的租金，應於 X9 年認列為**租金費用**。 2. 其中$150,000 為 X10 年的租金，應於 X9 年 12 月 31 日認列為**預付租金**，應分類為**流動資產**。
保證金$300,000	其為第 9 年及第 10 年的租金，應於 X9 年 12 月 31 日認列為**預付租金**，應分類為**非流動資產**。
彙總結果	1. 損益表→租金費用$150,000 2. 財務狀況表→**預付租金**(流動資產部分)$150,000、**預付租金**(非流動資產部分)$300,000。

2.丙公司於 X8 年度及 X9 年度分別出售電視機 1,000 台及 2,000 台,每台售價為$30,000,均附有一年的售後保固。依據該公司經驗,很有可能會有 5% 的電視機在 1 年內會發生損壞。X8 年度及 X9 年度每台電視機的平均修理費均為$1,500,X8 年中並未進行任何售後服務,X9 年度實際發生的售後維修費用為$70,000,則 X9 年底估計產品保固負債準備之餘額為:
(1)$145,000　　　(2)$155,000　　　(3)$225,000　　　(4)$295,000

答案:(2)

✎補充說明:

$1,500×(1,000 台＋2,000 台)×5%－$70,000＝**$155,000**

【100 年四等地方特考試題】

1.甲公司於 X9 年開始銷售一種附三年期保固之新型機器,依同業之經驗,每售出 1 部機器應估列$3,000 之產品保固成本。X9 年度共出售 20 部機器,售價為$7,500,另實際支付產品保固成本$54,000。則甲公司 X9 年 12 月 31 日估計保固負債準備餘額為:
(1)$0　　　(2)$6,000　　　(3)$60,000　　　(4)$90,000

答案:(2)

✎補充說明:

$3,000×20 部－$54,000＝**$6,000**

【100 年五等地方特考試題】

1.丙公司 X3 年銷售 80 部影印機,每部單價為$100,000,保固免費維修期間二年,依據過去經驗,保固維修支出平均每部為$2,000。X3 年實際發生之免費維修支出為$37,000,試問 X3 年應認列的保固費用為多少?
(1)$37,000　　　(2)$80,000　　　(3)$123,000　　　(4)$160,000

答案:(4)

✎補充說明:

$2,000×80 部＝**$160,000**

【99年初等特考試題】

1.甲公司於 X1 年度及 X2 年度分別銷售 100 及 120 部汽車,保固期間為兩年,依據以往經驗,每部汽車的保固維修支出平均為$6,000。X1 年底及 X2 年底保固負債準備分別為$400,000 及$500,000,則 X2 年度的產品保固維修支出為:

(1)$220,000　　　(2)$420,000　　　(3)$500,000　　　(4)$620,000

答案:(4)

補充說明:

以 T 字帳分析保固負債準備會計科目金額之變動,即可求得答案,分析如下:

保固負債準備

X2 年度產品保固維修支出?	X1 年底餘額 $400,000
	X2 年度認列金額 $6,000×120 部＝$720,000
	X2 年底餘額 $500,000

$400,000＋$720,000－X2 年度產品保固維修支出?＝$500,000

X2 年度產品保固維修支出＝**$620,000**

【99年四等地方特考試題】

1.甲公司每部電腦銷售價格為$20,800,每部電腦有 2 年保固,以供消費者替換不良零件。其估計所有銷售之電腦中的 6% 將被退回要求維修,平均每台維修費用為$180。在 11 月時,該公司銷售 8,000 部電腦,當月份有顧客在保固服務期間送來維修,總維修成本為$55,000。其於 11 月 1 日時所估計之保固負債準備為$2,900,則該公司於 11 月 30 日的估計保固負債餘額為:

(1)$86,400　　　(2)$34,300　　　(3)$55,000　　　(4)$89,300

答案:(2)

補充說明如下:

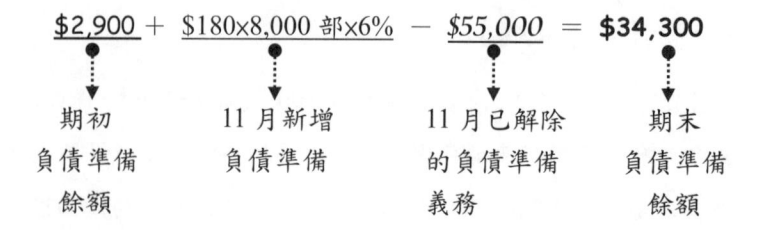

$$\underbrace{\$2,900}_{\substack{\text{期初}\\\text{負債準備}\\\text{餘額}}} + \underbrace{\$180\times8,000\text{部}\times6\%}_{\substack{11\text{月新增}\\\text{負債準備}}} - \underbrace{\$55,000}_{\substack{11\text{月已解除}\\\text{的負債準備}\\\text{義務}}} = \underbrace{\$34,300}_{\substack{\text{期末}\\\text{負債準備}\\\text{餘額}}}$$

【99年五等地方特考試題】

1. 甲公司係於每月5日支付上月薪資，X3年12月份之薪資總額為$1,080,000，並代扣所得稅$80,000，試問該交易屬流動負債之數額為多少？
(1)$0　　　(2)$80,000　　　(3)$1,000,000　　　(4)$1,080,000

答案：(4)

> ✎ 補充說明：
>
> X3年12月31日認列薪資費用時之分錄為：
>
> | x3/12/31 | 薪資費用 | 1,080,000 | |
> |---|---|---|---|
> | | 　應付薪資 | | 1,000,000 |
> | | 　代扣所得稅 | | 80,000 |
>
> 由上列分錄可知，**流動負債之金額為$1,080,000**（＝應付薪資$1,000,000＋代扣所得稅$80,000）。

2. 丙公司X2年銷售120部影印機，每部單價為$80,000，保固免費維修期間2年，依據過去經驗，每部之保固維修支出平均為$3,000。X2年實際發生之免費維修支出為$82,000，試問X2年底估計保固負債準備為多少？
(1)$82,000　　　(2)$180,000　　　(3)$278,000　　　(4)$360,000

答案：(3)

> ✎ 補充說明：
>
> $3,000×120部－$82,000＝**$278,000**

3.甲公司開立一張面額$30,000、市場與票面利率均為 8%、60 天期應付票據支付供應商之欠款，則其分錄為：

(1)借：應付帳款$30,400，貸：應付票據$30,400
(2)借：應付帳款$29,600，貸：應付票據$29,600
(3)借：應付帳款$30,000，貸：應付票據$30,000
(4)借：現金$30,000，貸：應付票據$30,000

答案：(3)

☞補充說明：

因為市場利率與票面利率相同，故票據的入帳金額即為票據的面額(票面金額)$30,000；若市場利率與票面利率不相同，則須計算票據的現值以為入帳金額。另甲公司開立應付票據係支付供應商之欠款，故應借記「應付帳款」。

【98 年普考試題】

1.將銷售商品的售後保固費用在商品銷售年度估計並入帳是符合下列那個原則：

(1)客觀原則　　　　　　　　(2)成本原則
(3)保守原則　　　　　　　　(4)配合原則

答案：(4)

☞補充說明：

售後保固費用是與銷貨收入配合，以允當地表達該期間之損益金額。

【98 年初等特考試題】

1.向銀行借款將使：

(1)資產增加，負債減少　　　(2)資產增加，負債增加
(3)資產減少，負債減少　　　(4)資產增加，權益增加

答案：(2)

☞補充說明如下：

向銀行借款之分錄為：

xxxx/xx/xx	現金　　　　　　　　　xx,xxx
	銀行借款　　　　　　　　　　xx,xxx

由上列分錄可知向銀行借款會造成**資產增加**及**負債增加**。

2.產品保固負債準備在財務報表上之揭露方式應為：
(1)以附註說明即可
(2)列在保留盈餘項下
(3)不須在財務報表上揭露，俟金額確定再揭露
(4)列入財務狀況表之負債項下

答案：(4)

　　✎補充說明：

　　　　負債準備應以最佳估計方式估列其金額。

3.以下有關預收租金的敘述，何者正確？
(1)為租金收入的抵銷科目　　　　(2)為一項收入科目
(3)為一項負債　　　　　　　　　(4)當預收到租金時借記該科目

答案：(3)

　　✎補充說明：

　　　　預收租金表示已收租金但仍未完成義務(如資產尚未供他人使用)，應歸為負債。

【98年五等地方特考試題】

1.甲公司於X1年度銷售100部音響，保固期間為兩年，依據以往經驗，每台音響的保固維修支出平均為$1,000。X1年底估計保固負債準備為$70,000，則X1年度的實際產品維修支出為：

(1)$0　　　　(2)$30,000　　　　(3)$70,000　　　　(4)$100,000

答案：(2)

　　✎補充說明如下：

$1,000×100$ 部－實際產品維修支出$?＝保固負債準備$70,000

實際產品維修支出＝**$30,000**

2.「本公司產品之註冊商標遭某公司仿冒，經向法院提起訴訟，請求賠償金損失$10,000,000，雖然目前一審仍在審理中，但據本公司法律顧問表示勝訴可能性較大」。上述財務報表中之附註揭露，最有可能描述：

(1)很有可能發生之報導期間後事項

(2)有可能發生之報導期間後事項

(3)有可能發生之或有負債

(4)有可能發生之或有資產

答案：(4)

> 補充說明：
>
> 題目之敘述屬或有資產之議題，**企業不得認列或有資產；當經濟效益之流入很有可能時，則應依規定揭露或有資產。**

【97年初等特考試題】

1.甲公司在X1年開始營運，並對其賣出產品提供一年的售後服務保固。該公司估計X1年賣出的200,000個產品中，會被送回修理的個數有10,000個，修理成本每個$3。X1年已被送回修理的產品有8,000個，修理成本$24,000。該公司在X1年應報導：

(1)產品保固費用$6,000

(2)產品保固費用$30,000

(3)產品保固負債準備餘額$30,000

(4)因為售後服務保固義務是或有負債，所以不需入帳

答案：(2)

> 補充說明：
>
> 1.選項(1)：敘述是錯誤的，X1年產品保固費用應為$30,000(＝$3×10,000個)

2. 選項(2)：敘述是正確的，X1 年產品保固費用應為$30,000 (＝$3×10,000 個)，**答案為本選項**。

3. 選項(3)：敘述是錯誤的，因為 X1 年產品保固負債準備餘額應為 $6,000(＝$3×10,000 個－$24,000)。

4. 選項(4)：敘述是錯誤的，售後服務保固義務並非或有負債，**售後服務義務符合負債準備之定義，應以最佳估計金額入帳。**

【97 年五等地方特考試題】

1. 甲公司專利權遭某公司仿冒，經向法院提起訴訟，請求賠償金損失 $5,000,000，經一審及二審均判決甲公司勝訴，雖然對方再向最高法院提起上訴，目前正在審理中，甲公司法律顧問表示勝訴機會甚大。對此事件甲公司應：

(1)估計入帳　　　　　　　　　　(2)附註揭露
(3)估計入帳且附註揭露　　　　　(4)估計入帳但不必附註揭露

答案：(2)

✎補充說明：

訴訟很有可能獲得的賠償金額屬**或有資產**，**僅能附註揭露，不可以認列入帳。**

【96 年初等特考試題】

1. 大安公司於93 年初推出一項新的產品售後保固服務計畫，提供產品售出後 2 年內免費回廠修護服務，預計產品賣出後第 1 年及次年回廠修護的成本約分別占銷貨淨額的3%與5%，其他資料如下：

年	銷貨淨額	實際保固修護支出
93	$20,000	$ 300
94	30,000	1,100

94 年損益表中之產品保固費用應為：
(1)$1,100　　(2)$2,400　　(3)$2,600　　(4)$3,700

答案：(2)

✎ 補充說明：

$30,000 \times (3\% + 5\%) = \$2,400$

2.【依 IAS 或 IFRS 改編】或有負債在下列何種情況下應予入帳：
(1)極有可能發生且金額可合理估計時
(2)極有可能發生時
(3)有可能發生且金額可合理估計時
(4)依情況於附註揭露或不予表達

答案：(4)

✎ 補充說明：

國際財務報導準則規定**企業應揭露或有負債，除非具經濟效益資源流出之可能性甚低。**

【96年四等地方特考試題】

1.甲公司 5 月份之薪資費用總額為$200,000，該公司需代為扣繳相當於員工薪資 5%的個人所得稅，同時該公司員工需強制參加勞工保險，5 月份保險費共$60,000，80%由雇主負擔，20%由員工自行負擔。則應付薪資為多少？
(1)$178,000　　(2)$150,000　　(3)$140,000　　(4)$130,000

答案：(1)

✎ 補充說明：

認列薪資費用時之分錄為：

xx/05/31	薪資費用	200,000	
	應付薪資		**178,000③**
	代扣所得稅		10,000①
	代扣勞保費		12,000②

① = $200,000 \times 5\%$。

② = $60,000 \times 20\%$（僅員工負擔部分）。

③ = $200,000 - ① - ②$。

由雇主負擔之勞保費應列為企業之費用，不會影響應付薪資。

【96年五等地方特考試題】

1.「產品售後保固費用」與產品出售收入認列在同一年度，主要係符合下列那一項原則？
(1)穩健原則 　　　　　　　　　　(2)配合原則
(3)收入實現原則　　　　　　　　 (4)成本原則

答案：(2)

☙補充說明：

產品售後保固費用是與銷貨收入配合，以允當地表達當年度損益金額。

2.下列何者係屬於流動負債？①代扣員工所得稅　②待分配股票股利　③長期抵押借款　④將以流動資產清償之一年內到期長期借款
(1) ①② 　　　(2) ①③ 　　　(3) ①④ 　　　(4) ②④

答案：(3)

☙補充說明：

①代扣員工所得稅應列為**流動負債**。
②待分配股票股利應列為**權益項目**。
③長期抵押借款應列為**非流動負債**。
④將以流動資產清償之一年內到期長期借款應列為**流動負債**。

【95年普考試題】

1.【依 IAS 或 IFRS 改編】請簡述或有負債(contingent liabilities)之定義及會計處理。

解題：

1.或有負債之定義：
(1)因過去事件所產生之可能義務，其存在與否僅能由一個或多個未能完全由企業所控制之不確定未來事件之發生或不發生加以證實。
(2)因過去事件所產生之現時義務，但因下列原因之一而未予以認列：

①並非很有可能需要流出具經濟效益之資源以清償該義務。

②該義務之金額無法充分可靠地衡量。

2.或有負債之會計處理：

國際財務報導準則規定**企業不得認列或有負債；企業應揭露或有負債，除非具經濟效益資源流出之可能性甚低。**

2.【依 IAS 或 IFRS 改編】負債準備的特徵為：
(1)指不確定時點或金額之負債
(2)金額尚未確定，且尚未發生
(3)金額已確定，但尚未發生
(4)金額已確定，且實際已發生

答案：(1)

☞補充說明：

原題目為「估計負債的特徵為：」，**但國際財務報導準則已不使用「估計負債」一詞，而是使用「負債準備」**，有關負債準備之定義及會計處理請參閱本章之重點提示。

【95 年初等特考試題】

1.【依 IAS 或 IFRS 改編】金額能合理估計且很有可能發生之或有利益應：
(1)估計入帳　　　　　　　　　(2)勿需入帳，僅需揭露即可
(3)勿需入帳，也不必揭露　　　(4)以上皆非

答案：(2)

☞補充說明：

題目之敘述屬或有資產之議題，**企業不得認列或有資產；當經濟效益之流入很有可能時，則應依規定揭露或有資產。**

2.【依 IAS 或 IFRS 改編】以下有關或有負債的敘述那一項正確？
(1)因過去事件所產生之可能義務，其存在與否僅能由一個或多個未能完全由企業所控制之不確定未來事件之發生或不發生加以證實
(2)可準確衡量的債務
(3)包括產品售後服務保固支出
(4)須認列為負債

答案：(1)

☞補充說明：

1. 選項(1)：敘述是正確的，其為國際財務報導準則之定義，**答案為本選項**。

2. 選項(2)：敘述是錯誤的，**或有負債並非可以準確衡量的債務**。或有負債之詳細說明，請參閱本章之重點提示。

3. 選項(3)：敘述是錯誤的，**產品售後服務保固支出為負債準備**而非或有負債。

4. 選項(4)：敘述是錯誤的，**或有負債僅能附註揭露，不可認列為負債**。

3. 甲公司於 2005 年 10 月 1 日收到面額為$120,000，利率 12%，6 個月期之應收票據一紙，試問甲公司 2005 年(採曆年制)應認列之利息收入為：
(1)$14,400　　　(2)$7,200　　　(3)$3,600　　　(4)$1,200

答案：(3)

☞補充說明：

應認列之利息收入＝$120,000 × 12% × 3/12＝**$3,600**

【95年五等地方特考試題】

1. 甲公司向乙銀行貸款，並開出面值$100,000，一年後到期，未附息之票據一張，貸得現金$90,000，試問該票據之有效利率為：
(1) 10.87%　　　(2) 10%　　　(3) 9.09%　　　(4) 11.11%

答案：(4)

☞補充說明如下：

1. 本題之票據為未附息票據，表示到期應支付金額為$100,000，**其中內含借款金額及利息**，因此可由貸款取得現金數$90,000與票據面值之關係推算利息之金額，計算如下：

    貸款取得現金數$90,000＋利息？＝票據面值$100,000

    利息＝$10,000

2. 因為**利息$10,000為一年的利算費用**，則票據之有效利率為：

    貸款取得現金數$90,000 × 有效利率？% × 12/12

    ＝利息$10,000

    有效利率＝11.11%

第十章　非流動負債

重點提示：

●本章主題

　　1.公司債發行金額之計算及會計處理。

　　2.公司債之折、溢價攤銷。

　　3.公司債提前贖回(買回)之損益計算及會計處理。

　　4.非於可發行日或付息日發行公司債時之會計處理。

●公司債發行價格與票面金額之關係

情況	票面利率與市場利率之比較	發行價格與票面金額之比較	發行情形
1	票面利率 **大** 市場利率 **小**	發行價格會 **大於** 票面金額	**溢價**發行
2	票面利率與市場利率 **相等**	發行價格會 **等於** 票面金額	**平價**發行
3	票面利率 **小** 市場利率 **大**	發行價格會 **小於** 票面金額	**折價**發行

●公司債非於可發行日或付息日發行，於實際發行公司債時須**先收取**可發行日或上一次付息日至實際發行日之利息，於下一次付息日時**再給付**每一付息期間之利息，**此作法目的在於簡化實際發行日後第1次付息日計算付息金額之工作。**

●若發行公司債係以溢價或折價方式發行，國際財務報導準則**規定須採有效利息法攤銷折、溢價**，並未說明可以採用直線法攤銷折、溢價。若歷屆考題係規定採直線法攤銷折、溢價時，本書仍依直線法攤銷折、溢價解題，以備國家考試出此類題型才會解題。

第1頁 (第十章 非流動負債)

● 應付公司債之折、溢價採有效利息法攤銷時,其攤銷表之格式及各欄位之關係如下:

1. 溢價發行時:

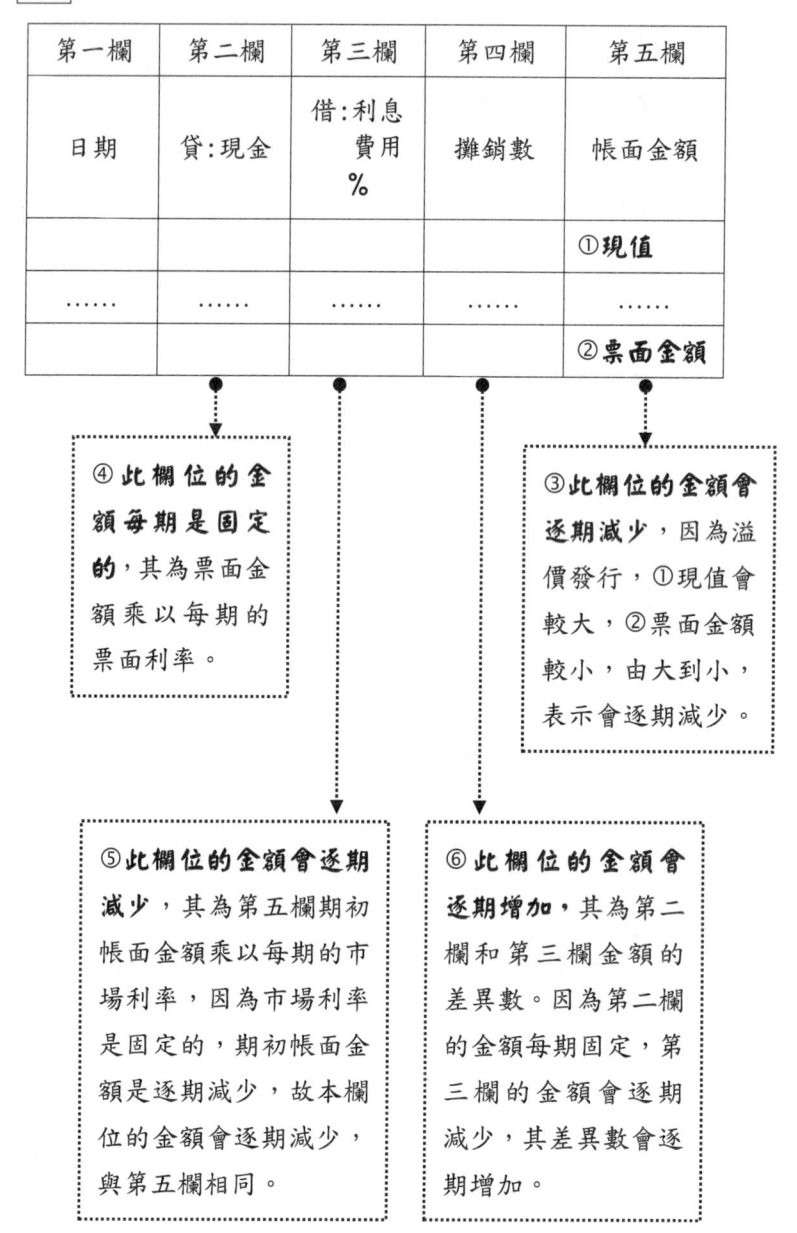

第一欄	第二欄	第三欄	第四欄	第五欄
日期	貸:現金	借:利息費用 %	攤銷數	帳面金額
				①現值
……	……	……	……	……
				②票面金額

④ 此欄位的金額每期是固定的,其為票面金額乘以每期的票面利率。

③ 此欄位的金額會逐期減少,因為溢價發行,①現值會較大,②票面金額較小,由大到小,表示會逐期減少。

⑤ 此欄位的金額會逐期減少,其為第五欄期初帳面金額乘以每期的市場利率,因為市場利率是固定的,期初帳面金額是逐期減少,故本欄位的金額會逐期減少,與第五欄相同。

⑥ 此欄位的金額會逐期增加,其為第二欄和第三欄金額的差異數。因為第二欄的金額每期固定,第三欄的金額會逐期減少,其差異數會逐期增加。

註:①、②、③、④、⑤及⑥為分析的次序。①現值即為發行價格。

2. 折價發行時：

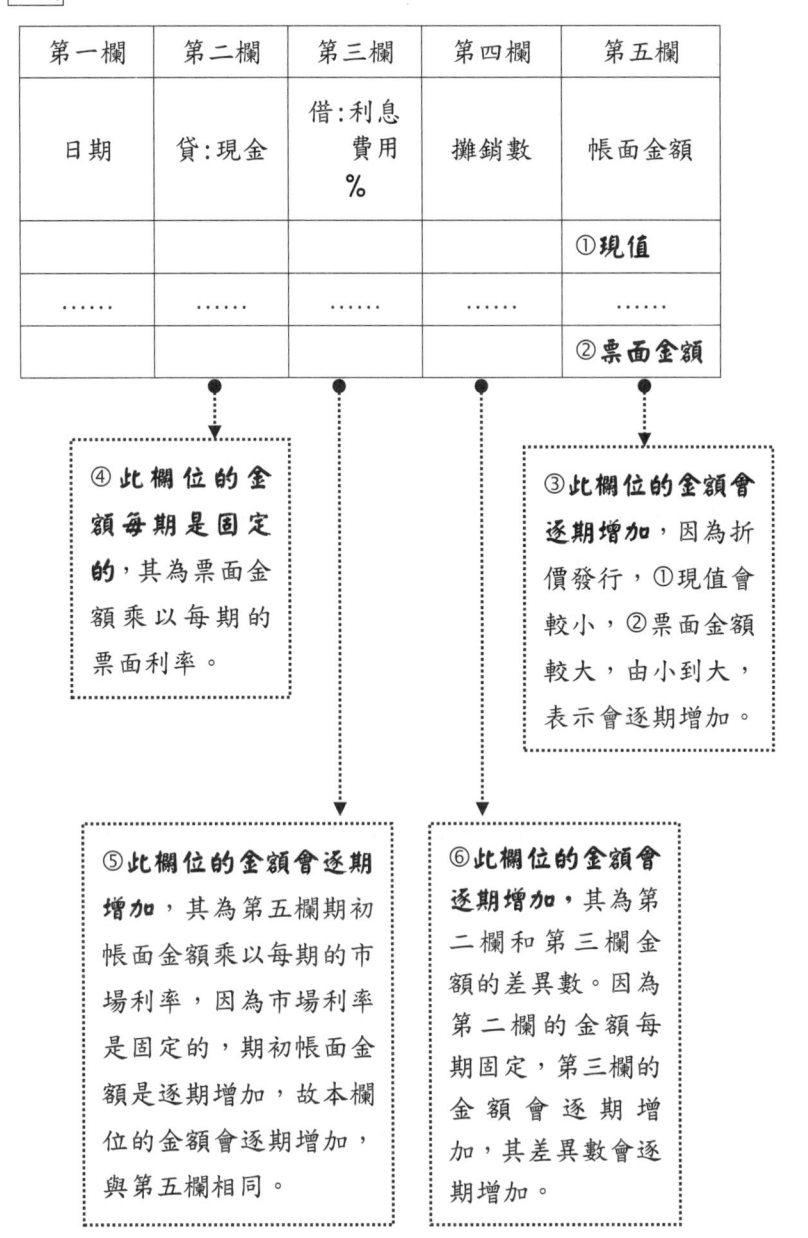

第一欄	第二欄	第三欄	第四欄	第五欄
日期	貸:現金	借:利息費用 %	攤銷數	帳面金額
				①現值
……	……	……	……	……
				②票面金額

④ 此欄位的金額每期是固定的，其為票面金額乘以每期的票面利率。

③ 此欄位的金額會逐期增加，因為折價發行，①現值會較小，②票面金額較大，由小到大，表示會逐期增加。

⑤ 此欄位的金額會逐期增加，其為第五欄期初帳面金額乘以每期的市場利率，因為市場利率是固定的，期初帳面金額是逐期增加，故本欄位的金額會逐期增加，與第五欄相同。

⑥ 此欄位的金額會逐期增加，其為第二欄和第三欄金額的差異數。因為第二欄的金額每期固定，第三欄的金額會逐期增加，其差異數會逐期增加。

註：①、②、③、④、⑤及⑥為分析的次序。①現值即為發行價格。

● 發行公司債之交易成本

企業發行公司債時，若發生印製費用及申請規費等直接可歸屬於發行公司債之交易成本，**依國際財務報導準則之規定，直接可歸屬於發行該公司債的交易成本，應作為公司債發行價格的減項。**

● 發行公司債之折、溢價會計科目之說明

過去若以折價或溢價發行公司債時,對於折價及溢價部分均另設會計科目列帳表達,分錄分別為(金額為假設數):

xxxx/xx/xx	現金	98,000	
	應付公司債折價	2,000	
	應付公司債		100,000

xxxx/xx/xx	現金	103,000	
	應付公司債		100,000
	應付公司債溢價		3,000

以上分錄之「**現金**」列帳金額為公司債的發行價格、「**應付公司債**」列帳金額為公司債的**票面金額**(又稱面值或面額)、前二者之差額則為應付公司債折價或溢價。

我國為因應接軌國際財務報導準則,所設訂的會計科目亦設有「應付公司債折價」及「應付公司債溢價」。**但現行有部分原文會計教科書已不另設折、溢價會計科目,而「應付公司債」會計科目直接以現值入帳。**分錄分別為(金額為假設數):

xxxx/xx/xx	現金	98,000	
	應付公司債		98,000

xxxx/xx/xx	現金	103,000	
	應付公司債		103,000

第 4 頁 (第十章 非流動負債)

【101 年普考試題】

1. 甲公司於 X1 年 2 月 1 日折價發行公司債，甲公司應該使用有效利息法攤銷折價，卻誤用直線法攤銷折價。試問此錯誤將對甲公司當年度財務報表造成什麼影響？

(1) 高估公司債帳面金額，高估保留盈餘
(2) 低估公司債帳面金額，低估保留盈餘
(3) 高估公司債帳面金額，低估保留盈餘
(4) 低估公司債帳面金額，高估保留盈餘

答案：(3)

☞ 補充說明：

1. 因為公司債是折價發行，使用有效利息法攤銷折價，**利息費用**(攤銷表第三欄的金額)**會逐期增加**；若採直線法攤銷折價，**利息費用**(攤銷表第三欄的金額)**則每期固定**。因為不論是使用有效利息法或直線法攤銷折價，**其公司債存續期間的 總利息費用 會相同**，表示使用有效利息法攤銷折價，**其公司債發行後之初期的利息費用(因為其會逐期增加)會小於使用有效利息法攤銷折價之利息費用**，若誤用直線法攤銷折價，會使公司債發行後之初期(如題目所述之 X1 年)的利息費用會高估，**進而造成本期淨利及保留盈餘低估**。

2. 因為公司債是折價發行，使用有效利息法攤銷折價，**折價攤銷金額**(攤銷表第四欄的金額)**會逐期增加**；若採直線法攤銷折價，**折價攤銷金額**(攤銷表第四欄的金額)**則每期固定**。因為不論是使用有效利息法或直線法攤銷折價，**其公司債存續期間的 總折價攤銷金額 會相同**，表示使用有效利息法攤銷折價，**其公司債發行後之初期的折價攤銷金額(因為其會逐期增加)會小於使用直線法攤銷攤銷折價之折價攤銷金額**，若誤用直線法攤銷折價，**會使公司債發行後之初期**(如題目所述之 X1 年)**的公司債帳面金額會高估**。

【101 年初等特考試題】

1.甲公司於 X1 年 4 月 1 日平價發行面值$1,000,000,年息 12%,5 年期之公司債,每年付息 2 次,1 月 1 日與 7 月 1 日為付息日。該日甲公司債券發行紀錄應為:

(1)現金　　　　　　　1,000,000
　　應付公司債　　　　　　　　　1,000,000
(2)現金　　　　　　　1,030,000
　　應付公司債　　　　　　　　　1,030,000
(3)現金　　　　　　　1,000,000
　利息費用　　　　　　　 30,000
　　應付公司債　　　　　　　　　1,030,000
(4)現金　　　　　　　1,030,000
　　應付公司債　　　　　　　　　1,000,000
　　應付利息　　　　　　　　　　　 30,000

答案:(4)

補充說明:

因為甲公司並未於付息日發行公司債,故於實際發行公司債時須**先收取**上一次付息日至發行日共 3 個月(X1 年 1 月 1 日~X1 年 3 月 31 日)之利息,於下一次付息日(X1 年 7 月 1 日)時**再給付** 6 個月的利息,此作法目的係為簡化 X1 年 7 月 1 日(即實際發行日後第 1 次付息日)計算付息金額的工作。本題**先收取** 3 個月之利息,**再給付** 6 個月的利息,**二者相抵實際僅給付 3 個月投資者應得的利息,並可簡化 X1 年 7 月 1 日計算付息金額的工作。**

實際發行公司債之上一次付息日至發行日共 3 個月(X1 年 1 月 1 日~X1 年 3 月 31 日)之利息=$1,000,000 × 12% × 3/12=$30,000。**答案為選項(4),貸方「應付利息」之會計科目亦可改列「利息費用」。**

2.應付公司債折價的攤銷會使：
(1)利息費用增加
(2)利息付現數增加
(3)利息費用減少
(4)利息付現數減少

答案：(1)

☞補充說明：

應付公司債折價攤銷之分錄為：

xxxx/xx/xx	利息費用	xx,xxx	
	應付公司債折價		xx,xxx

由以上分錄可知**應付公司債折價的攤銷會使利息費用增加，但不會影響利息付現數**，答案為選項(1)。

3.指定用途，日後用以償付長期應付公司債之銀行存款為：
(1)流動資產
(2)非流動資產
(3)保留盈餘
(4)流動負債

答案：(2)

☞補充說明：

指定用以償付債務之銀行存款稱為償債基金，**償債基金應與相對之債務為相同之分類**，此題係將用以償付「長期」應付公司債，故應分類為非流動資產，**答案為選項**(2)。

【100年普考試題】

1.甲公司在 X1 年 5 月 1 日發行 5 年期公司債，面額$2,100,000，票面利率為 12%，市場利率為 10%，付息日為每年 5 月 1 日及 11 月 1 日，發行價格為 $2,262,156，以有效利息法攤銷溢價，則 X1 年的債券利息費用為：(計算至整數，小數點以下四捨五入)

(1)$113,108　　　(2)$225,571　　　(3)$168,000　　　(4)$150,596

答案：(4)

☞補充說明如下：

須先編製攤銷表方可進一步求得答案，列示攤銷表如下：

日期	貸:現金	借:利息費用 5%	攤銷數	帳面金額
x1/05/01				$2,262,156
x1/11/01	$126,000	$113,108	$12,892	2,249,264
x2/05/01	126,000	112,463	13,537	2,235,727
……	……	……	……	……

此為 X1 年 5 月 1 日(發行日)至 X1 年 10 月 31 日之利息費用

此為 X1 年 11 月 1 日至 X2 年 4 月 30 日之利息費用

X1 年的債券利息費用＝X1 年 5 月 1 日(發行日)至 X1 年 12 月 31 日之利息費用
＝$113,108＋112,463×2/6＝**$150,596**

2.同上題，試問甲公司 X1 年的應付公司債溢價攤銷數為：

(1)$26,429　　　(2)$12,892　　　(3)$17,404　　　(4)$16,216

答案：(3)

☞補充說明：

X1 年的應付公司債溢價攤銷數(說明同上題,但是分析攤銷表第四欄)
＝$12,892＋13,537×2/6＝**$17,404**

3.甲公司於 X1 年 1 月 1 日簽發一張面額$800,000 三年期的不附息票據一張，向銀行借款，銀行的放款利率為 9%，借得現金$617,747，X2 年底此應付票據的帳面金額為：

(1)$617,747　　　(2)$800,000　　　(3)$673,344　　　(4)$733,945

答案：(4)

☞補充說明如下：

編製攤銷表即可求得答案，列示攤銷表如下：

日期	貸:現金	借:利息費用 9%	攤銷數	帳面金額
x1/01/01				$617,747
x1/12/31	$ 0	$55,597	－$55,597	673,344
x2/12/31	0	60,601	－60,601	**733,945**
......	......	......	......	......

【100年初等特考試題】

1.甲公司於X1年4月1日貸借2年期長期借款$3,000,000，票面利率與市場利率皆為3%，在每年3/31及9/30為付息日，請問甲公司X2年3月31日應認列之利息費用為多少？

(1)$90,000　　　　(2)$45,000　　　　(3)$22,500　　　　(4)$11,250

答案：(3)

補充說明：

因為票面利率與市場利率相等，可知長期借款未發生折、溢，故每期利息費用等於以票面金額乘以票面利率所得之金額。X2**年3月31日應認列之利息費用為$22,500**（＝$3,000,000×3%×3/12，3/12之分子「3」係指X2年1月1日至X2年3月31日三個月）。

2.甲公司於X3年7月1日發行面額$100,000，5年期，票面利率10%之公司債，每年1月1日及7月1日付息，市場實質利率為8%，發行價格為$108,111。甲公司應該用有效利息法攤銷溢折價，但誤用直線法，此項錯誤對X3年12月31日公司債之影響為何？

(1)應付公司債折價高估$136
(2)利息費用高估$136
(3)應付利息費用低估$136
(4)應付公司債帳面金額低估$136

答案：(4)

補充說明如下：

1. 採用有效利息法攤銷溢價，其攤銷表如下：

日期	貸:現金	借:利息費用 4%	攤銷數	帳面金額
x3/07/01				$108,111
x4/01/01	$5,000	**$4,324**	**$676**	107,435
……	……	……	……	……

2. 採用直線法攤銷溢價，其攤銷金額及利息費用為：

   X3年7月1日至X3年12月31日溢價攤銷金額
   ＝總溢價$8,111÷5年×6/12＝**$811**

   X3年7月1日至X3年12月31日利息費用
   ＝票面金額$100,000×票面利率10%×6/12
   －溢價攤銷金額$811＝**$4,189**

3. 採用直線法及有效利息法攤銷溢價，相關金額之比較及計算各選項之正確答案如下：

項　目	直線法	有效利息法	差異數
X3/12/31 應付公司債溢價	$7,300	$7,435	選項(1)之正確答案：**低估 $135**
X3年利息費用	4,189	4,324	選項(2)之正確答案：**低估 $135**
X3/12/31 應付利息	5,000	5,000	選項(3)之正確答案：**未高估或低估**
X3/12/31 帳面金額	107,300	107,435	選項(4)之正確答案：**低估 $135**

答案為選項(4)，**計算所得金額為$135，題目列示為$136，是因為四捨五入尾差的關係。**

3.公司債發行時所發生之印製及推銷費用、律師及會計師公費等交易成本：
(1)應作為發行公司債所得價款之增加
(2)應作為發行公司債所得價款之減少
(3)應作為發行公司債當期之費用
(4)應作為發行公司債未來之費用

答案：(2)

　　📝補充說明：
　　　　國際財務報導準則規定**直接可歸屬於發行公司債之交易成本，應作為公司債發行價格的減項**。

4.非於付息日發行的公司債，對於上次付息日至實際發行日間的利息，在發行日應：
(1)借記「利息費用」　　　　　(2)借記「應付公司債折價」
(3)貸記「應付公司債」　　　　(4)貸記「應付利息」

答案：(4)

　　📝補充說明：
　　　　非於付息日發行的公司債，發行公司債之企業應先收上次付息日至實際發行日間的利息，並貸記「應付利息」或「利息費用」，答案為選項(4)。

5.甲公司於市場中以現金買回其先前所發行之公司債，該筆交易將造成：
(1)投資增加　　　　　　　　　(2)負債減少
(3)庫藏股增加　　　　　　　　(4)資產總額增加

答案：(2)

　　📝補充說明：
　　　　以現金買回其先前所發行之公司債會造成負債(應付公司債)減少，資產(現金)減少。

【100年四等地方特考試題】

1.X1 年 12 月 31 日，甲公司發行面額$800,000，利率 6% 的 8 年期公司債，當時市場上的有效利率為 8%，公司債的付息日為每年 6 月 30 日及 12 月 31 日，甲公司以有效利息法攤銷應付公司債的溢折價，X3 年 12 月 31 日該公司以 95 加當日應付利息提前將發行的公司債全部買回。(利息費用計算至整數，小數點以下四捨五入)

試作：

(一)X2 年 12 月 31 日甲公司報表上尚未攤銷的公司債折價為若干？

(二)X3 年 12 月 31 日公司債買回損益為若干？

複利現值表

期數	3%	4%	6%	8%
8	0.789	0.731	0.627	0.540
16	0.623	0.534	0.394	0.292

年金現值表

期數	3%	4%	6%	8%
8	7.020	6.733	6.210	5.747
16	12.561	11.652	10.106	8.851

解題：

(一)X2 年 12 月 31 日甲公司報表上尚未攤銷的公司債折價金額計算如下：

1.公司債發行價格：

$800,000 × (1+4\%)^{-16}$　＝　$427,200

$24,000 × P_{16,4\%}$　＝　$279,648

合　計　　　　　　　　$706,848

2.編製折價攤銷表如下：

日期	貸:現金	借:利息費用 4%	攤銷數	帳面金額
x1/12/31				$706,848
x2/06/30	$24,000	$28,274	−$4,274	711,122
x2/12/31	24,000	28,445	−4,445	715,567
……	……	……	……	……

X2 年 12 月 31 日未攤銷公司債折價金額

＝公司債面額$800,000－X2 年 12 月 31 日帳面金額$715,567

＝**$84,433**

(二)X3 年 12 月 31 日公司債買回損益計算如下：

1.編製折價攤銷表至 X3 年 12 月 31 日：

日期	貸:現金	借:利息費用 4%	攤銷數	帳面金額
x1/12/31				$706,848
x2/06/30	$24,000	$28,274	−$4,274	711,122
x2/12/31	24,000	28,445	−4,445	715,567
x3/06/30	24,000	28,623	−4,623	720,190
x3/12/31	24,000	28,808	−4,808	724,998
……	……	……	……	……

2.編製買回公司債之分錄為：

x3/12/31	應付公司債	800,000①	
	買回公司債損失	**35,002④**	
	應付公司債折價		75,002②
	現金		760,000③

①除列(沖銷)應付公司債之帳列金額(等於公司債票面金額)。

②除列(沖銷)買回日尚未攤銷之應付公司債折價金額(＝公司債票面金額$800,000－X3 年 12 月 31 日帳面金額$724,998)。

③為公司債買回價格＝公司債票面金額$800,000 × 買回價格 95% ＋應付利息$0。

④＝②＋③－①。

2.甲公司於 X1 年 1 月 1 日發行並出售公司債，面值$200,000 期限十年，票面利率為 6%，市場利率為 8%，付息日為 6/30 及 12/31，甲公司以有效利息法攤銷公司債的溢折價，試問甲公司 X1 年的利息費用和 X2 年底的帳面金額分別為若干？

(1) X1 年的利息費用為$12,000，X2 年底的帳面金額$200,000
(2) X1 年的利息費用為$13,930，X2 年底的帳面金額$175,580
(3) X1 年的利息費用為$14,007，X2 年底的帳面金額$174,596
(4) X1 年的利息費用為$13,856，X2 年底的帳面金額$176,603

複利現值表

期數	3%	4%	6%	8%
10	0.744	0.676	0.558	0.463
20	0.554	0.456	0.312	0.215

年金現值表

期數	3%	4%	6%	8%
10	8.530	8.111	7.360	6.710
20	14.878	13.590	11.470	9.818

答案：(4)

☞補充說明：

1.公司債發行價格：

$200,000 × (1+4%)$^{-20}$ ＝$91,200
$6,000 × P$_{20,4\%}$ ＝$81,540
合　　計　　　　　　$172,740

2.編製折價攤銷表如下：

日期	貸:現金	借:利息費用 4%	攤銷數	帳面金額
x1/01/01				$172,740
x1/06/30	$6,000	**$6,910**	−$910	173,650
x1/12/31	6,000	**6,946**	−946	174,596
x2/06/30	6,000	6,983	−983	175,579
x2/12/31	6,000	7,023	−1,023	**176,602**
……	……	……	……	……

由上列攤銷表可知 X1 年的利息費用為**$13,856**(＝$6,910＋$6,946)，X2 年底的帳面金額為**$176,602**(和選項(4)差$1，係因四捨五入尾差之故)。

【100 年五等地方特考試題】

1.公司以 99 之價格買回面額$1,000,000 的公司債，買回日該公司債之帳面金額為$1,010,000。請問此項交易公司應認列之債券買回損益為何？

(1)買回利益$10,000　　　　　　(2)買回利益$20,000
(3)買回損失$10,000　　　　　　(4)買回損失$20,000

答案：(2)

補充說明：

買回公司債之分錄為：

xxxx/xx/xx	應付公司債	1,000,000①	
	應付公司債溢價	10,000②	
	現金		990,000③
	買回公司債利益		**20,000④**

①除列(沖銷)應付公司債之帳列金額(等於公司債票面金額)。

②除列(沖銷)買回日尚未攤銷之應付公司債折價金額(＝買回日帳面金額$1,010,000－公司債票面金額$1,000,000)。

③為公司債買回價格＝公司債票面金額$1,000,000×買回價格 99%。

④＝①＋②－③。

2.下列何者非屬流動負債？
(1)應付帳款　　　　　　　　　　(2)短期應付票據
(3)即將到期之長期負債　　　　　　(4)累積特別股積欠股利

答案：(4)

✎補充說明：
　　選項(4)累積特別股**積欠股利應以附註揭露**。

3.公司債若折價發行，則表示：
(1)債券發行公司的財務狀況可能不理想
(2)市場有效利率高於公司債票面利率
(3)市場有效利率低於公司債票面利率
(4)債券投資人會收到較債券票面利率為低之利息

答案：(2)

✎補充說明：
　　公司債若折價發行表示票面利率較低，即市場利率會較高，答案為選項(2)。

4.乙公司採用有效利息法攤銷應付公司債溢價，將使：
(1)公司債利息費用逐期遞減
(2)每年公司債利息費用均相等
(3)公司債利息費用逐期遞增
(4)公司債利息費用的走向依市場利率的走向而定

答案：(1)

✎補充說明：
　　公司債以溢價發行，因為帳面金額(為攤銷表的第五欄金額)會由現值逐期減少至票面金額，**故利息費用也會逐期減少**。詳細說明請參閱本章重點提示。

5.甲公司採曆年制，X2年1月1日向銀行舉債，借款利率為市場公平利率6%，取得借款$275,000。銀行要求從X3年1月1日起分五年，每年初清償本金$55,000及相關之利息。試問甲公司X4年財務狀況表上如何表達此筆負債？
(1)流動負債$55,000，非流動負債$165,000
(2)流動負債$58,300，非流動負債$165,000
(3)流動負債$58,300，非流動負債$110,000
(4)流動負債$64,900，非流動負債$110,000

答案：(4)

補充說明：

以數線圖列示各日期清償金額如下：

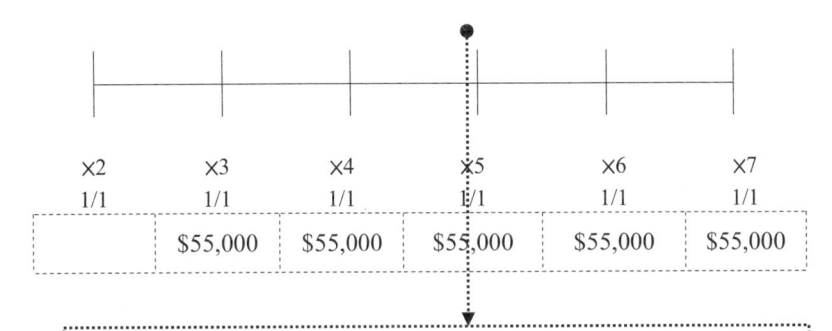

X2 1/1	X3 1/1	X4 1/1	X5 1/1	X6 1/1	X7 1/1
	$55,000	$55,000	$55,000	$55,000	$55,000

1. 本金部分：

   至X4年12月31日尚有3期$55,000銀行借款尚未清償，一筆($55,000)將於X5年清償，**應列為流動負債**；二筆($55,000×2期＝$110,000)將於X6年及X7年清償，**應列為非流動負債**。

2. 應付利息部分：

   X4年度之利息費用＝$55,000×3期×6%＝$9,900。此金額將於X5年1月1日支付，於X4年12月31日財務狀況表上**應列為流動負債**。

3. 綜合以上之說明，**應列為流動負債之金額為$64,900**（＝$55,000＋$9,900），**應列為非流動負債之金額為$110,000**。

6.丙公司於 X6 年 4 月 1 日按 98 發行票面面額$3,000,000，十年期，X16 年 1 月 1 日到期，票面利率 6%的公司債，每年 7 月 1 日及 1 月 1 日為付息日。試問丙公司 X6 年 4 月 1 日共收到多少現金？

(1) $2,940,000　　(2)$2,985,000　　(3)$3,000,000　　(4)$3,045,000

答案：(2)

　　✎補充說明：

　　　因為丙公司發行公司債並非於付息日，故 X6 年 4 月 1 日實際發行日除可收到發行價格，另須先收可發行日(X6 年 1 月 1 日)至實際發行日三個月的利息，故可收到現金＝票面金額$3,000,000×98%＋$3,000,000×6%×3/12＝**$2,985,000**。

7.乙公司於 X10 年 1 月 1 日發行公司債，面額$500,000，五年期，年利率10%，每年 12 月 31 日付息。若乙公司延遲至 X10 年 4 月 1 日始發行公司債，市場利率為 9%，發行價格為$519,950，若乙公司採直線法攤銷溢、折價，則 X10 年 12 月 31 日認列利息費用之金額為：

(1)$34,350　　　(2)$37,500　　　(3)$46,850　　　(4)$47,007

答案：(1)

　　✎補充說明：

　　　國際財務報導準則**規定須採有效利息法攤銷折、溢價**，並未說明可以採用直線法攤銷折、溢價。本題仍依直線法攤銷溢折價解題，以備國家考試出此類題型才會解題。計算如下：

　1.題目要求計算的「X10 年 12 月 31 日認列利息費用之金額」係指 X10 年度(X10 年 4 月 1 日發行日至 X10 年 12 月 31 日共 9 個月)應認列的利息費用金額。

　2.溢價總金額＝發行價格$519,950－面額$500,000＝$19,950。

　3.X10 年 12 月 31 日認列利息費用金額
　　＝$500,000×10%×9/12－$19,950÷57 個月× 9 個月＝**$34,350**

【99 年普考試題】

1.甲公司在 X6 年 1 月 1 日發行 5 年期、利率 8%、面額$200,000 的公司債，發行價格 98.5，收回價格 105。該公司每年 6 月 30 日及 12 月 31 日支付利息，並且按直線法攤銷公司債折價，試依據下列獨立情況分別作相關分錄：(作答時請依序標明子題序號，並依序作答)

(一)X6 年 1 月 1 日發行公司債。

(二)X11 年 1 月 1 日到期償還公司債。

(三)X9 年 1 月 1 日以收回價格提早贖回全部公司債。

解題：

國際財務報導準則**規定須採有效利息法攤銷折、溢價**，並未說明可以採用直線法攤銷折、溢價。本題仍依直線法攤銷溢折價解題，以備國家考試出此類題型才會解題。

(一)X6 年 1 月 1 日發行公司債之分錄為：

x6/01/01	現金	197,000	
	應付公司債折價	3,000	
	應付公司債		200,000

(二)X11 年 1 月 1 日到期償還公司債之分錄為：

x11/01/01	應付公司債	200,000	
	現金		200,000

(三)X9 年 1 月 1 日贖回全部公司債之分錄為：

x9/01/01	應付公司債	200,000①	
	贖回公司債損失	11,200④	
	應付公司債折價		1,200②
	現金		210,000③

①除列(沖銷)應付公司債之帳列金額(等於公司債票面金額)。

②除列(沖銷)贖回日尚未攤銷的應付公司債折價金額＝總折價金額 $3,000÷5 年×尚未攤銷年數 2 年。

③＝公司債票面金額$200,000×收回價格 105%。

④＝②＋③－①。

2.甲公司在 X1 年初開出一張$60,000 附息 8%、6 年期的分期付款票據向銀行借款$60,000，分 6 年於每年底支付一定金額償還本金及利息，則每年應償還的金額為何？(期數 6，利率 8%的年金現值為 4.623；期數 12，利率 4%的年金現值為 9.385)

(1)$14,800　　　　(2)$12,979　　　　(3)$6,393　　　　(4)$10,000

答案：(2)

　　📝補充說明：

　　　　每年應償還金額？× P $_{6,8\%}$ ＝$60,000

　　　　每年應償還金額＝**$12,979**

3.公司債發行價格高於面值時，下列敘述何者正確？
(1)很少發生此種情況
(2)舉債總成本低於以票面利率計算支付之利息金額
(3)舉債總成本高於以票面利率計算支付之利息金額
(4)舉債總成本等於以票面利率計算支付之利息金額

答案：(2)

　　📝補充說明：

　　　　公司債發行價格高於面值時，表示溢價發行，於此情況下，票面利率會較大，市場利率會較小；**市場利率計算所得之利息費用即為舉債總成本**，因為市場利率會較小，表示舉債總成本會低於以票面利率計算支付之利息金額，**答案為選項**(2)。

【99 年初等特考試題】

1.甲公司將面值$600,000 的公司債按 98 的價格提前贖回，贖回時公司債的帳面金額為$592,000，試問該公司之債券贖回損益為：

(1)債券贖回利益$8,000　　　　(2)債券贖回損失$4,000
(3)債券贖回損失$8,000　　　　(4)債券贖回利益$4,000

答案：(4)

　　📝補充說明如下：

提前贖回公司債之分錄為：

xxxx/xx/xx	應付公司債	600,000①	
	應付公司債折價		8,000②
	現金		588,000③
	贖回公司債利益		**4,000④**

①除列(沖銷)應付公司債之帳列金額(等於公司債票面金額)。

②除列(沖銷)贖回日尚未攤銷的應付公司債折價金額＝公司債面值(票面金額)$600,000－贖回日公司債帳面金額$592,000。

③＝公司債票面金額$600,000×收回價格98%。

④＝①－②－③。

2.向他人借款所開立的票據，應按：
(1)面額入帳
(2)現值入帳
(3)一年之內的以面額入帳，一年以上的以現值入帳
(4)一年之內的以面額入帳，一年以上的以到期值入帳

答案：(2)

> 補充說明：
> 國際財務報導準則規定應以現值入帳，**除非貨幣的時間價值不重大**。

3.下列有關轉換公司債之敘述，何者錯誤？
(1)轉換公司債實務上常簡稱可轉債
(2)其他條件相同下，轉換公司債之發行價格應高於無轉換權之公司債
(3)轉換公司債的轉換比率是指可轉債之持有人在要求轉換為普通股時，一張可轉債所能獲得的股票之張數
(4)轉換公司債的轉換價格是指可轉債之售價

答案：(4)

> 補充說明：
> 選項(4)轉換公司債的轉換價格**是指轉換為普通股的價格**並非可轉債之售價。

4.甲公司於 X1 年初取得 2 年期「長期借款」$1,486,840，並按市場利率 6% 計算利息，該筆貸款應於每年 6 月底與 12 月底本息平均攤還。請問甲公司各期償付金額為多少？ $1 年金現值表：

期數	2%	2.5%	3%	4%	5%	6%
1	0.98039	0.97561	0.97087	0.96154	0.95238	0.94340
2	1.94156	1.92742	1.91347	1.88609	1.85941	1.83339
3	2.88388	2.85602	2.82861	2.77509	2.72325	2.67301
4	3.80773	3.76197	3.71710	3.62990	3.54595	3.46511

(1)$300,000　　(2)$400,000　　(3)$500,000　　(4)$600,000

答案：(2)

✎補充說明：

　　每半年應償還金額？ × $P_{4,3\%}$ ＝ $1,486,840

　　每半年應償還金額？ × 3.71710 ＝ $1,486,840

　　每半年應償還金額＝**$400,000**

【99 年四等地方特考試題】

1.甲公司發行面額$100,000、7%的債券，發行日之市場利率為 6.5%，獲得資金$101,136.80，使用有效利息法計算，則第一期(半年)應攤銷的公司債溢價為：

(1)$227　　(2)$213　　(3)$3,287　　(4)$3,713

答案：(2)

✎補充說明：

以有效利息法編製溢價攤銷表即可求得答案，列示如下：

日期	貸:現金	借:利息費用 3.25%	攤銷數	帳面金額
發行日				$101,136.80
第一期	$3,500	$3,286.95	**$213.05**	100,923.75
……	……	……	……	……

【99 年五等地方特考試題】

1. 以有效利息法攤銷公司債折(溢)價時：
(1)折價攤銷數逐期遞增、溢價攤銷數逐期遞減
(2)折價攤銷數逐期遞減、溢價攤銷數逐期遞增
(3)折價攤銷數逐期遞增、溢價攤銷數逐期遞增
(4)折價攤銷數逐期遞減、溢價攤銷數逐期遞減

答案：(3)

✎補充說明：
折價攤銷數為攤銷表第四欄的金額，**不論是折價或溢價攤銷數均為逐期遞增**。詳細說明請參閱本章之重點提示。

2. 甲公司 X6 年 1 月 1 日向銀行借款$1,200,000，並開立四張面額各$300,000 之附息票據，預計未來 4 年每年 1 月 1 日償還一張面額$300,000 之應付票據，則 X7 年底甲公司的應付票據在財務狀況表上應如何表達？
(1)列於流動負債項下，金額為$1,200,000
(2)列於非流動負債項下，金額為$1,200,000
(3)流動負債項下列示$300,000，非流動負債項下列示$900,000
(4)流動負債項下列示$300,000，非流動負債項下列示$600,000

答案：(4)

✎補充說明：
因為自 X7 年 1 月 1 日開始償還一張面額$300,000 之應付票據，至 X7 年底，已償還$300,000，尚餘三張面額$300,000 之應付票據，**其中一張面額 $300,000 之應付票據將於 X8 年償還，其應列為流動負債；其餘二張面額共$600,000 之應付票據將於 X9 及以後年度償還，其應列為非流動負債。**

3.公司債發行公司每一期實際所負擔之利息費用：

(1)包括所付出之現金利息加上所攤銷之折價

(2)只包括所付出之現金利息

(3)只包括所攤銷之折價

(4)包括所付出之現金利息加上所攤銷之溢價

答案：(1)

✎補充說明：

1.**折價發行**公司債之每期付息日分錄為：

xxxx/xx/xx	利息費用　　　　　　　xx,xxx②
	應付公司債折價　　　　　　xxx③
	現金　　　　　　　　　　xx,xxx①

①＝票面金額×每期票面利率。

②為依有效利息法攤銷折價應認列之利息費用。

③＝②－①。

2.**溢價發行**公司債之每期付息日分錄為：

xxxx/xx/xx	利息費用　　　　　　　xx,xxx②
	應付公司債溢價　　　　　　xxx③
	現金　　　　　　　　　　xx,xxx①

①＝票面金額×每期票面利率。

②為依有效利息法攤銷溢價應認列之利息費用。

③＝①－②。

3.由前列第1項及第2項之②金額的計算，可知答案為選項(1)。

4.丙公司於X1年6月30日按106加計利息，提前贖回流通在外帳面金額$100,000的公司債。公司債的票面利率為10%，每年4月1日及10月1日各付息一次，則丙公司提前贖回公司債之損失為：

(1)$2,500　　　(2)$3,500　　　(3)$6,000　　　(4)$8,500

答案：(3)

✎補充說明如下：

本題並未說明公司債票面金額為多少？由題目之資料只好視票面金額為$100,000。

1. 認列上一次付息日至贖回日應計利息之分錄為：

x1/06/30	利息費用	2,500	
	應付利息		2,500

①＝$100,000×10%×3/12。

2. 贖回公司債時之分錄為：

x1/06/30	應付公司債	100,000①	
	應付利息	2,500②	
	贖回公司債損失	**6,000④**	
	現金		108,500③

①除列(沖銷)應付公司債之帳列金額(等於公司債票面金額)。
②除列(沖銷)應付利息之帳列金額。
③為贖回價格(＝公司債票面金額$100,000 × 贖回價格 106% ＋ 上一次付息日至贖回日之應計利息$2,500)。
④＝③－①－②。

5. 甲公司於 X1 年初發行 2 年期公司債，面額$3,000,000，票面利率為4%，市場利率為6%，每年6月30日以及12月31日付息(若有折溢價，則採有效利息法攤銷)，請問此公司債 X1 年 12 月 31 日之帳面金額為何？(若有小數請四捨五入求取整數)

期數	2% ($1 年金現值)	3% ($1 年金現值)	4% ($1 年金現值)	6% ($1 年金現值)
1	0.980392	0.970874	0.961538	0.943396
2	1.941561	1.913470	1.886095	1.833393
3	2.883883	2.828611	2.775091	2.673012
4	3.807729	3.717098	3.62895	3.465106

期數	2% ($1複利現值)	3% ($1複利現值)	4% ($1複利現值)	6% ($1複利現值)
1	0.980392	0.970874	0.961538	0.943396
2	0.961169	0.942596	0.924556	0.889996
3	0.942322	0.915142	0.888996	0.839619
4	0.923845	0.888487	0.854804	0.792094

(1)$2,888,487　　(2)$2,915,142　　(3)$2,942,596　　(4)$3,000,000

答案：(3)

補充說明：

1. 公司債發行價格：

$$\$3,000,000 \times (1+3\%)^{-4} = \$2,665,461$$
$$\$60,000 \times P_{4,3\%} = \$223,026$$
$$合　計 \quad \$2,888,487$$

2. 編製折價攤銷表如下：

日期	貸:現金	借:利息費用 3%	攤銷數	帳面金額
x1/01/01				$2,888,487
x1/06/30	$60,000	$86,655	−$26,655	2,915,142
x1/12/31	60,000	87,454	−27,454	**2,942,596**
……	……	……	……	……

【98年普考試題】

1. 甲公司採曆年制，不做迴轉分錄。X1年5月15日，甲公司發行面額$200,000，票面利率5%的10年期公司債，當時市場上的有效利率為4%，公司債的付息日為每年5月15日及11月15日，甲公司以有效利息法攤銷應付公司債的溢折價，X2年6月30日該公司以103.5加應計利息提前將發行的公司債全部贖回。(利息費用計算至整數，小數點以下四捨五入)

試作：(一)X1年11月15日支付利息的分錄。

(二)X2年5月15日支付利息的分錄。

(三)該公司債之贖回利益(損失)為何？

複利現值表

期間	2%	3%	4%	5%
10	0.820	0.744	0.676	0.614
20	0.673	0.554	0.456	0.377

年金現值表

期間	2%	3%	4%	5%
10	8.983	8.530	8.111	7.722
20	16.351	14.878	13.590	12.462

解題：

公司債發行價格為：

$\$200,000 \times (1+2\%)^{-20} = \$134,600$

$\$5,000 \times P_{20,2\%} = \$81,755$

合　計　　　　　　　$\$216,355$

2.編製溢價攤銷表如下：

日期	貸:現金	借:利息費用 2%	攤銷數	帳面金額
x1/05/15				$216,355
x1/11/15	$5,000	$4,327	$673	215,682
x2/05/15	5,000	4,314	686	214,996
……	……	……	……	……

(一)X1年11月15日支付利息的分錄：

x1/11/15	利息費用　　　　　　　4,327	
	應付公司債溢價　　　　673	
	應付利息	5,000

(二)X2年5月15日支付利息的分錄：

x2/05/15	應付利息	1,250②	
	利息費用	3,235④	
	應付公司債溢價	515③	
	現金		5,000①

①及③以攤銷表列示其金額之計算如下：

日期	貸:現金	借:利息費用 2%	攤銷數	帳面金額
x1/05/15				$216,355
x1/11/15	$5,000	$4,327	$673	215,682
x2/05/15	5,000	4,314	686	214,996
……	……	……	……	……

①

③＝$686×4.5/6

②＝為x1年12月31日認列之應計利息費用（＝$5,000×1.5/6）。

④＝①、②及③之差額。

(三)公司債之贖回利益(損失)為：

1. 編製公司債攤銷表至X2年11月15日，列示如下：

日期	貸:現金	借:利息費用 2%	攤銷數	帳面金額
x1/05/15				$216,355
x1/11/15	$5,000	$4,327	$673	215,682
x2/05/15	5,000	4,314	686	214,996
x2/11/15	5,000	4,300	700	214,296
……	……	……	……	……

2. 認列X2年5月15日至X2年6月30日之應計利息及溢價攤銷數之分錄為：

x2/06/30	利息費用	1,075③	
	應付公司債溢價	175②	
	應付利息		1,250①

第28頁　(第十章　非流動負債)

①＝$5,000×1.5/6。

②＝$700×1.5/6。

③＝①－②。

3.贖回公司債之分錄為：

x2/06/30	應付公司債	200,000①	
	應付公司債溢價	14,821②	
	應付利息	1,250③	
	現金		208,250④
	贖回公司債利益		7,821⑤

①除列(沖銷)應付公司債之帳列金額(等於公司債票面金額)。

②除列(沖銷)贖回日尚未攤銷之應付公司債溢價金額＝X2年5月15日帳面金額$214,996－$700×1.5/6－贖回日公司債的票面金額$200,000。

③除列除列(沖銷)應付利息帳列金額。

④為贖回價格(＝公司債票面金額$200,000×贖回價格 103.5％＋應計利息$1,250)。

⑤＝①＋②＋③－④。

2.甲公司發行面額$100,000、7％、5年期的債券，獲得 $97,947，使用直線法計算，半年付息一次，則第一期的利息費用為：
(1)$7,000　　　　(2)$3,705.3　　　　(3)$3,294.7　　　　(4)$7,410.6

答案：(2)

☞補充說明：

國際財務報導準則規定須採有效利息法攤銷折、溢價，並未說明可以採用直線法攤銷折、溢價。本題仍依直線法攤銷溢折價解題，以備國家考試出此類題型才會解題。

每期(半年)折價攤銷金額＝$(100,000－97,947)÷10期＝$205

第一期的利息費用＝$100,000×7％×6/12＋$205.3＝**$3,705.3**

【98年初等特考試題】

1. 甲公司於 X1 年 1 月 1 日借得 3 年期長期借款$6,000,000，票面利率與市場利率同為 3%，每年 6 月 30 日與 12 月 31 日各付息一次。下列為甲公司有關此筆借款的相關會計記錄，請問何者正確？

(1)借款日應借記：現金$6,540,000，貸記：長期應付票據$6,540,000

(2)借款日應借記：長期應付票據$6,000,000，貸記：現金$6,000,000

(3)每次付息日，應借記：利息費用$90,000，貸記：現金$90,000

(4)以上皆非

答案：(3)

> 📖 補充說明：
>
> 1. 借款日應借記：現金$6,000,000，貸記：長期應付票據$6,000,000。
>
> 2. **因為票面利率與市場利率同為 3%，表示以票據借款未發生折價或溢價**，故每次付息日應借記：現金$90,000(＝$6,000,000×3%×6/12)，貸記：長期應付票據$90,000。

2. 甲公司於 X1 年初發行 2 年期公司債，面額$100,000，票面利率為 4%，市場利率為 6%，每年 6 月 30 日以及 12 月 31 日付息(若有折溢價，則採直線法攤銷)，請問此公司債於 X1 年 6 月 30 日應提列之分錄為何？(若有小數請四捨五入求取整數)

期數	2% ($1 年金現值)	3% ($1 年金現值)	4% ($1 年金現值)	6% ($1 年金現值)
1	0.980392	0.970874	0.961538	0.943396
2	1.941561	1.913470	1.886095	1.833393
3	2.883883	2.828611	2.775091	2.673012
4	3.807729	3.717098	3.62895	3.465106

期數	2% ($1 複利現值)	3% ($1 複利現值)	4% ($1 複利現值)	6% ($1 複利現值)
1	0.980392	0.970874	0.961538	0.943396
2	0.961169	0.942596	0.924556	0.889996
3	0.942322	0.915142	0.888996	0.839619
4	0.923845	0.888487	0.854804	0.792094

(1)借記：利息費用$2,956，貸記：應付公司債折價$956 以及現金$2,000

(2)借記：利息費用$2,929，貸記：應付公司債折價$929 以及現金$2,000

(3)借記：利息費用$5,833，貸記：應付公司債折價$1,833 以及現金$4,000

(4)借記：利息費用$4,873，貸記：應付公司債折價$873 以及現金$4,000

答案：(2)

補充說明：

國際財務報導準則規定須採有效利息法攤銷折、溢價，並未說明可以採用直線法攤銷折、溢價。本題仍依直線法攤銷溢折價解題，以備國家考試出此類題型才會解題。

1. 公司債發行價格：

$$\$100,000 \times (1+3\%)^{-4} = \$88,849$$
$$\$2,000 \times P_{4,3\%} = \$7,434$$
$$合\ \ 計\ \ \ \ \ \ \ \ \ \ \$96,283$$

2. X1 年 6 月 30 日付息日之分錄為：

×2/06/30	利息費用	2,929③	
	應付公司債折價		929②
	現金		2,000①

①為每期(半年)支付利息金額(＝$100,000×4%×6/12)。

②每期(半年)公司債折價攤銷金額(＝($100,000－$96,283)÷4 期)。

③＝①＋②。

【98年四等地方特考試題】

1.乙公司X1年7月1日發行利率5%，面額$120,000之8年期公司債，付息日為每年1月1日及7月1日，當時市場利率為6%，發行價格為$112,443，以有效利息法攤銷溢折價，於X3年12月31日以$120,000加應計利息贖回此批公司債，則贖回利益或損失為何？(計算至整數，小數點以下四捨五入)

(1)贖回損失$5,575　　　　　　　　　(2)贖回損失$8,575
(3)贖回利益$2,575　　　　　　　　　(4)贖回損益$0

答案：(1)

　　✎補充說明：

　　1.編製折價攤銷表至X4年1月1日，列示如下：

日期	貸:現金	借:利息費用 3%	攤銷數	帳面金額
x1/07/01				$112,443
x2/01/01	$3,000	$3,373	−$373	112,816
x2/07/01	3,000	3,384	−384	113,200
x3/01/01	3,000	3,396	−396	113,596
x3/07/01	3,000	3,408	−408	114,004
x4/01/01	**3,000**	**3,420**	**−420**	**114,424**
……	……	……	……	……

　　2.於X3年12月31日認列應計利息及折價攤銷金額之分錄為：

x3/12/31	利息費用	3,420③	
	應付公司債折價		420②
	應付利息		3,000①

①、②及③依攤銷表X4年1月1日第二欄、第四欄及第三欄金額列帳，**但因未支付現金，故貸方應列記應付利息。**

　　3.提前贖回公司債之分錄為：

x3/12/31	應付公司債	120,000①	
	應付利息	3,000③	
	贖回公司債損失	**5,576⑤**	
	應付公司債折價		5,576②
	現金		123,000④

①除列(沖銷)應付公司債之帳列金額(等於公司債票面金額)。

②除列(沖銷)贖回日尚未攤銷的應付公司債折價金額(＝公司債票面金額$120,000－X3年12月31日帳面金額$114,424)。

③除列(沖銷)應付利息帳列金額。

④為贖回價格(＝公司債票面金額$120,000＋應計利息$3,000)。

⑤＝②＋④－①－③。

快速解題：

由以上計算可知公司債之贖回損失為$5,576(和選項(1)尾差$1)。

因為本題之贖回價格為「票面金額」加計應計利息，贖回損益金額即為尚未攤銷的應付公司債折價金額。

2.承前題，試問X3年乙公司的債券利息費用金額為多少？
(1)$6,828　　　(2)$6,894　　　(3)$7,556　　　(4)$6,000

答案：(1)

補充說明：

X3年乙公司的債券利息費用

＝X3年1月1日至X3年6月3日之利息費用$3,408

　＋X3年7月1日至X3年12月31日之利息費用$3,420

＝**$6,828**。

3.若公司債之付息日為1月1日及7月1日，而公司債於2月1日發行，則發行時發行公司所收到之現金將等於公司債之現值：

(1)減2月1日至7月1日之應計利息

(2)減1月1日至2月1日之應計利息

(3)加2月1日至7月1日之應計利息

(4)加1月1日至2月1日之應計利息

答案：(4)

補充說明如下：

因為發行公司債並非於付息日,故 2 月 1 日實際發行日除可收到發行價格,另須先收前一次付息日(1 月 1 日)至實際發行日(2 月 1 日)一個月的利息。

【98 年五等地方特考試題】

1.甲公司於 X1 年初發行 2 年期公司債,面額$3,000,000,票面利率為 4%,市場利率為 6%,每年 6 月 30 日以及 12 月 31 日付息(若有折溢價,則採有效利息法攤銷),請問此公司債 X1 年 6 月 30 日之分錄為何?(若有小數請四捨五入求取整數)

期數	2% ($1 年金現值)	3% ($1 年金現值)	4% ($1 年金現值)	6% ($1 年金現值)
1	0.980392	0.970874	0.961538	0.943396
2	1.941561	1.913470	1.886095	1.833393
3	2.883883	2.828611	2.775091	2.673012
4	3.807729	3.717098	3.62895	3.465106

期數	2% ($1 複利現值)	3% ($1 複利現值)	4% ($1 複利現值)	6% ($1 複利現值)
1	0.980392	0.970874	0.961538	0.943396
2	0.961169	0.942596	0.924556	0.889996
3	0.942322	0.915142	0.888996	0.839619
4	0.923845	0.888487	0.854804	0.792094

(1)借記:利息費用$86,655,貸記:應付公司債溢價$26,655 以及現金$60,000
(2)借記:利息費用$86,655,貸記:應付公司債折價$26,655 以及現金$60,000
(3)借記:利息費用$87,454,貸記:應付公司債溢價$27,454 以及現金$60,000
(4)借記:利息費用$87,454,貸記:應付公司債折價$27,454 以及現金$60,000

答案:(2)

  ☞補充說明如下:

1.公司債發行價格：

$$\$3,000,000 \times (1+3\%)^{-4} = \$2,665,461$$
$$\$60,000 \times P_{\,4,3\%} = \$223,026$$
$$合\quad 計 \qquad \$2,888,487$$

2.編製折價攤銷表如下：

日期	貸:現金	借:利息費用 3%	攤銷數	帳面金額
x1/01/01				$2,888,487
x1/06/30	$60,000	$86,655	−$26,655	2,915,142
……	……	……	……	……

2.甲公司發行 A、B 兩種公司債券，兩種債券的面額與票面利率均相同，且發行時市場有效利率與票面利率亦相同，但 A 債券為 10 年期 B 債券為 7 年期，試問下列那一項敘述正確？
(1)A 債券之發行價格較 B 債券高
(2)A 債券之發行價格較 B 債券低
(3)A 債券與 B 債券之發行價格相同
(4)以上皆非

答案：(3)

☞補充說明：

甲公司發行A、B兩種債券於**發行時市場有效利率與票面利率相同，故其現值(即發行價格)會相同**。

3.下列何者不屬於非流動負債？
(1)企業發行之 3 年期公司債
(2)向銀行借款，期間為 2 年
(3)退休金負債
(4)應付商業本票

答案：(4)

☞補充說明：

一般應付商業本票之期間均短於一年，屬流動負債。

【97年普考試題】

1. X1年1月1日甲公司發行5年期、利率6%、面額$100,000的公司債，發行價格$103，贖回價格$102，每年6月30日及12月31日支付利息，以直線法攤銷公司債溢價。若X4年5月1日提前贖回全部公司債，則分錄包含：
(1)借記「公司債贖回損失」$2,000
(2)借記「應付公司債溢價」$2,000
(3)借記「公司債贖回損失」$1,000
(4)借記「應付公司債」$102,000

答案：(3)

補充說明：

國際財務報導準則**規定須採有效利息法攤銷折、溢價**，並未說明可以採用直線法攤銷折、溢價。本題仍依直線法攤銷溢折價解題，以備國家考試出此類題型才會解題。

1. 溢價總額＝$100,000×(103%－100%)＝$3,000。

2. 於X4年5月1日認列應計利息及溢價攤銷金額之分錄為：

x4/05/01	利息費用	1,800③	
	應付公司債溢價	200②	
	應付利息		2,000①

①＝$100,000×6%×4/12。

②＝每期(半年)公司債溢價攤銷金額(＝溢價總額$3,000÷10期×4/6)。

③＝①－②。

3. 提前贖回公司債之分錄為：

x4/05/01	應付公司債	100,000①	
	應付公司債溢價	1,000②	
	應付利息	2,000④	
	贖回公司債損失	**1,000**⑤	
	現金		104,000③

①除列(沖銷)應付公司債之帳列金額(等於公司債票面金額)。

②除列(沖銷)贖回日尚未攤銷的應付公司債溢價金額(＝溢價總額 $3,000÷5 年×(5 年－3 年 4 個月))。

③為贖回價格(＝公司債票面金額$200,000×102%＋應計利息 $2,000)。

④除列(沖銷)應付利息帳列金額。

⑤＝③－①－②－④。

【97 年初等特考試題】

1.甲公司於 X1 年初取得 2 年期「長期借款」$1,486,840，並按市場利率 6% 計算利息，該筆貸款應於每年 6 月與 12 月底本息平均攤還。甲公司在第一次付款日支付利息為若干？(若有小數請四捨五入求取整數)

$1 年金現值表

期數	2%	2.5%	3%	4%	5%	6%
1	0.98039	0.97561	0.97087	0.96154	0.95238	0.94340
2	1.94156	1.92742	1.91374	1.88609	1.85941	1.83339
3	2.88388	2.85602	2.82861	2.77509	2.72325	2.67301
4	3.80773	3.76197	3.71710	3.62990	3.54595	3.46511

(1)$355,395　　(2)$44,605　　(3)$310,790　　(4)$89,210

答案：(2)

補充說明：

第一次付款日支付利息＝$1,486,840×3%＝**$44,605**。

2.甲公司於 X1 年 4 月 1 日貸借 2 年期長期借款$5,000,000，票面利率與市場利率皆為 3%，在每年 3/31 及 9/30 為付息日，請問甲公司 X1 年 12 月 31 日分錄為何？

(1)借記：利息費用$75,000，貸記：應付長期票據折價$75,000

(2)借記：利息費用$37,500，貸記：應付長期票據折價$37,500

(3)借記：利息費用$75,000，貸記：應付利息$75,000

(4)借記：利息費用$37,500，貸記：應付利息$37,500

答案：(4)

> 補充說明：
> 本題票面利率與市場利率相同，故無折價或溢價。X1 年 12 月 31 日應認列利息費用$37,500(＝$5,000,000×3%×3/12)。

3.甲公司於年初發行面額 $3,000,000 之公司債，票面利率及市場有效利率皆為 3%，每年年底付息，則下列敘述何者錯誤？
(1)此公司債之發行價格$3,000,000
(2)此公司債每年應認列之利息費用為$90,000
(3)此公司債之到期值$3,180,000
(4)此公司債到期時的帳面金額為$3,000,000

答案：(3)

> 補充說明：
> 1.選項(1)：敘述是正確的，**因為票面利率與市場利率相同，故無折價或溢價**，發行價格即為票面金額$3,000,000。
> 2.選項(2)：敘述是正確的，每年應認列的利息費用為$90,000(＝票面金額$3,000,000×3%)。
> 3.選項(3)：敘述是錯誤的，**因為每年年底已付息，故到期值應為票面金額$3,000,000，答案為本選項**。
> 4.選項(4)：敘述是正確的，**公司債至到期日之帳面金額會等於票面金額**$3,000,000。

【97 年四等地方特考試題】

1.(一)X1 年 1 月 1 日甲公司以房屋為抵押，向銀行借得$3,000,000 的長期抵押借款，與銀行約定的利率為 6%，借款期間為十年，每半年還款一次，每期支付固定金額的本息。(計算至整數，小數點以下四捨五入。)
試問：1.甲公司每期應支付的金額為多少？
2.X1 年底甲公司尚欠的本金為何？

第 38 頁 (第十章 非流動負債)

複利現值表

期數	2%	3%	4%	5%	6%
10	0.820	0.744	0.676	0.614	0.558
20	0.673	0.554	0.456	0.377	0.312

年金現值表

期數	2%	3%	4%	5%	6%
10	8.983	8.530	8.111	7.722	7.360
20	16.351	14.878	13.590	12.462	11.470

(二)X1年6月30日甲公司簽發面額$800,000，5年期的定額償還本息的分期付款長期應付票據向銀行融資，利率是10%，每年6月30日、12月31日各支付一次。(計算至整數，小數點以下四捨五入。)

試作：1.X1年12月31日的還款分錄。

2.X2年12月31日財務狀況表上長期應付票據的金額。

複利現值表

期數	5%	10%
5	0.784	0.621
10	0.614	0.386

年金現值表

期數	5%	10%
5	4.330	3.791
10	7.722	6.145

解題：

(一)

1.甲公司每期應支付的金額為：

$3,000,000 \div P_{20,3\%} = \$3,000,000 \div 14.878 = $**\$201,640**

2.X1年底甲公司尚欠的本金為：**2,773,371**，編製攤銷表即可求得答案，列示如下：

日期	貸:現金	借:利息費用 3%	攤銷數	帳面金額
x1/01/01				$3,000,000
x1/06/30	$201,640	$90,000	$111,640	2,888,360
x1/12/31	201,640	86,651	114,989	**2,773,371**
……	……	……	……	……

(二)

每期應支付的金額＝$800,000

$800,000 ÷ P$_{10,5\%}$ = $800,000 ÷ 7.722 = **$103,600**

編製攤銷表如下：

日期	貸:現金	借:利息費用 5%	攤銷數	帳面金額
x1/06/30				$800,000
x1/12/31	$103,600	$40,000	$63,600	736,400
x2/06/30	103,600	36,820	66,780	669,620
x2/12/31	103,600	33,481	70,119	**599,501**
……	……	……	……	……

1. X1 年 12 月 31 日的還款分錄為：

x1/12/31	利息費用	40,000②	
	長期應付票據	63,600③	
	現金		103,600①

①、②及③為攤銷表x1 年 12 月 31 日之第二欄、第三欄及第四欄金額。

2. X2 年 12 月 31 日財務狀況表上長期應付票據的金額為**$599,501**，此金額為攤銷表 X2 年 12 月 31 日之帳面金額。

2.甲公司有未到期公司債，面額為$100,000，公司債的未攤銷折價為$8,500，公司以 98 的價格於公開市場上贖回債券，則此贖回的利得或損失為：
(1)無利得或損失　　　　　　　(2)利得$8,500
(3)損失$6,500　　　　　　　　(4)損失$8,500

答案：(3)

✎補充說明：

贖回公司債之分錄為：

xxxx/xx/xx	應付公司債	100,000①	
	贖回公司債損失	6,500④	
	應付公司債折價		8,500②
	現金		98,000③

①除列(沖銷)應付公司債之帳列金額(等於公司債票面金額)。

②除列(沖銷)贖回日尚未攤銷的應付公司債折價金額。

③為贖回價格(＝公司債票面金額$100,000×98%)。

④＝②＋③－①。

3.某公司於民國 X1 年 4 月 1 日依照面額加計應計利息發行票面利率 9%，面額$2,000,000 之公司債，該公司債所記載之日期為民國 X1 年 1 月 1 日，付息日為每年 1 月 1 日及 7 月 1 日。該公司於民國 X1 年 4 月 1 日有關此公司債發行交易之分錄為：

(1)現金　　　　　　2,000,000
　　應付公司債　　　　　　　　2,000,000

(2)現金　　　　　　2,045,000
　　應付公司債　　　　　　　　2,045,000

(3)利息費用　　　　　45,000
　 現金　　　　　　2,000,000
　　應付公司債　　　　　　　　2,045,000

(4)現金　　　　　　2,045,000
　　應付公司債　　　　　　　　2,000,000
　　應付利息　　　　　　　　　　45,000

答案：(4)

補充說明：

因為甲公司並未於可發行日或付息日發行公司債，故於實際發行公司債時須先收取可發行日或上一次付息日至實際發行日共 3 個月(X1 年 1 月 1 日~X1 年 3 月 31 日)之利息$45,000(＝$2,000,000×9%×3/12)；

答案為選項(4)，貸方「應付利息」之會計科目亦可改列「利息費用」。

【97年五等地方特考試題】

1. 甲公司於X1年7月1日貸借4年期長期借款$7,434,200，票面利率與市場利率皆為3%，每年6月30日償付$2,000,000，請問第X3年6月30日償付的金額中，屬於償還本金之金額為多少元？

(1) 1,776,974　　　　(2) 169,717　　　　(3) 1,830,283　　　　(4) 223,026

答案：(3)

✎補充說明：

下列攤銷表中 X3 年 6 月 30 日之「攤銷數」即為答案：

日期	貸:現金	借:利息費用 3%	攤銷數	帳面金額
x1/07/01				$7,434,200
x2/06/30	$2,000,000	$223,026	$1,776,974	5,657,226
x3/06/30	2,000,000	169,717	**1,830,283**	3,826,943
……	……	……	……	……

2. 甲公司於X年初發行2年期公司債，面額$3,000,000，票面利率為4%，市場利率為6%，每年6月30日以及12月31日付息(若有折溢價，則採有效利息法攤銷)，請問此公司債X1年12月31日應攤提之折溢價為何？

期數	2% ($1年金現值)	3% ($1年金現值)	4% ($1年金現值)	6% ($1年金現值)
1	0.980392	0.970874	0.961538	0.943396
2	1.941561	1.913470	1.886095	1.833393
3	2.883883	2.828611	2.775091	2.673012
4	3.807729	3.717098	3.62895	3.465106

期數	2% ($1複利現值)	3% ($1複利現值)	4% ($1複利現值)	6% ($1複利現值)
1	0.980392	0.970874	0.961538	0.943396
2	0.961169	0.942596	0.924556	0.889996
3	0.942322	0.915142	0.888996	0.839619
4	0.923845	0.888487	0.854804	0.792094

(1)應攤提折價$26,655　　　　(2)應攤提折價$27,454

(3)應攤提溢價$26,655　　　　(4)應攤提溢價$27,454

答案：(2)

補充說明：

1. 公司債發行價格：

$$\$3,000,000 \times (1+3\%)^{-4} = \$2,665,461$$
$$\$60,000 \times P_{\overline{4},3\%} = \$223,026$$
$$\text{合　計} \quad \$2,888,487$$

2. 編製折價攤銷表如下：

日期	貸:現金	借:利息費用 3%	攤銷數	帳面金額
x1/01/01				$2,888,487
x1/06/30	$60,000	$86,655	−$26,655	2,915,142
x1/12/31	60,000	87,454	**−27,454**	2,942,596
……	……	……	……	……

3. 公司於兩付息日間發行公司債，下列有關此公司債之敘述何者錯誤？

(1)發行公司會先向投資人收取自上次付息日到債券發售日之利息

(2)投資人會先向發行公司收取自上次付息日到債券發售日之利息

(3)發行公司債所收到的金額包括發行價格與應計利息

(4)出售公司債價額中的利息為向投資人預先收取的應計利息

答案：(2)

補充說明：

因為公司債並未於付息日發行，故於實際發行公司債時須先**收取**上一次付息日至實際發行日之利息。選項(1)、選項(3)及選項(4)之敘述均為正確的，**選項(2)之敘述為錯誤的**，因為是發行公司先向投資人收取利息，而非投資人向發行公司收取自上次付息日到債券發售日之利息。

4.某公司於 X1 年 4 月 1 日發行面值$100,000，年息 12%之五年期公司債券，共收到現金$103,000，債券付息日為每年 1 月 1 日。試問債券發行價為：

(1)溢價 3%發行　　　　　　　　　(2)平價發行

(3)折價 5%發行　　　　　　　　　(4)折價 10%發行

答案：(2)

　　✎補充說明：

　　　　因為公司債並未於付息日發行，由收到現金$103,000 可推算債券發行價格如下：

　　　　收到現金$103,000

　　　　　　＝債券發行價格？＋X1 年 1 月 1 日至 X1 年 3 月 31 日利息

　　　　　　＝債券發行價格？＋$3,000

　　　　　　債券發行價格＝$100,000

　　　　因為債券發行價格等於面值(票面金額)，故為平價發行。

【96 年普考試題】

1.若公司債可轉換成普通股，則：

(1)其利率將高於無轉換權之類似公司債

(2)其出售價格將低於無轉換權之類似公司債

(3)只有在發行人決定轉換時始可轉換

(4)可轉換公司債之持有人將因普通股市價上升而受益

答案：(4)

　　✎補充說明：

　　　　若公司債可轉換成普通股，表示**投資人**投資該公司債，於符合相關約定且轉換為普通股較為有利(如：普通股價格上升)時，有權要求轉換為普通股，對投資人是有利的。發行公司債之企業可以較有利的方式發行，有利的方式即**以較低成本發行，表示發行利率會較低，可借得的資金會較多**。綜合以上說明，選項(1)、選項(2)及選項(3)均為錯誤的，僅選項(4)為正確的。

2.甲公司於95年12月31日開立一張面額$800,000、票面利率10%、10年期之應付票據以購入一項設備，該公司每年6月30日支付現金$64,194償還本息。則96年6月30日償還的本金是多少？

(1)$24,194　　　　(2)$40,000　　　　(3)$64,194　　　　(4)$80,000

答案：(1)

    ✎ **補充說明：**

下列攤銷表中96年6月30日之「攤銷數」即為答案：

日期	貸:現金	借:利息費用 10%	攤銷數	帳面金額
95/12/31				$800,000
96/06/30	$64,194	$40,000	**$24,194**	775,806
……	……	……	……	……

【96年初等特考試題】

1.公司債溢價發行時如採直線法攤銷，應認列之利息費用為：

(1)實際支付之利息加上公司債溢價攤銷

(2)有效利率乘以期初帳面金額

(3)有效利率乘以公司債面值

(4)實際支付之利息減公司債溢價攤銷

答案：(4)

    ✎ **補充說明：**

國際財務報導準則**規定須採有效利息法攤銷折、溢價**，並未說明可以採用直線法攤銷折、溢價。本題仍依直線法攤銷溢折價解題，以備國家考試出此類題型才會解題。

公司債溢價發行時如採直線法攤銷，應認列之利息費用＝票面金額×每期票面利率－公司債溢價攤銷金額，其中「票面金額×每期票面利率」即為實際支付之利息費用，故答案為選項(4)。

2.應付公司債溢價攤銷：

(1)會使利息費用增加　　　　　(2)期限不得超過40年

(3)會使利息費用減少　　　　　(4)會增加公司債利息收入

答案：(3)

✍補充說明：

應付公司債溢價攤銷之分錄為：

xxxx/xx/xx	應付公司債溢價	xx,xxx	
	利息費用		xx,xxx

由上列分錄可知**應付公司債溢價攤銷會使利息費用減少**。

3.在分期攤還本金的情況下，各期利息有何變化？

(1)各期利息費用逐年遞增

(2)各期利息費用逐年遞減

(3)各期利息費用相同

(4)受到各期攤還本金金額大小的影響

答案：(2)

✍補充說明：

分期攤還本金的情況下，**其因為本金會逐期減少，故各期利息費用逐年遞減**，答案為選項(2)。

【96年四等地方特考試題】

1.甲公司在民國96年1月2日折價發行面額$480,000的公司債，該筆公司債將於10年後到期，並且在每半年6月30日及12月31日支付利息。在民國96年6月30日與12月31日甲公司將認列利息費用與債券折價攤銷，折價攤銷採有效利息法。

請回答下表(1)～(7)空格，每一空格請自A.～X.選出正確答案。

	現　金	利息費用	攤　銷	折　價	帳面金額
民國96年1月2日					(3)
民國96年6月30日	(2)	18,000	3,600	(1)	363,600
民國96年12月31日	14,400	(6)	(7)		

年利率：票面利率(4)
　　　　有效利率(5)

利　率	金　　額		
A. 3.0%	G. $3,420	M. $18,000	S. $123,600
B. 4.5%	H. $3,600	N. $18,180	T. $360,000
C. 5.0%	I. $3,780	O. $18,360	U. $363,600
D. 6.0%	J. $3,960	P. $21,600	V. $367,200
E. 9.0%	K. $14,400	Q. $116,400	W. $467,400
F. 10.0%	L. $17,820	R. $120,000	X. $480,000

解題：

(1)＝面額$480,000－帳面金額 363,600＝$116,400，**答案為**「Q. $116,400」。

(2)＝利息費用$18,000－折價攤銷金額$3,600＝$14,400，**答案為**「K. $14,400」。

(3)＝民國96年6月30日公司債帳面金額$363,600－折價攤銷金額$3,600＝$360,000，**答案為**「T. $360,000」。

(4)＝〔(2) $14,400÷面額$480,000〕×2＝6%，**答案為**「D. 6.0%」。

(5)＝〔利息費用$18,000÷民國96年1月2日公司債帳面金額$360,000〕×2＝10%，**答案為**「F. 10.0%」。

(6)＝民國96年6月30日公司債帳面金額$363,600×每期(每半年)有效利率5%＝$18,180，**答案為**「N. $18,180」。

(7)＝(6) $18,180－$14,400＝$3,780，**答案為**「I. $3,780」。

2.有關債券與股票之比較,下列敘述何者不正確?
(1)債券表彰投資人對公司之債權,股票代表投資人對公司之所有權
(2)債券有一定的到期日,股票則無到期日
(3)發行股票必須每一年都支付股利,發行債券則不一定每年都得支付利息
(4)債券利息可以在報稅時當費用列減,發行股票所支付之股利則無法在報稅時列減

答案:(3)

✎補充說明:

選項(3)之敘述為錯誤的,正確的敘述是發行股票不一定每年都得支付股利,但發行債券必須每一年都得支付利息。

【96年五等地方特考試題】

1.【依IAS或IFRS改編】發行公司債若有折價或溢價發行的情況,則該應付公司債折價或應付公司債溢價應如何處理,請問下列敘述何者正確?
(1)原則上應採有效利息法攤銷
(2)在會計上不需特別處理
(3)僅有折價時需加以攤銷
(4)僅有溢價時需加以攤銷

答案:(1)

✎補充說明:

國際財務報導準則**規定須採有效利息法攤銷折、溢價**,並未說明可以採用直線法攤銷折、溢價。

2.甲公司於X1年7月1日貸借4年期長期借款$7,615,460,票面利率與市場利率皆為2%,每年6月30日償付$2,000,000。請問X2年6月30日償付的金額中,屬於清償本金的部分為多少元?

(1) 1,847,691　　　(2)1,524,023　　　(3)152,309　　　(4)76,155

答案:(1)

✎ 補充說明如下：

下列攤銷表中 X2 年 6 月 30 日之「攤銷數」即為答案：

日期	貸:現金	借:利息費用 2%	攤銷數	帳面金額
x1/07/01				$7,615,460
x2/06/30	$2,000,000	$152,309	**$1,847,691**	5,767,769
......	......	......	......	......

3.下列有關長期應付票據之敘述何者錯誤？
(1)借款日應貸記長期應付票據
(2)長期應付票據可與銀行約定採分期償還之方式還款
(3)當市場利率等於票面利率時，長期應付票據面額會小於發行價格
(4)在會計年度結束日時，需作調整分錄以認列應付而未付之利息費用

答案：(3)

✎ 補充說明：

選項(3)之敘述為錯誤的，**因為當市場利率等於票面利時，長期應付票據發行價格會等於面額(票面金額)**。

4.甲公司於 X1 年初 1 月 2 日發行 2 年期公司債，面額$100,000，票面利率為 6%，市場利率為 4%，每年 6 月 30 日以及 12 月 31 日付息(若有折溢價，則採直線法攤銷)，請問此公司債於 X1 年 6 月 30 日應提列之分錄為何？(若有小數請四捨五入求取整數)

期數	2% ($1 年金現值)	3% ($1 年金現值)	4% ($1 年金現值)	6% ($1 年金現值)
1	0.980392	0.970874	0.961538	0.943396
2	1.941561	1.913470	1.886095	1.833393
3	2.883883	2.828611	2.775091	2.673012
4	3.807729	3.717098	3.62895	3.465106

期數	2% ($1 複利現值)	3% ($1 複利現值)	4% ($1 複利現值)	6% ($1 複利現值)
1	0.980392	0.970874	0.961538	0.943396
2	0.961169	0.942596	0.924556	0.889996
3	0.942322	0.915142	0.888996	0.839619
4	0.923845	0.888487	0.854804	0.792094

(1)借記：利息費用$2,048 以及應付公司債溢價$952，貸記：現金$3,000

(2)借記：利息費用$1,096 以及應付公司債溢價$1,904，貸記：現金$3,000

(3)借記：利息費用$6,000，貸記：現金$6,000

(4)借記：利息費用$3,000，貸記：現金$3,000

答案：(1)

☞補充說明：

國際財務報導準則規定須採有效利息法攤銷折、溢價，並未說明可以採用直線法攤銷折、溢價。本題仍依直線法攤銷溢折價解題，以備國家考試出此類題型才會解題。

1.公司債發行價格：

$$\$100,000 \times (1+2\%)^{-4} = \$92,385$$
$$\$3,000 \times P_{4,2\%} = \$11,423$$
$$合\ 計\ \ \ \ \ \$103,808$$

2. X1 年 6 月 30 日之分錄為：

×1/06/30	利息費用	2,048③	
	應付公司債溢價	952②	
	現金		3,000①

①為每期(半年)支付利息金額(＝$100,000×每期票面利率3%)。

②每期(半年)公司債溢價攤銷金額(＝$(103,808－100,000)÷4期)。

③＝①－②。

【95年普考試題】

1.**【依 IAS 或 IFRS 改編】**假設大平公司民國94年12月31日的部分財務資料包括 (1)7.5%應付公司債$8,000,000 及 (2)應付公司債折價$320,000。上述應付公司債之發行日為民國92年12月31日，到期日為民國102年12月31日，付息日為6月30日及12月31日。大平公司採直線攤銷法(straight-line amortization method)。大平公司於民國95年4月1日以101價格另加應計利息，收回面額$1,600,000 的應付公司債。請作應付公司債收回之相關分錄。

請簡述或有負債(contingent liabilities)之定義及會計處理。

解題：

(一)

1.認列95年4月1日應計利息費用及折價攤銷金額之分錄為：

95/04/01	利息費用	32,000③	
	應付公司債折價		2,000②
	應付利息		30,000①

①＝$1,600,000×7.5%×3/12。

②＝應付公司債未攤銷折價金額$320,000×($1,600,000÷$8,000,000)÷未攤銷年數8年×3/12＝$2,000。

③＝①＋②。

2.贖回公司債之分錄為：

95/04/01	應付公司債	1,600,000①	
	應付利息	2,000③	
	贖回公司債損失	106,000⑤	
	應付公司債折價		62,000②
	現金		1,646,000④

①除列(沖銷)收回部分之應付公司債帳列金額(等於收回部分公司債之票面金額)。

②除列(沖銷)贖回日尚未攤銷的應付公司債折價金額(＝$320,000×($1,600,000÷$8,000,000)－95年1月1日至95年4月1日折價金額$2,000)。

③除列(沖銷)收回應付公司債部分之應付利息金額。

④為贖回價格(＝收回部分之公司債票面金額$1,600,000×101%＋應計利息$30,000)。

⑤＝②＋④－①－③。

(二)或有負債(contingent liabilities)之定義及會計處理

有關或有負債之定義及會計處理，本書列為第九章「流動負債、負債準備、或有負債及資產」之主題。本題本項亦列於第九章之【95 年普考試題】試題內，相關答案請參閱該部分之說明。

2.某公司於 2003 年 4 月 1 日發行面額$500,000、10 年期、契約利率 15% 之債券，債券利息每半年支付一次，每年付息日分別為 4 月 1 日與 10 月 1 日，又發行日當天之市場利率為 18%。試利用下列現值因子資料，計算債券之理論發行價格。

期間數 20 期，折現率 7.5%，$1 之現值	0.235
期間數 20 期，折現率 9.0%，$1 之現值	0.178
期間數 20 期，折現率 7.5%，$1 年金之現值	10.194
期間數 20 期，折現率 9.0%，$1 年金之現值	9.129

(1)$431,338　　(2)$471,274　　(3)$499,806　　(4)$523,306

答案：(1)

補充說明：

公司債發行價格為：

$500,000 × (1+9%)$^{-20}$　　＝$89,000

$37,500 × P$_{20,9%}$　　　　＝$342,338

　　　　合　計　　　　　**$431,338**

3.某公司有一面額$400,000、票面利率10%、有效利率12%公司債流通在外，該公司債於民國94年12月31日之帳面金額為$380,000。該公司債每年1月1日及6月30日支付利息，該公司以有效利息法攤銷折、溢價。若該公司於民國95年7月1日以$408,000自市場上買回全部的公司債，則該公司應承認之損失金額為若干？(忽略所得稅之影響)

(1)$8,000　　　(2)$22,400　　　(3)$25,200　　　(4)$28,000

答案：(3)

☞ 補充說明：

1.編製公司債之折價攤銷表如下：

日期	貸:現金	借:利息費用 6%	攤銷數	帳面金額
94/12/31				$380,000
95/06/30	$20,000	$22,800	−$2,800	382,800
……	……	……	……	……

2.買回公司債之分錄為：

95/07/01	應付公司債	400,000①	
	買回公司債損失	**25,200④**	
	應付公司債折價		17,200②
	現金		408,000③

①除列(沖銷)應付公司債之帳列金額(等於公司債票面金額)。

②除列(沖銷)贖回日尚未攤銷的應付公司債折價金額(＝票面金額 $400,000－95年7月1日帳面金額$382,800)。

③為買回價格。

④＝②＋③－①。

【95年初等特考試題】

1.發行公司債時,如果當時的市場利率小於公司債的票面利率時,則公司債:
(1)將平價發行　　　　　　　　　(2)將溢價發行
(3)將折價發行　　　　　　　　　(4)發行後各期支付的利息將減少

答案:(2)

☞補充說明:

　　市場利率小於公司債的票面利率,**表示票面利率較大**,發行公司債之企業提供較佳的條件,**故會溢價發行**。

2.在下列何種情況下應付公司債通常會溢價發行?
(1)市場利率大於票面利率　　　　(2)市場利率等於票面利率
(3)市場利率小於票面利率　　　　(4)市場利率巨幅波動

答案:(3)

☞補充說明:

　　應付公司債會溢價發行,表示發行公司債之企業提供較佳的條件,**票面利率會較大**,亦即市場利率小於票面利率。

3.陽光公司94年1月1日簽發面額$1,331,000,三年期之未附息票據向往來客戶借得現金$1,000,000,若市場公允利率為10%,則陽光公司94年應認列之利息費用為:
(1)$100,000　　　(2)$133,100　　　(3)$0　　　(4)以上皆非

答案:(1)

☞補充說明:

編製攤銷表,即可求得94年應認列之利息費用,計算如下:

日期	貸:現金	借:利息費用 10%	攤銷數	帳面金額
94/01/01				$1,000,000
94/12/31	$0	**$100,000**	−$100,000	1,100,000
……	……	……	……	……

4.當公司採利息法攤銷公司債溢折價時,有關每期攤銷溢折價之金額,下列那一項敘述正確?

(1)若為折價攤銷,則逐期遞增
(2)若為溢價攤銷,則逐期遞減
(3)若為溢價攤銷,則逐期遞增
(4)不論折價或溢價攤銷均逐期遞增

答案:(4)

☞**補充說明:**

溢折價攤銷數為攤銷表第四欄的金額,**不論是折價或溢價攤銷數均為逐期遞增**。詳細說明請參閱本章重點提示。

【95年四等地方特考試題】

1.尚雅公司於93年初發行公司債,面額$100,000,每年底付息一次,有關資料如下:

年 度	現金支付	利息費用	公司債帳面金額
93年初			$104,266
93年底	$3,500	?	103,894
94年底	?	?	103,511

試作:

(一)尚雅公司對應付公司債溢價採用何種方法攤銷?並說明你判斷的理由。
(二)該公司債的票面利率為何?市場利率為何?請列計算式,否則不予計分。
(三)假設尚雅公司於95年12月31日以$105,000將公司債全部贖回,則贖回損益為何?請列計算式,否則不予計分。

解題:

(一)尚雅公司對應付公司債溢價是**採用有效利息法攤銷,因為公司債帳面金額由93年初至94年底,每年減少金額分別為**$372(=$104,266−$103,894)、383(=$103,894−$103,511),**其並不相等**;若採用直線法攤銷,則公司債帳面金額每年(本題為每年底付息一次)減少數會相等。

(二)公司債的票面利率及市場利率分別為：

1.票面利率

＝93年底現金支付利息數$3,500÷票面金額$100,000＝**3.5%**

2.市場利率之計算如下：

(1)93年度公司債帳面金額減少數＝$104,266－$103,894＝$372

(2)利息費用＝93年底利息現金支付數$3,500－$372＝$3,128

(3)**市場利率**＝93年度利息費用$3,128

÷93年初公司債帳面金額$104,266＝**3%**

(三)尚雅公司贖回公司債損益計算如下：

1.攤銷表須編製至95年12月31日，列示如下：

日期	貸:現金	借:利息費用 3%	攤銷數	帳面金額
93/01/01				$104,266
93/12/31	$3,500	$3,128	$372	103,894
94/12/31	3,500	3,117	383	103,511
95/12/31	3,500	3,105	395	103,116
……	……	……	……	……

2.編製贖回公司債之分錄，即求得贖回公司債損益，列示如下：

95/12/31	應付公司債	100,000①	
	應付公司債溢價	3,116②	
	贖回公司債損失	**1,884**④	
	現金		105,000③

①除列(沖銷)應付公司債之帳列金額(等於公司債票面金額)。

②除列(沖銷)贖回日尚未攤銷的應付公司債溢價金額(＝95年12月31日帳面金額$103,116－票面金額$100,000)。

③為贖回價格。

④＝③－①－②。

2.下列何者將不會被歸類為非流動負債?
(1)長期負債中將於一年內到期的部分
(2)應付公司債
(3)應付住宅貸款
(3)租賃負債

答案:(1)

> 補充說明:
> 答案為選項(1),其他選項除非於一年內到期,應歸類為非流動負債。

3.若公司債之折、溢價係採有效利息法攤銷,則下列敘述何者正確?
(1)若此公司債以折價發行,則攤銷額將逐期減少
(2)若此公司債以溢價發行,則攤銷額將逐期減少
(3)若此公司債以溢價發行,則攤銷額將每期相同
(4)不論此公司債以折價或溢價發行,攤銷額都將逐期增加

答案:(4)

> 補充說明:
> 溢折價攤銷數為攤銷表第四欄的金額,**不論是折價或溢價攤銷數均為逐期遞增**。詳細說明請參閱本章重點提示。

【95年五等地方特考試題】

1.某公司發行面值$100,000之5年期公司債,債券票面利率為10%,半年付息一次,若市場有效利率為8%,則發行價格應:
(1)低於公司債面值   (2)等於公司債面值
(3)大於公司債面值   (4)無法決定

答案:(3)

> 補充說明:
> 公司債的票面利率10%大於市場利率8%,表示發行公司債之企業提供較佳的條件,**故會溢價發行,即發行價格會大於公司債面值(票面金額)**。

第十一章　股東權益

重點提示：

● 本章主題

　1. 發行普通股及特別股。

　2. 現金股利及股票股利。

　3. 前期損益調整。

　4. 庫藏股票。

　5. 保留盈餘表。

　6. 每股帳面金額。

　7. 每股盈餘。

　8. 積欠股利。

● 股票面額之相關議題

　1. 我國規定股票每股面額為$10。

　2. 普通股股本及特別股股本應以「每股面額$10×發行股數」之金額列帳。**股票之面額總額為公司的法定資本。**

　3. 發行價格超過面額部分應認列為資本公積。

　4. **股本及資本公積合計金額稱為投入資本。**

● 股本之種類

　1. 核定股本：為主管機關核定之股數乘以每股面額。

　2. 已發行股本：為已發行股數乘以每股面額。

　3. 流通在外股本：為流通在外股數乘以每股面額，**流通在外股數為已發行股數扣減庫藏股票股數。**

● 特別股之種類

　累積特別股、**非累積**特別股、**參加**特別股(又可分為全部參加特別股及部分參加特別股)、**非參加**特別股、**可轉換**特別股及**可贖回**特別股。

● 股票股利

1. 我國對於宣告及發放股票股利應以面額入帳。

2. 美國財務會計準則對於宣告及發放股票股利應區分小額股票股利與大額股票股利，方可決定其入帳金額。宣告股票股利小於流通在外股數之 20%~25% 時，則為小額股票股利；宣告股票股利大於於流通在外股數之 20%~25% 時，則為大額股票股利。小額股票股利應以公允價值入帳，大額股票股利則應以面額入帳。

3. 國際財務報導準則未明文規定宣告及發放股票股利之會計處理。

● 股票分割

股票分割會使股數等比例增加，每股面額等比例減少，但股本的總面額不變。股票分割僅須附註揭露增加的股數及分割後的每股面額。

● 股票股利與股票分割之比較

影響項目	股票股利	股票分割
投入資本	增加	不變
普通股股本	增加	不變
每股面值	不變	減少
流通在外股數	增加	增加
保留盈餘	減少	不變
股東權益總額	不變	不變

● 庫藏股票

1. 庫藏股票係指公司已發行之股票，予以收回但尚未註銷者。

2. 庫藏股票買回時以成本列帳。

3. 再發行(再出售)庫藏股票時，若再發行價格大於原買回之成本時，應貸記「資本公積－庫藏股票交易」。

4.再發行(再出售)庫藏股票時,若再發行價格 小於 原買回之成本時,若「資本公積－庫藏股票交易」會計科目有餘額時,**應先借記「資本公積－庫藏股票交易」,若有不足時,應再借記「保留盈餘」**。

● 保留盈餘表

保留盈餘表包括期初保留盈餘、前期損益調整、會計政策變動累積影響數、本期淨利及股利。

● 保留盈餘之指撥

保留盈餘之指撥之實例如:依公司法規定提列之法定盈餘公積、公司章程規定提列的擴充廠房準備。**保留盈餘指撥僅係限制保留盈餘用以發放股利,不會影響保留盈餘的總金額,只會影響保留盈餘的組成項目**(指撥部分及未指撥部分)。

● 每股帳面金額

每股帳面金額(普通股)＝普通股之股東權益金額除以流通在外普通股股數。

● 每股盈餘

每股盈餘＝(本期淨利－特別股股利)÷流通在外普通股加權平均股數。

【101 年普考試題】

1.甲公司X1年初計有流通在外每股面額$10之普通股20,000股,其發行溢價為$100,000。當年度甲公司以每股$19購買6,000股庫藏股,隨即將買入之庫藏股全數註銷。試問上述庫藏股註銷將減少甲公司保留盈餘的金額為多少?
(1)$14,000　　　(2)$24,000　　　(3)$30,000　　　(4)$84,000

答案:(2)

　　補充說明:

　　1.買回庫藏股票時之分錄為:

x1/xx/xx	庫藏股票	114,000	
	現金		114,000①

　　①＝$19×6,000股。

　　2.註銷庫藏股票時之分錄為:

x1/xx/xx	普通股股本	60,000①	
	資本公積－普通股		
	股票溢價	30,000②	
	保留盈餘	**24,000④**	
	庫藏股票		114,000③

　　①＝$10×6,000股。

　　②＝$100,000÷20,000股×6,000股。

　　③除列(沖銷)買回庫藏股票之帳列金額。

　　④為①、②及③之差額。

2.甲公司投資乙公司累積特別股,乙公司在X2年宣告並支付X2年股利及X1年積欠股利。試問甲公司應如何認列收到X1年之積欠股利?
(1)貸記應收累計特別股股利
(2)追溯作為前期損益調整
(3)作為保留盈餘的減少
(4)認列於綜合損益表,作為當期損益

答案:(4)

　　補充說明如下:

甲公司收到乙公司宣告及發放的現金股利，不論是否為積欠股利部分，均應認列為股利收入，其為損益項目。

【101年初等特考試題】

1. 甲公司成立時財務狀況表權益部分包括：累積特別股股本$1,500,000，股利率為10%。甲公司前3年虧損合計達$2,000,000，第4年研發成功開始獲利，第4年獲利$1,500,000、第5年獲利$2,500,000。若甲公司於第6年初將保留盈餘全數發放作為現金股利，則普通股股東可分得之現金股利為：

(1)$150,000　　　(2)$750,000　　　(3)$1,250,000　　　(4)$1,850,000

答案：(3)

補充說明：

1. 截至第6年初保留盈餘之餘額＝**可分配的現金股利金額**
   ＝－$2,000,000＋$1,500,000＋$2,500,000＝$2,000,000

2. 現金股利分配金額之計算：

	特別股	普通股
積欠股利	$750,000①	－②
按股利率10%分配	0③	$0④
剩餘數的分配	0⑤	$1,250,000⑥
	$750,000⑦	$1,250,000⑧

①為第1年至第5年累積特別股之積欠股利＝累積特別股股本 $1,500,000 × 股利率10% × 5年。

②普通股沒有積欠股利。

③分配股利時為第6年初，**故第6年無分配股利之金額。**

④、⑤因為特別股為不參加特別股(題目未說明其為參加特別股)，此二項金額為$0。

⑥＝可分配的現金股利金額$2,000,000－①－②－③－④－⑤。

⑦＝①＋③＋⑤。

⑧＝②＋④＋⑥。

2.甲公司考慮發放現金股利與買回庫藏股二方案,若其他條件完全相同,則下列有關二方案之敘述,何者錯誤?
(1)發放現金股利與買回庫藏股將使權益總額皆減少
(2)發放現金股利與買回庫藏股將使資產總額皆減少
(3)買回庫藏股不影響每股帳面金額
(4)發放現金股利不影響流通在外股數

答案:(3)

☞補充說明:

本題所稱之「發放現金股利」包括宣告及發放現金股利。

1.發放現金股利→造成資產總額(現金)減少→造成保留盈餘減少→造成權益總額減少→不影響流通在外股數→造成每股帳面金額減少。

2.買回庫藏股→造成資產總額(現金)減少→造成權益總額減少→造成流通在外股數減少→**造成每股帳面金額減少**。

3.下列有關投入資本之敘述何者錯誤?
(1)投入資本包括股本及資本公積
(2)股票之面額部分為公司之法定資本
(3)公司債轉換普通股時,其帳面值超過股本面額之差額應列入資本公積
(4)受領股東贈與應直接列入保留盈餘,不得列為資本公積

答案:(4)

☞補充說明:

1.選項(1)、選項(2)及選項(3)之敘述均為正確的。

2.選項(4)之敘述是為錯誤的,**受領股東贈與應列為資本公積**。

4.下列何者不屬於權益工具之標的:
(1)普通股股份				(2)參加特別股
(3)可賣回公司債				(4)累積特別股

答案:(3)

☞補充說明如下:

權益工具於發行該工具之企業係列為權益項目,例如普通股、特別股及認股權等。**選項(1)、選項(2)及選項(4)均屬權益工具,選項(3)可賣回公司債為債務工具。**

5.公司發行 2,000 股每股面值$5 的普通股,發行價格為$7,將使投入資本:
(1)增加$10,000　　　　　　　　　(2)增加$14,000
(3)增加$24,000　　　　　　　　　(4)沒有影響

答案:(2)

✎補充說明:

1.發行普通股之分錄為:

xxxx/xx/xx	現金	14,000①	
	普通股股本		10,000②
	資本公積－普通股		
	股票溢價		4,000③

①為發行股票可以收取的現金(＝發行價格$7×發行股數 2,000 股)。

②為發行股票的總面額＝每股面額$5×發行股數 2,000 股。

③＝①－②,為股票發行價格超過總面額的部分。

2.**投入資本即為「普通股股本」會計科目金額$10,000＋「資本公積－普通股股票溢價」會計科目金額$4,000＝$14,000,即為發行總價款;故發行普通股將使投入資本增加$14,000。**

6.公司採取認購股票方式發行股票,即投資人先行承諾以一定價格向公司認購普通股股票,下列相關會計處理何者錯誤?
(1)以認購股票面額總和貸記「已認購普通股股本」
(2)總認購價款超出認購股票面額部分貸記為「資本公積－已認購普通股」
(3)在財務狀況表上將已認購股本列為股本的加項
(4)於繳足股款並向主管機關辦理登記核准後,交付股票予認股人,將「已認購普通股股本」轉列「股本」

答案:(2)

✎補充說明如下:

1. 投資人承諾認購股票時之分錄為：

xxxx/xx/xx	應收股款	xx,xxx	
	已認購普通股股本		xx,xxx
	資本公積－普通股		
	股票溢價		x,xxx

2. 由第 1 項所列示的分錄可知選項(2)的答案是錯誤的，**正確的資本公積會計科目應為「資本公積－普通股股票溢價」**。

【100 年普考試題】

1. 甲公司目前共發行普通股 50,000 股，面值為$10，但有庫藏股 10,000 股，其購買成本為$11。股東權益總額為$475,000，則普通股每股帳面金額為：
(1)$7.3　　　　(2)$9.125　　　　(3)$10　　　　(4)$11.875

答案：(4)

> 補充說明：
>
> 流通在外普通股股數＝50,000 股－庫藏股 10,000 股＝40,000 股
>
> **每股帳面金額**＝股東權益總額$475,000÷40,000 股＝**$11.875**

【100 年初等特考試題】

1. X2 年 12 月 31 日甲公司之股東權益總額為$600,000，X3 年度宣告並支付現金股利$100,000、淨損為$50,000、發行無面額普通股$180,000、買回普通股並支付$48,000，則 X3 年 12 月 31 日股東權益總額為：
(1)$450,000　　　(2)$582,000　　　(3)$630,000　　　(4)$732,000

答案：(2)

> 補充說明：
>
> X3 年 12 月 31 **日股東權益總額**
> 　　＝X2 年 12 月 31 日股東權益總額$600,000－$100,000－$50,000
> 　　　＋$180,000－$48,000＝**$582,000**

2.公司處分庫藏股時，若處分價格低於帳面金額，則其差額應先沖銷庫藏股票交易產生之資本公積，但若尚有不足時，則應再沖銷：
(1)同類股票之發行溢價資本公積　　　(2)同類股票之股本
(3)保留盈餘　　　　　　　　　　　　(4)少數股權

答案：(3)

◎補充說明：

1.處分庫藏股時之分錄為：

xxxx/xx/xx	現金　　　　　　　　　　　　xx,xxx①
	【仍有其他會計科目】　　　　x,xxx③
	庫藏股票　　　　　　　　　　　　xx,xxx②

2.題目告知處分(再出售)價格低於帳面金額，**表示前列第1項所列分錄之①較小，②較大，為使分錄借貸平衡，借方要補科目(即③)，其次序應先沖銷庫藏股票交易產生之資本公積，若仍有不足時，應再沖銷保留盈餘。**

3.甲公司股東權益科目在X1年1月1日有普通股股本$1,000,000、資本公積—普通股股票溢價$200,000及保留盈餘$800,000，每股面額$10。X1年4月1日以每股$15買回庫藏股8,000股，於同年8月1日以每股$17出售庫藏股2,500股，同年10月1日以每股$12出售庫藏股3,000股，同年12月1日將其餘庫藏股註銷，則註銷後保留盈餘總額為何？
(1)$783,500　　　(2)$787,500　　　(3)$788,500　　　(4)$800,000

答案：(3)

◎補充說明：

1.相關交易之分錄列示如下：

　(1)買回庫藏股8,000股：

| x1/04/01 | 庫藏股票　　　　　　120,000 |
| | 　現金　　　　　　　　　　　　120,000① |

①＝每股$15×8,000股。

第9頁　(第十一章 股東權益)

(2)出售庫藏股 2,500 股：

x1/08/01	現金	42,500①	
	庫藏股票		37,500②
	資本公積－庫藏股票交易		5,000③

①＝每股$17×2,500 股。

②＝每股$15×2,500 股。

③＝①－②。

(3)出售庫藏股 3,000 股：

x1/10/01	現金	36,000①	
	資本公積－庫藏股票交易	5,000③	
	保留盈餘	**4,000**④	
	庫藏股票		45,000②

①＝每股$12×3,000 股。

②＝每股$15×3,000 股。

③先沖減「資本公積－庫藏股票交易」會計科目餘額。

④＝因③沖減「資本公積－庫藏股票交易」會計科目餘額仍有不足，故①－②－③之差額應沖減保留盈餘。

(4)註銷庫藏股：

x1/12/01	普通股股本	25,000①	
	資本公積－普通股股票溢價	5,000②	
	保留盈餘	**7,500**④	
	庫藏股票		37,500③

①＝每股$10×尚餘庫藏股股數 2,500 股(＝8,000 股－2,500 股－3,000 股)。

②＝原發行普通股之每股溢價$2×2,500 股。**原發行普通股之每股溢價**＝$200,000÷(普通股股本$1,000,000÷每股面額$10)。

③＝每股$15×2,500 股。

④＝因「資本公積－庫藏股票交易」會計科目已無餘額，故直接沖減保留盈餘。

2.經過編製前列第1項4筆交易之分錄後，保留盈餘總額為：

期初保留盈餘$800,000－$4,000－$7,500＝**$788,500**

4.公司宣告現金股利，請問不會影響下列何者？
(1)保留盈餘　　　　　　　　(2)資本公積
(3)股東權益　　　　　　　　(4)負債

答案：(2)

✍補充說明：

宣告現金股利時之分錄為：

xxxx/xx/xx	保留盈餘	xx,xxx	
	應付股利		xx,xxx

由分錄可知宣告現金股利將使**保留盈餘減少→股東權益減少→負債增加**。

5.甲公司普通股股本10億元，每股面額10元。甲公司規劃發放30%股票股利，則下列敘述何者正確？
(1)將增加3億股東權益
(2)將增加3,000萬股流通在外股數
(2)不影響每股帳面金額
(4)不影響每股盈餘

答案：(2)

✍補充說明：

1.選項(1)：宣告及發放股票股利會使保留盈餘減少，投入資本增加，保留盈餘與投入資本均為股東權益組成項目，二者一增一減，甲公司的股東權益並不會變動。

2.選項(2)：此項敘述是正確的，**答案為本選項**。

3.選項(3)及選項(4)：宣告及發放股票股利會使流通在外股數增加，故會使每股帳面金額及每股盈餘減少。

【100 年四等地方特考試題】

1.甲公司本年度有下列股票交易：

(一)以每股$25 發行每股面值$10 的普通股 10,000 股，股票發行成本$5,000。

(二)發行每股面值 $10 的普通股 10,000 股交換土地，土地經評估的評定價值為$700,000，股票在交易當時未知公允價值。

試作上述交易之分錄。

解題：

(一)股票發行之分錄：

xxxx/xx/xx	現金	245,000①	
	普通股股本		100,000②
	資本公積－普通股		
	股票溢價		145,000③

①＝每股發行價格$25×10,000 股－發行成本$5,000＝$245,000。

②＝每股面值$10×10,000 股＝$100,000。

③＝①－②。

(二)以發行普通股交換土地之分錄：

xxxx/xx/xx	土地	700,000①	
	普通股股本		100,000②
	資本公積－普通股		
	股票溢價		600,000③

①為土地的評定價值(或稱為：鑑定價值)。

②＝每股面值$10×10,000 股＝$100,000。

③＝①－②。

2.甲公司 X1 年底流通在外的股票資料如下：

　　普通股－面額$10，70,000 股

　　特別股－8%，面額$50，4,000 股

若特別股為累積、參加至 10%，且已積欠二年股利。X1 年 12 月 31 日股東會決議發放現金股利，普通股每股可得現金股利$1.15，試問需宣告之現金股利總額為何？

(1)$128,500　　　　(2)$132,500　　　　(3)$135,500　　　　(4)$148,500

答案：(2)

補充說明：

計算如下：

	特別股	普通股
積欠股利	$32,000②	
按股利率 8% 分配	16,000③	
剩餘數的分配	4,000④	$80,500①
	$52,000⑤	$80,500①	$?⑥

① ＝普通股每股可得現金股利$1.15×70,000 股。

② ＝特別股每股面額$50×4,000 股×8%×2 年。

③ ＝特別股每股面額$50×4,000 股×8%。

④ ＝特別股每股面額$50×4,000 股×參加最上限 10%－③。

⑤ ＝②＋③＋④。

⑥ ＝$80,500①＋$52,000⑤＝**$132,500，此為本題答案。**

【100 年五等地方特考試題】

1.甲公司 20X1 年 6 月初，宣布分配 30% 之股票股利，當日已發行普通股 500,000 股，庫藏股票有 10,000 股，每股面額$10，市價$21，則該公司宣告日應貸記：

(1)普通股股本$1,470,000

(2)待分配股票股利$1,470,000

(3)待分配股票股利$1,500,000

(4)普通股股本$1,470,000 及資本公積－普通股股票溢價$1,617,000

答案：(2)

補充說明：

宣告股票股利時之分錄為：

20x1/06/xx	保留盈餘	1,470,000	
	待分配股票股利		1,470,000☙

☙＝每股面額$10×(已發行普通股 500,000 股－庫藏股票 10,000 股)×30%。

2. 甲公司於 X9 年初開始營業，X9 年相關資料如下：

淨利	$500,000
現金股利	145,000
股票股利	50,000
庫藏股再發行價格超過成本	105,500
保留盈餘指撥或有損失準備	75,000

試問甲公司 X9 年 12 月 31 日保留盈餘應有之餘額為：
(1)$446,500　　　(2)$341,000　　　(3)$305,000　　　(4)$230,000

答案：(3)

✐補充說明：

X9 年 12 月 31 日保留盈餘應有之餘額為：

淨利	$500,000
現金股利	−145,000
股票股利	−50,000
合　　計	**$305,000**

「庫藏股再發行價格超過成本」不會影響保留盈餘，「保留盈餘指撥或有損失準備」只會影響保留盈餘的組成項目，但不會影響保留盈餘總金額。

3. 甲公司本期宣告並發放每股 $2 之現金股利，若甲公司流通在外股數為 40,000 股，則下列敘述何者正確？
(1)現金增加$80,000　　　　　　(2)負債減少$80,000
(3)股本增加$80,000　　　　　　(4)保留盈餘減少$80,000

答案：(4)

✐補充說明：

宣告並發放現金股利＝每股$2×流通在外股數 40,000 股＝**$80,000**，
分錄如下：

xxxx/xx/xx	保留盈餘	80,000	
	現金		80,000

4.下列關於小額股票股利與大額股票股利的比較，正確者有幾個？①兩者皆造成公司股本增加 ②兩者皆造成公司資本公積增加 ③兩者皆造成公司保留盈餘減少 ④兩者公司股東權益總數皆未變動 ⑤兩者皆造成股份總數增加

(1) 2 個　　　　　　(2) 3 個　　　　　　(3) 4 個　　　　　　(4) 5 個

答案：(3)

> **補充說明：**
>
> 僅美國財務會計準則對於宣告及發放股票股利須區分**小額股票股利與大額股票股利**，詳細說明請參閱本章之重點提示。依美國財務會計準則分析小額股票股利與大額股票股利之影響如下：

影響項目	小額股票股利	大額股票股利
①股本	**增加**	**增加**
②資本公積	增加	不變
③保留盈餘	**減少**	**減少**
④股東權益總數	**不變**	**不變**
⑤股份總數	**增加**	**增加**

【99 年普考試題】

1. 股票股利與股票分割對於投入資本、每股面值、保留盈餘及股東權益總額依序的影響，下列何者正確？

(1) 股票股利：增加、不變、減少、不變；股票分割：不變、減少、不變、不變
(2) 股票股利：不變、減少、不變、不變；股票分割：增加、不變、減少、不變
(3) 股票股利：增加、不變、減少、不變；股票分割：不變、不變、減少、不變
(4) 股票股利：增加、減少、不變、不變；股票分割：不變、減少、不變、不變

答案：(1)

> **補充說明：**
>
> 分析股票股利與股票分割之影響如下：

第 15 頁 (第十一章 股東權益)

影響項目	股票股利	股票分割
投入資本	增加	不變
每股面值	不變	減少
保留盈餘	減少	不變
股東權益總額	不變	不變

2.「庫藏股票」在財務狀況表上應列於：
(1)長期投資　　　　　　　　　(2)保留盈餘之減項
(3)股本之減項　　　　　　　　(4)股東權益的減項

答案：(4)

【99年初等特考試題】

1.下列會計科目，何者不會出現在「保留盈餘表」內？
(1)股本　　(2)保留盈餘　　(3)淨利　　(4)股利

答案：(1)

補充說明：
保留盈餘表之內容最基本的項目包括期初保留盈餘、本期淨利及股利(含現金股利及股票股利)。

2.其他條件相同下，下列有關特別股市價之敘述，何者錯誤？
(1)可贖回特別股之市價高於不可贖回特別股之市價
(2)可轉換特別股之市價高於不可轉換特別股之市價
(3)參加特別股之市價高於非參加特別股之市價
(4)累積特別股之市價高於非累積特別股之市價

答案：(1)

補充說明：
選項(2)、選項(3)及選項(4)之可轉換特別股、參加特別股及累積特別股均使 投資者 擁有較多的權利；選項(1)則權利在 發行公司 ，其不具有使該等特別股市價較高的條件。

【99年四等地方特考試題】

1.甲公司 X1 年 1 月 1 日的股東權益包括股本$2,300,000 及累積虧損$1,500,000 二項。當期甲公司資產淨增加$500,000，負債淨減少$350,000，試問甲公司 X1 年 12 月 31 日的股東權益總額為多少？

(1)$4,650,000　　　(2)$1,650,000　　　(3)$950,000　　　(4)$650,000

答案：(2)

補充說明：

1. X1 年 1 月 1 日股東權益總額＝$2,300,000－$1,500,000＝$800,000。
2. X1 年度股東權益增加金額＝資產淨增加$500,000＋負債淨減少$350,000＝$850,000。
3. X1 年 12 月 31 日股東權益總額＝X1 年 1 月 1 日股東權益總額$800,000＋X1 年度股東權益增加金額$850,000＝**$1,650,000**。

2.甲公司獲准發行 100,000 股普通股，已發行 90,000 股，流通在外 80,000 股。公司宣布每股分配 $1 之現金股利，其分錄應為：

(1)借：保留盈餘 80,000　貸：應付現金股利 80,000
(2)借：保留盈餘 90,000　貸：應付現金股利 90,000
(3)借：保留盈餘 100,000　貸：應付現金股利 100,000
(4)借：保留盈餘 170,000　貸：應付現金股利 170,000

答案：(1)

補充說明：

列帳金額＝每股現金股利$1×流通在外普通股 80,000 股＝**$80,000**

3.股東權益總額會因發生下列何項交易而減少？
(1)提撥特別盈餘公積
(2)購買庫藏股
(3)收足已認購的普通股股款，並發行股票
(4)以高於帳面金額的價格，全數將公司買入的庫藏股票予以出售

答案：(2)

☙ 補充說明：

1. 選項(1)：提撥特別盈餘公積只會影響保留盈餘的組成項目，**但不會影響保留盈餘及股東權益總額。**

2. 選項(2)：購買庫藏股票應列為權益的減項，**答案為本選項。**

3. 選項(3)：收足已認購的普通股股款，並發行股票時，會將「已認購普通股股本」轉列「普通股股本」，**不會影響股東權益總額。**

4. 選項(4)：以高於帳面金額的價格，全數將公司買入的庫藏股票予以出售，會使庫藏股票交易之資本公積增加，**進而使股東權益總額增加。**

4. F公司於X1年1月1日之普通股流通在外股數為7,000股，8%累積特別股為$500,000，於5月1日發行6,000股之普通股，在9月1日買回3,000股之普通股作為庫藏股，X1年度之本期淨利為$80,000，則每股盈餘為：
(1)$8　　　　　(2)$5　　　　　(3)$4　　　　　(4)$3.3

答案：(3)

☙ 補充說明：

1. 流通在外普通股加權平均股數
   ＝7,000股×12/12＋6,000股×8/12－3,000股×4/12＝10,000股

2. 每股盈餘＝(本期淨利$80,000－累積特別股股利$40,000)
   ÷流通在外普通股加權平均股數10,000股＝**$4**

【99年五等地方特考試題】

1. X3年1月1日甲公司之股東權益內容如下：

    股東權益：

8%特別股股本，累積，面額$100	$ 200,000
普通股股本，面額$10	600,000
資本公積－普通股股票溢價	90,000
保留盈餘	240,000
股東權益合計	$1,130,000

已知甲公司於 X3 年 5 月 1 日以每股$14 購入庫藏股 8,000 股,並於 X3 年 9 月 1 日以每股$17 出售庫藏股 6,000 股。甲公司 X3 年度淨利為$110,000,未宣告股利,特別股的收回價格為$120,截至 X3 年 12 月 31 日已積欠 2 年的股利未發放。試計算 X3 年 12 月 31 日普通股的每股帳面金額。

(1)$16.21　　　　(2)$16.52　　　　(3)$17.07　　　　(4)$17.26

答案:(2)

補充說明:

1. X3 年股東權益當年度變動金額:

項　　目	當年度變動金額
資本公積－庫藏股票交易	+18,000
保留盈餘	+$110,000
庫藏股票	－(+$112,000－$84,000)
股東權益當年度變動金額	$100,000

2. X3 年 12 月 31 日股東權益總額
   ＝X3 年 1 月 1 日股東權益總額$1,130,000
   ＋股東權益當年度變動金額$100,000＝$1,230,000

3. 特別股之權益:
   2 年積欠股利＝特別股總面額$200,000×8%×2 年＝$32,000
   收回價格$120×特別股 2,000 股＋積欠股利$32,000＝$272,000

4. 普通股之權益:
   X3 年 12 月 31 日股東權益總額$1,230,000
   －特別股之權益$272,000＝$958,000

5. X3 年 12 月 31 日普通股流通在外股數
   ＝普通股股本$600,000÷面額$10－庫藏股票 2,000 股＝58,000 股

6. X3 年 12 月 31 日普通股的每股帳面金額:
   X3 年 12 月 31 日普通股之權益$958,000
   ÷普通股流通在外股數 58,000 股＝**$16.52**

2.甲公司 X2 年 1 月 1 日之股東權益包含 6%累積特別股 50,000 股，每股面額 $10，普通股，流通在外 300,000 股，每股面額$10。甲公司 X2 年中普通股產生之變動為 5 月 1 日購回庫藏股 30,000 股，7 月 1 日再售出全部庫藏股，10 月 1 日現金增資發行新股 60,000 股，甲公司 X2 年淨利為$712,000，則甲公司 X2 年普通股基本每股盈餘為：

(1)$2.17　　　　　(2)$2.2　　　　　(3)$2.26　　　　　(4)$2.3

答案：(2)

　　✎補充說明：

　　1.流通在外普通股加權平均股數
　　　＝300,000 股×12/12－30,000 股×8/12＋30,000 股×6/12
　　　　＋60,000 股×3/12＝310,000 股

　　2.普通股基本每股盈餘
　　　＝$(本期淨利$712,000－累積特別股股利$30,000)
　　　　÷流通在外普通股加權平均股數 310,000 股＝**$2.2**

3.甲公司成立於 X9 年初，核准發行面額$10 之普通股 30,000 股。X9 年 5 月 1 日以面額發行 1,500 股，7 月 1 日為支付律師費用$90,000 而發行 6,000 股，則前述各交易對資本公積之影響為：

(1)5 月 1 日：無影響；7 月 1 日：減少$30,000
(2)5 月 1 日：無影響；7 月 1 日：增加$30,000
(3)5 月 1 日：增加$15,000；7 月 1 日：無影響
(4)5 月 1 日：增加$15,000；7 月 1 日：增加$30,000

答案：(2)

　　✎補充說明：

　　1.X9 年 5 月 1 日以面額發行 1,500 股之分錄：

| x9/05/01 | 現金 | 15,000 | |
| | 　普通股股本 | | 15,000 |

2. X9年7月1日支付律師費用之分錄：

x9/07/01	現金	90,000①	
	普通股股本		60,000②
	資本公積－普通股		
	股票溢價		30,000③

①為律師費用之金額。

②＝6,000股×面額$10。

③＝①－②。

【98年普考試題】

1.下列有關保留盈餘提撥的敘述何者正確？

(1)保留盈餘一旦提撥，即永久不得再憑以發放現金股利或股票股利

(2)保留盈餘提撥時，並不代表限制資產用途

(3)當保留盈餘提撥的原因消滅，應與損益表中的損失項目對沖

(4)保留盈餘一旦提撥，即不為保留盈餘的一部分

答案：(2)

補充說明：

1. 選項(1)：敘述是錯誤的，因為保留盈餘提撥部分，若符合規定仍可轉回為未指撥部分，不一定會永久不得再憑以發放現金股利或股票股利。

2. 選項(2)：敘述是正確的，因為保留盈餘提撥僅係限制保留盈餘用以發放股利，但並未限制「資產」用途，**答案為本選項**。

3. 選項(3)：敘述是錯誤的，因為保留盈餘之提撥與不指撥與損益項目無關。

4. 選項(4)：敘述是錯誤的，因為保留盈餘提撥僅係限制保留盈餘用以發放股利，其仍為保留盈餘的一部分。

【98 年初等特考試題】

1.甲公司財務狀況表中資本公積包括：特別股發行溢價餘額為$1,500,000、普通股發行溢價餘額為$1,000,000。甲公司按$20 收回庫藏股 100,000 股，後續按$25 於收回年度如數再售出該批庫藏股。則甲公司資本公積餘額將為：
(1)$1,500,000　　　(2)$2,000,000　　　(3)$2,500,000　　　(4)$3,000,000

答案：(4)

✎補充說明：

資本公積餘額＝$1,500,000＋$1,000,000＋$(25－20)×100,000 股
　　　　　　＝$3,000,000

2.下列有關累積特別股股利之敘述何者正確？
(1)累積特別股股利若未發放，不視為違約，但仍為公司之義務，應認列為流動負債
(2)累積特別股股利若未發放，不視為違約，但仍為公司之義務，應認列為非流動負債
(3)發放累積特別股股利時，先視為支付當期特別股股利，若發放不足，繼續累積為積欠股利
(4)計算每股盈餘時，不論是否發放，當期累積特別股股利應自分子中扣除

答案：(4)

✎補充說明：

選項(1)、選項(2)及選項(3)之敘述均為錯誤的，**因為累積特別股股利於宣告時方可認列為負債，若當年度未宣告則為積欠股利，應以附註揭露**。選項(4)之敘述是為正確的，因為累積特別股股東對於當年度淨利已享有分配股利之權利，不論企業是否已宣告發放該股利。

3.**【依 IAS 或 IFRS 改編】**下列何者不會直接列示在保留盈餘表中？
(1)本期淨損　　　　　　　　　(2)前期損益調整
(3)停業單位損益　　　　　　　(4)現金股利

答案：(3)

📝 補充說明：

選項(3)停業單位損益應列於綜合損益表或損益表(如有列報時)。選項(3)原題目是為「會計原則變動累積影響數」，依國際財務報導準則之用詞，**應改為「會計政策變動累積影響數」，並列於保留盈餘表**(原我國財務會計準則規定有部分會計原則變動累積影響數列於損益表，另有部分列於保留盈餘表)。

4. 以下關於每股帳面金額的說明，何者正確？
(1)代表每一股應承擔之負債
(2)若公司僅有一種股票，則每股帳面金額＝期末股東權益÷加權平均流通在外股數
(3)若公司有二種以上的股票，則應先將股東權益總額分配給各類股份，再計算每股帳面金額
(4)每股帳面金額與每股市價有必然的關係

答案：(3)

📝 補充說明：

選項(1)、選項(2)及選項(4)之敘述均為錯誤的，**因為每股帳面金額為依帳列金額計算之該類股票每股的股東權益，與市價無關**；另因為特定日期之資料，故分母應為該日流通在外股數，不須計算加權平均流通在外股。選項(3)之敘述是為正確的。

5. 買回庫藏股票對財務狀況表的影響為：
(1)資產增加　　　　　　　　(2)股東權益減少
(3)負債增加　　　　　　　　(4)負債減少

答案：(2)

📝 補充說明：

1. 買回庫藏股票之分錄為：

xxxx/xx/xx	庫藏股票　　　　　xx,xxx
	現金　　　　　　　　　　xx,xxx

2. 由前列分錄可知買回庫藏股票會**造成權益減少，資產(現金)減少**。

【98年四等地方特考試題】

1. 下列何者一定不會減少保留盈餘？
(1) 本期淨損
(2) 前期損失調整
(3) 庫藏股票出售價格低於購入成本
(4) 以資本公積彌補虧損

答案：(4)

✎ 補充說明：

1. 選項(1)及選項(2)**一定會造成保留盈餘減少**。

2. 選項(3)庫藏股票出售價格低於購入成本時之分錄為：

xxxx/xx/xx	現金　　　　　　　　　　　xx,xxx①
	【仍有其他會計科目】　　　x,xxx③
	庫藏股票　　　　　　　　　　xx,xxx②

題目告知出售價格低於購入成本，表示分錄之①較小，②較大。為使分錄借貸平衡，借方要補科目(即③)，其次序應先沖銷庫藏股票交易產生之資本公積，若仍有不足時，應再沖銷保留盈餘，**故有可能減少保留盈餘。**

3. 選項(4)以資本公積彌補虧損會借記：資本公積，貸記：保留盈餘(累積虧損)，**會增加保留盈餘，不會減少保留盈餘，答案為本選項。**

【98年五等地方特考試題】

2. 庫藏股為：
(1) 投入資本　　　　　　　　(2) 保留盈餘
(3) 資本公積　　　　　　　　(4) 股東權益的減項

答案：(4)

3.對特別股股東而言,下列有關特別股之敘述何者錯誤?

(1)若公司每年獲利皆大於特別股股票載明之股利,累積特別股與非累積特別股無異

(2)完全參加特別股股東所能獲得的現金股利,必定大於或等於普通股股東所能獲得的現金股利

(3)不可贖回特別股與可贖回特別股,在其他條件相同下,特別股股東可能較偏好不可贖回特別股

(4)不可轉換特別股與可轉換特別股,在其他條件相同下,特別股股東可能較偏好可轉換特別股

答案:(1),請注意下列對於選項(2)之說明

✎補充說明:

1. 選項(1):特別股股東是否可享有當年度之股利,決定發行特別股之企業是否宣告股利,即使公司每年獲利皆大於特別股股票載明之股利,**若該公司不宣告發放股利,則累積特別股與非累積特別股仍是不同的。**

2. 選項(2):**依考選部公布之答案,認為本選項是正確的,但若題目所稱之「現金股利」是指 金額**,則答案就不一定正確,因為若普通股之總面額若大於或等於特別股之總面額,則普通股股東所能獲得的現金股利金額會等於或大於完全參加特別股股東所能獲得的現金股利金額。**另若題目所稱之「現金股利」是指 股利率 (該類股本之現金股利金額÷各類股本總面額)**,則完全參加特別股股東所能獲得的現金股利,必定大於或等於普通股股東所能獲得的現金股利。

3. 選項(3):可贖回特別股之**贖回決定權是為發行特別股之企業,特別股股東可能較偏好不可贖回特別股**,因若特別股未被贖回,特別股股東仍可領取定額或定率的股利。

4. 選項(4):可轉換特別股之**轉換決定權是為特別股股東**,若發行特別股之企業獲利或普通股的股價表現不佳,則特別股股東不會轉換,因為其仍可領取定額或定率的股利;若發行特別股之企業獲利或普通股的股價表現佳,則持有特別股之股東有可能會選擇轉換,故**特別股股東確實有可能較偏好可轉換特別股。**

4.股票發行價格超過面額之部分應列為：

(1)非常利益　　　　　　　　　(2)保留盈餘

(3)資本公積　　　　　　　　　(4)營業外收入

答案：(3)

5.「待分配股票股利」在財務報表上如何表達？

(1)列為流動負債　　　　　　　(2)列入股本項下

(3)列入資本公積項下　　　　　(4)指撥為特別盈餘公積

答案：(2)

　　　✎補充說明：

　　　　待分配股票股利為即將發行的股票，其應列為普通股股本之後。

6.下列交易中，何者將會造成保留盈餘增加？

(1)提列特別盈餘公積

(2)資產重估價，認列未實現土地重估增值

(3)出售庫藏股時出售價格高於買回價格

(4)前期折舊費用多計之錯誤更正

答案：(4)

　　　✎補充說明：

　　　1.選項(1)：提列特別盈餘公積僅會影響保留盈餘的組成項目，**但不會影響保留盈餘總金額**。

　　　2.選項(2)：未實現土地重估增值應列為權益項目，**但不會影響保留盈餘之金額**。

　　　3.選項(3)出售庫藏股時出售價格高於買回價格時之分錄為：

xxxx/xx/xx	現金　　　　　　　　　　　　xx,xxx①	
	庫藏股票　　　　　　　　　　　　xx,xxx②	
	【仍有其他會計科目】　　　　　　　x,xxx③	

題目告知出售價格高於買回價格，表示分錄之①較大，②較小。為使分錄借貸平衡，貸方要補科目(即③)，應貸記庫藏股票交易產生之資本公積，**其不會影響保留盈餘之金額**。

4.選項(4)：前期折舊費用多計，造成以前年度淨利低估，因為以年度淨利已結轉至保留盈餘，**故此錯誤之更正應增列保留盈餘，故答案為本選項。**

7.甲公司目前的股票價格為$30，且 08 年保留盈餘變動僅來自於當期淨利及發放現金股利。若 08 年期初及期末保留盈餘分別為 $20,000 及 $24,000，08 年淨利為 $60,000，且有 50,000 股普通股流通在外，試問甲公司每股現金股利為？

(1)1.12　　　　　(2)1.2　　　　　(3)1.6　　　　　(4)1.5

答案：(1)

　補充說明：

以 T 字帳分析保留盈餘會計科目之變動，即可求得答案，分析如下：

保留盈餘

08 年現金股利　？	08 年期初餘額	$20,000
	08 年淨利	$60,000
	08 年期末餘額	$24,000

08 年現金股利？＝$20,000＋$60,000－$24,000＝**$56,000**

每股現金股利＝$56,000÷50,000 股＝**$1.12**

【97 年普考試題】

1.【依 IAS 或 IFRS 改編】甲公司於 X3 年年底發現下列錯誤。該公司 X1~X3 年未更正下列錯誤前的淨利分別為$81,000、$345,000 及$425,000。

(一) X1 年 10 月 1 日支付兩年保險費$120,000，該公司於支付時全數認列為費用，且 X1 及 X2 年底期末均未作調整。

(二)產品維修費用估計為銷貨金額的 3%，X1 年及 X2 年度的銷貨金額分別為$1,200,000 及$1,500,000。X1 年及 X2 年度的實際維修支出分別為$30,000 及$50,000，因此分別認列$30,000 及$50,000 的維修費用。

(三)甲公司於 X2 年以$500,000 購入乙公司公司債，甲公司分類為持有至到期日金融資產。X2 年底及 X3 年底公司債的市價為$510,000 及$505,000，甲公司分別認列公司債評價損失$10,000 及評價利益$5,000。

試求：

　1.計算甲公司 X1、X2 及 X3 年度正確的淨利。

　2.計算甲公司 X2 年度的淨利率。

　3.甲公司 X3 年初普通股流通在外股數為 100,000 股，7 月 1 日辦理現金增資 50,000 股，計算 X3 年度的每股盈餘。

解題：

　1.甲公司 X1、X2 及 X3 年度正確的淨利計算如下：

	X1 年	X2 年	X3 年
錯誤更正前之淨利	$81,000	$345,000	$425,000
1.保險費錯誤更正			
(1)先還原原認列金額	＋120,000		
(2)再扣減應認列金額	－15,000①	－60,000②	－45,000③
2.產品維修費錯誤更正			
(1)先還原原認列金額	＋30,000	＋50,000	
(2)再扣減應認列金額	－36,000④	－45,000⑤	
3.評價損益錯誤更正			
(1)先還原原認列金額		＋10,000	－5,000
(2)再扣減應認列金額		不須認列	不須認列
正確的淨利	**$180,000**	**$300,000**	**$375,000**

　2.甲公司 X2 年度的**淨利率**：

　　＝淨利$300,000÷銷貨收入$1,500,000＝**20%**

　3.甲公司 X3 年度的每股盈餘：

　　(1)流通在外普通股加權平均股數

　　　＝100,000 股×12/12＋50,000 股×6/12＝**125,000 股**

　　(2)**每股盈餘**＝淨利$375,000 ÷ 125,000 股＝**$3**

2.【依 IAS 或 IFRS 改編】甲公司股東權益如下：

普通股股本，面值$10，流通在外 50,000 股	$500,000
特別股股本，面值$100，流通在外 2,000 股， 非累積，贖回價格為$105	200,000
資本公積－普通股股票溢價	100,000
資本公積－特別股股票溢價	50,000
保留盈餘	400,000
	$1,250,000

則普通股每股帳面金額為：

(1) $19　　(2) $19.8　　(3) $20　　(4) $20.8

答案：(4)

✎補充說明：

1. 股東權益總額＝$1,250,000

2. 特別股之權益＝贖回價格$105×特別股 2,000 股＝$210,000

3. 普通股之權益＝股東權益總額$1,250,000
　　　　　　　－特別股之權益$210,000＝$1,040,000

4. 普通股流通在外股數＝50,000 股

5. **普通股的每股帳面金額**＝普通股之權益$1,040,000
　　　　　　　÷普通股流通在外股數 50,000 股＝**$20.80**

3. 買回庫藏股票時，會使：

(1) 股本不變　　　　　　　　(2) 股東權益總額不變

(3) 保留盈餘減少　　　　　　(4) 股東權益總額增加

答案：(1)

✎補充說明：

由下列買回庫藏股票之分錄，可知買回庫藏股票會**造成權益減少，資產(現金)減少，股本(普通股股本)不受影響**：

xxxx/xx/xx	庫藏股票	xx,xxx	
	現金		xx,xxx

【97年初等特考試題】

1.若普通股的發行價格超過股票面額,則超出的部分應貸記:
(1)現金   (2)保留盈餘
(3)資本公積   (4)股本

答案:(3)

2.股票股利發放日,企業股東權益受到之影響為:
(1)股東權益總額減少,每股帳面金額減少
(2)股東權益總額減少,每股帳面金額不變
(3)股東權益總額不變,每股帳面金額減少
(4)股東權益總額不變,每股帳面金額不變

答案:(3)

> ✎**補充說明:**
>
> 股票股利發放日之分錄為:
>
> | xxxx/xx/xx | 待分配股票股利 | xx,xxx | |
> |------------|----------------|--------|------|
> | | 普通股股本 | | xx,xxx |
>
> 前列分錄借、貸會計科目均為權益項目,一增一減**並未造成權益總額發生變動**,但流通在外股數會增加,**將使每股帳面金額減少**,本題答案為選項(3)。

3.若發行面額$10之股票50,000股,取得現金$600,000,則下列股票發行之相關會計處理,何者錯誤?
(1)借記「現金」$600,000
(2)貸記「普通股股本」$500,000
(3)貸記「資本公積─普通股股票溢價」$100,000
(4)財務狀況表股東權益中列示投入資本$500,000

答案:(4)

> ✎**補充說明如下:**

發行股票之分錄為：

xxxx/xx/xx	現金	600,000	
	普通股股本		500,000
	資本公積——普通股		
	股票溢價		100,000

上列分錄**貸方二會計科目金額之合計金額**$600,000(＝$500,000＋$100,000)**即為投入資本**，由分錄可知答案為選項(4)。

4.甲公司成立時發行普通股 150,000 股，第一年獲利$300,000。甲公司於第二年公告財務報表後辦理現金增資 150,000 股。若甲公司於現金增資後將第一年獲利$300,000 如數發放為現金股利，則下列敘述何者正確？
(1)原股東及參與現金增資股東各可獲配現金股利 1 元
(2)原股東可獲配現金股利 2 元，參與現金增資股東可獲配現金股利 1 元
(3)原股東可獲配現金股利 1 元，參與現金增資股東可獲配現金股利 2 元
(4)原股東及參與現金增資股東各可獲配現金股利 2 元

答案：(1)

補充說明：

宣告發放現金股利是以登記日之股東名冊為發放對象，故甲公司於現金增資後宣告並發放現金股利，則原股東及參與現金增資股東均可參與分配現金股利，其均可獲配現金股利$1(＝$300,000÷300,000 股)，**答案為選項**(1)。

【97 年四等地方特考試題】

1.南華公司有面額$10 普通股 25,000 股流通在外，目前市價$20，若南華公司宣布發放 40%的股票股利，則保留盈餘應借記：
(1)$100,000　　(2)$50,000　　(3)$75,000　　(4)$150,000

答案：(1)

補充說明：

保留盈餘應借記金額＝每股面額$10×25,000 股×40%＝**$100,000**

2.甲公司發行面額$10之普通股,流通在外15,000股,另外亦發行面額$50之累積、完全參加特別股1,000股。X1年度甲公司支付現金股利,計普通股股東$19,500及特別股股東$13,500,其中特別股股利分配包括額外6%的參加股利,且X1年度前已有兩年未發放股利,試求特別股之設定股利率為多少?
(1) 6%　　　　　(2) 7%　　　　　(3) 8%　　　　　(4) 9%

答案:(2)

補充說明:

特別股可分配之股利為:

	特別股
積欠股利	$? ④
按股利率?% 分配	? ③
剩餘數的分配	3,000 ②
	$13,500 ①

① 為特別股股東獲配的現金股利金額。
② 為特別股股東分配6% 參加部分之股利金額＝特別股每股面額$50 ×1,000股×6%。
③ 為X1年度應分配的股利金額。
④ 兩年的積欠股利＝③×2倍。

由上列的計算,可推算③及④的金額如下:
　④＋③＋②＝①
　③×2倍＋③＋$3,000＝$13,500
　　③×3倍＝$10,500
　　③＝**$3,500**
　④＝③×2倍＝$3,500×2倍＝$7,000

特別股之設定股利率＝$3,500÷特別股總面額$50,000＝**7%**

【97年五等地方特考試題】

1. 甲公司財務狀況表中股東權益部分包括：普通股股本$1,000,000(面額$10)、指定廠房擴建用途保留盈餘$200,000、未實現土地重估增值$200,000、未分配盈餘$500,000，試計算每股最多可以宣告股利若干元？
(1) 5 元　　　　(2) 7 元　　　　(3) 9 元　　　　(4) 15 元

答案：(1)

補充說明：

每股最多可以宣告股利
＝未分配盈餘$500,000÷普通股股數 100,000 股＝**$5**

2. 以下關於發行股票的會計分錄，何者為正確？
(1)若為溢價發行，則借記「資本公積」
(2)若為折價發行，則借記「應收股本」
(3)折、溢價的金額不須攤銷
(4)借方科目必包含現金

答案：(3)

補充說明：

1. 選項(1)：敘述是錯誤的，應「**貸記**」而非「借記」資本公積。
2. 選項(2)：敘述是錯誤的，**須符合法令規定方可折價發行股票**，折價部分應借記股票折價之相關會計科目，不會借記「應收股本」。
3. 選項(3)：敘述是正確的，答案為本選項。
4. 選項(4)：敘述是錯誤的，**發行股票之借方科目不一定包含現金**，例如企業發行股票取得土地，則借方會計科目為土地，並無現金。

3. 甲公司成立時發行面額 $10 之普通股計 100,000 股，發行價格為$12；當年度虧損$500,000。第二年辦理現金增資發行 50,000 股普通股，發行價格$9；第二年獲利$600,000。甲公司第二年底財務狀況表上普通股股本之餘額為：
(1)$1,450,000　　(2)$1,500,000　　(3)$1,650,000　　(4)$1,750,000

答案：(2)

✎補充說明：

　　普通股每股面額$10×(100,000 股＋50,000 股)＝**$1,500,000**

4.甲公司股東權益相關項目之餘額包括：投入資本$2,500,000、保留盈餘$3,200,000、庫藏股$800,000，特別盈餘公積$2,120,000、股本$1,500,000、未分配盈餘$1,080,000、資本公積$1,000,000，則甲公司股東權益合計為若干？
(1)$4,900,000　　　(2)$6,500,000　　　(3)$10,600,000　　　(4)$12,200,000

答案：(1)

✎補充說明：

　　股東權益金額＝$2,500,000＋$3,200,000－$800,000＝**$4,900,000**

　　✎因為特別盈餘公積$2,120,000＋未分配盈餘$1,080,000＝保留盈餘、股本$1,500,000＋資本公積$1,000,000＝投入資本，**前列算式已包括保留盈餘及投入資本，不須再將特別盈餘公積、未分配盈餘、股本、資本公積納入計算，以免重覆計算。**

【96 年普考試題】

1.累積特別股(或稱累積優先股)之積欠股利：
(1)為一非流動負債項目
(2)為一流動負債項目
(3)只有在特別股股利已經宣告時才會存在
(4)應於財務報表之附註中加以揭露

答案：(4)

✎補充說明：

　　累積特別股之股利，**若各年度未宣告則為積欠股利，因尚未宣告故未成立義務，不可以認列為負債，應以附註揭露表達。**

2.東方公司保留盈餘期初餘額為 $43,000，當年淨利 $6,000，支付現金股利 $5,000，7 月 1 日發現去年折舊費用少記$2,000，則保留盈餘期末餘額為：
(1)$44,000　　　(2)$43,000　　　(3)$42,000　　　(4)$41,000

答案：(3)

> 補充說明：

　　保留盈餘期末餘額＝$43,000＋$6,000－$5,000－$2,000＝**$42,000**

【96 年初等特考試題】

3.某公司 94 年底流通在外股份計有面值$100 之 7% 特別股 2,000 股，及面值$10 之普通股 25,000 股，該公司於年底時擬發放現金股利$60,000，假設特別股為非累積，部分參加至 10％，試問普通股可分得若干現金股利？
(1)$14,000　　　(2)$20,000　　　(3)$40,000　　　(4)$46,000

答案：(3)

> 補充說明：

　　計算如下：

　　　　特別股總面額＝$100×2,000 股＝$200,000

　　　　普通股總面額＝$10×25,000 股＝$250,000

　　　　特別股及普通股總面額＝$200,000＋$250,000＝$450,000

	特別股	普通股
積欠股利	—	—
按股利率 7% 分配	$14,000①	$17,500②
剩餘數的分配	6,000③	22,500④
	$20,000⑤	**$40,000**⑥

①＝特別股總面額$200,000×7%。

②＝普通股總面額$250,000×7%。

③❶尚未分配之現金股利金額＝$60,000－①－②＝$28,500。

　❷$28,500×($200,000÷450,000)＝$12,667

　❸($14,000＋$12,667)÷特別股總面額$200,000＝13.33%

❹因為❸的比例大於部分參加之配股率上限 10 %，表示③只能再分配 3%（＝10 %－7%），分配金額＝特別股總面額$200,000×3%＝$6,000。

④尚未分配之現金股利金額 28,500－特別股部分參加額外分配金額 $6,000＝$22,500。

⑤＝①＋③。

⑥＝②＋④。

⑤＋⑥＝發放現金股利金額$60,000。

4.已宣告而未發放之股票股利，在財務狀況表上應：

(1)列為流動負債　　　　　　　　(2)列為保留盈餘

(3)附註說明　　　　　　　　　　(4)列為股東權益

答案：(4)

✎補充說明：

已宣告而未發放之股票股利的列帳會計科目為**「待分配股票股利」**，**該科目應列於權益項下普通股股本之後。**

5.當購入庫藏股以成本法處理，而後以低於購價的價格將庫藏股出售，則低於庫藏股帳面金額部分可能列為：

(1)股本之減少　　　　　　　　　(2)資本公積之減少

(3)營業外損失　　　　　　　　　(4)非常損失

答案：(2)

✎補充說明：

1.出售庫藏股票之分錄為：

xxxx/xx/xx	現金	xx,xxx①
	【仍有其他會計科目】	x,xxx③
	庫藏股票	xx,xxx②

題目告知出售價格低於購價，表示分錄之①較小，②較大。為使分錄借貸平衡，借方要補科目(即③)，**其次序應先沖減庫藏股票交易產生之資本公積，若仍有不足時，應再沖減保留盈餘。**

2.國際財務報導準則規定不可以分類表達非常損益項目，表示不會再有選項(4)非常損失之項目。

6.有關公司宣告發放股票股利之敘述，何者錯誤：
(1)宣告後公司股東權益總額不變　　(2)宣告後公司保留盈餘總額減少
(3)宣告後公司投入資本總額不變　　(4)宣告後公司每股面值不變

答案：(3)

✎補充說明：

1.選項(1)、選項(2)及選項(4)之敘述均為正確的。

2.選項(3)之敘述是錯誤的，宣告並發放股票股利會貸記普通股股本，**其將使投入資本增加。**

7.若公司購買庫藏股，會有何影響？
(1)總資產沒有改變　　　　　　　(2)長期投資增加
(3)股東權益減少　　　　　　　　(4)來自投資活動之現金流量減少

答案：(3)

✎補充說明：

購買庫藏股票之分錄為：

| xxxx/xx/xx | 庫藏股票　　　　　　xx,xxx① |
| | 　現金　　　　　　　　　　xx,xxx② |

由以上分錄可知，購買庫藏股票會使**股東權益減少、資產(現金)減少、籌資活動現金流出。**

8.某公司92年中購置土地一筆，支付佣金$400,000，誤以佣金費用入帳。該公司於94年初發現此項錯誤，則94年須採之更正分錄為：
(1)借記：佣金費用$400,000，貸記：土地$400,000
(2)借記：土地$400,000，貸記：前期損益調整$400,000
(3)借記：前期損益調整$400,000，貸記：土地$400,000
(4)借記：非常損失$400,000，貸記：土地$400,000

答案：(2)

✎補充說明：

1. 錯誤分錄為：

92/xx/xx	佣金費用	400,000	
	現金		400,000

2. 正確分錄為：

92/xx/xx	**土地**	400,000	
	現金		400,000

3. 沖銷錯誤分錄(即將錯誤分錄會計科目借貸相反)，並補作正確分錄，再將借貸方相同會計科目求取淨額，即為若於發生錯誤年度(92年)即發現所為之更正分錄。列示如下：

92/xx/xx	**土地**	400,000	
	現金	400,000	
	佣金費用		400,000
	現金		**400,000**

　　　　　　　　借貸方相同會計科目求取淨額

92/xx/xx	土地	400,000	
更正分錄	佣金費用		400,000

4. 前列第3項所列示之更正分錄是為若於發生錯誤年度(92年)即發現所為之更正分錄；但本題發生錯誤為92年，發現錯誤為94年，已跨年度，故須將損益科目改列為保留盈餘，方為於94年發現錯誤時所為之更正分錄。列示如下：

94/xx/xx	土地	400,000	
更正分錄	保留盈餘		400,000
	(或前期損益調整)		

由更正分錄可知答案為選項(2)。

9.應收帳款收現$750,誤記為借:現金$7,500,貸:銷貨收入$7,500,則發現錯誤時之更正分錄為:

(1)借:應收帳款$750
(2)貸:應收帳款$750
(3)借:銷貨收入$6,750
(4)貸:銷貨收入$6,750

答案:(2)

補充說明:

1. 錯誤分錄為:

xxxx/xx/xx	現金	7,500	
	銷貨收入		7,500

2. 正確分錄為:

xxxx/xx/xx	現金	750	
	應收帳款		750

3. 沖銷錯誤分錄(即將錯誤分錄會計科目借貸相反),並補作正確分錄,再將借貸方相同會計科目求取淨額,即為更正分錄。列示如下:

xxxx/xx/xx	現金	750	
	銷貨收入	7,500	
	現金		7,500
	應收帳款		750

　　　　　　　　　↓ 借貸方相同會計科目求取淨額

xxxx/xx/xx	銷貨收入	7,500	
更正分錄	現金		6,750
	應收帳款		750

由更正分錄可知答案為選項(2)。

【96年四等地方特考試題】

1.甲公司 6 月 1 日宣告普通股每股 $2 之現金股利，當時流通在外普通股有 1,000,000 股，甲公司應如何做分錄？

(1)不須做分錄，做備忘錄即可

(2)借：保留盈餘$2,000,000　貸：現金$2,000,000

(3)借：保留盈餘$2,000,000　貸：應付股利$2,000,000

(4)借：保留盈餘$2,000,000　貸：普通股$2,000,000

答案：(3)

✎補充說明：

列帳金額＝每股現金股利$2×流通在外普通股 1,000,000 股

＝**$2,000,000**

2.仁愛公司 95 年底有面額$100，股利率 6% 之特別股 1,000 股，與面額$10 普通股 50,000 股，特別股為非累積參加至 7%，仁愛公司於 96 年初宣告發放股利$48,600，請問普通股股東可獲配股利：

(1)$41,600　　(2)$42,600　　(3)$40,500　　(4)$41,500

答案：(1)

✎補充說明：

計算如下：

特別股總面額＝$100×1,000 股＝$100,000

普通股總面額＝$10×50,000 股＝$500,000

特別股及普通股總面額＝$100,000＋$500,000＝$600,000

	特別股	普通股
積欠股利	—	—
按股利率 6% 分配	$6,000①	$30,000②
剩餘數的分配	1,000③	11,600④
	$7,000⑤	**$41,600**⑥

①＝特別股總面額$100,000×6%。

②＝普通股總面額$500,000×6%。

③❶尚未分配之現金股利金額＝$48,600－①－②＝$12,600。

❷$12,600×($100,000÷600,000)＝$2,100。

❸($6,000＋$2,100)÷特別股總面額$100,000＝8.10%。

❹因為❸的比例大於部分參加之配股率上限 7%，表示③只能再分配 1%（＝7%－6%），分配金額＝特別股總面額$100,000×1%＝$1,000。

④尚未分配之現金股利金額 12,600－特別股部分參加額外分配金額 $1,000＝$11,600。

⑤＝①＋③。

⑥＝②＋④。

⑤＋⑥＝發放現金股利金額$48,600。

【96年五等地方特考試題】

1.在結帳分錄前，發現支付郵電費，誤記為水電費，其更正分錄為：
(1)借：水電費，貸：郵電費　　(2)借：郵電費，貸：現金
(3)借：郵電費，貸：水電費　　(4)以上皆非

答案：(3)

📚**補充說明：**

1.錯誤分錄為：

xxxx/xx/xx	水電費	x,xxx	
	現金		x,xxx

2.正確分錄為：

xxxx/xx/xx	郵電費	x,xxx	
	現金		x,xxx

3.沖銷錯誤分錄(即將錯誤分錄會計科目借貸相反)，並補作正確分錄，再將借貸方相同會計科目求取淨額，即為更正分錄。列示如下：

xxxx/xx/xx	郵電費	x,xxx	
	現金		x,xxx
	水電費	x,xxx	
	現金		x,xxx

↓ 借貸方相同會計科目求取淨額

xxxx/xx/xx	郵電費	x,xxx	
更正分錄	水電費		x,xxx

由更正分錄可知答案為選項(3)。

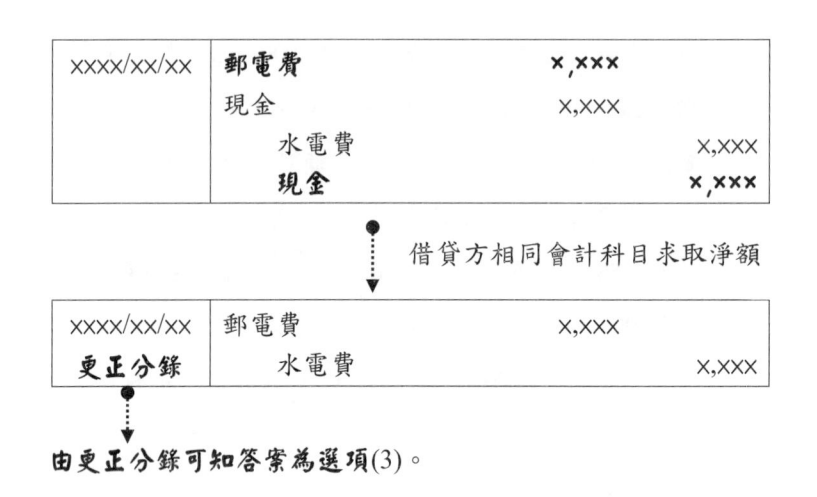

2.甲公司額定股本為$5,000,000，每股面額$10。已發行股本為$4,000,000，流通在外股數為380,000股，庫藏股係以每股$15買回。下列有關甲公司財務狀況表中股東權益部分之敘述，何者正確？

(1)股本$3,800,000　　　　　　　(2)股本$5,000,000

(3)庫藏股$300,000　　　　　　　(4)庫藏股$1,800,000

答案：(3)

✎補充說明：

1. 由題目可知額定股數為 500,000 股（＝額定股本$5,000,000÷每股面額$10），已發行股數為 400,000 股（＝額定股本$4,000,000÷每股面額

2. **已發行股數為 400,000 股，流通在外股數為 380,000 股，二者差額 20,000 股即為庫藏股票之股數。**

3. 股本應表達已發行之股本$4,000,000，故選項(1)及選項(2)不正確。

4. **庫藏股票須以成本列示**，庫藏股票之成本為$300,000（＝每股買回價格$15×庫藏股票之股數 20,000 股），**答案為選項**(3)。

3.現金股利之宣布與發放不影響：

(1)股東權益變動表　　　　　　　(2)保留盈餘表

(3)財務狀況表　　　　　　　　　(4)損益表

答案：(4)

✎補充說明如下：

1.現金股利宣告時之分錄：

xxxx/xx/xx	保留盈餘　　　　　　　　x,xxx
	應付股利　　　　　　　　　　x,xxx

2.現金股利發放時之分錄：

xxxx/xx/xx	應付股利　　　　　　　　x,xxx
	現金　　　　　　　　　　　　x,xxx

3.由前列二項分錄可知，**現金股利之宣告及發放不會影響損益表，答案為選項**(4)。國際財務報導準則並未規定須編製保留盈餘表。

4.假設公司無特別股，則「每股帳面金額」是指：
(1)普通股每股賺得之淨利
(2)股票之市價
(3)公司總資產除以流通在外普通股股數
(4)公司淨資產除以流通在外普通股股數

答案：(4)

　　✎補充說明：

　　　　每股帳面金額為公司權益總額(本題無特別股，故均為普通股之股東權益)除以流通在外普通股股數，**淨資產即為權益總額(＝資產總額－負債總額)**。

5.下列交易何者會造成保留盈餘減少？
(1)提列法定盈餘公積
(2)宣告股票股利
(3)出售庫藏股時出售價格高於買回價格
(4)積欠累積特別股股利

答案：(2)

　　✎補充說明如下：

1. 選項(1)：提撥法定盈餘公積只會影響保留盈餘的組成項目，**但不會影響保留盈餘總金額**。
2. 選項(2)：宣告股票股利**會減少保留盈餘，答案為本選項**。
3. 選項(3)：出售庫藏股時出售價格高於買回價格，會使資本公積增加，**不會影響保留盈餘**。
4. 選項(4)：積欠股利應以附註揭露方式表達，**不會影響保留盈餘**。

6.甲公司向主管機關登記資本總額$5,000,000，分為面額$10 的普通股股份。成立時按面額發行 100,000 股，第三年現金增資按$12 發行 100,000 股。第五年按面額買回庫藏股 5,000 股。則下列有關甲公司第五年年底財務狀況表中股東權益表達之敘述，何者正確？
(1)「普通股股本」為$5,000,000
(2)「資本公積－普通股股票溢價」為$200,000
(3)「庫藏股票」$50,000 作為「普通股股本」的減項
(4)已發行股本之股數為 195,000 股

答案：(2)

✎ 補充說明：

將相關分錄列示如下：

1.成立時發行 100,000 股之分錄為：

x1/xx/xx	現金	1,000,000	
	普通股股本		1,000,000

2.現金增資發行 100,000 股之分錄為：

x3/xx/xx	現金	1,200,000	
	普通股股本		1,000,000
	資本公積－普通股股票溢價		200,000

3.按面額買回庫藏股 5,000 股之分錄為：

x5/xx/xx	庫藏股票	50,000	
	現金		50,000

4.分析各選項之答案如下：

(1)選項(1)：敘述是錯誤的，「普通股股本」之餘額應為$2,000,000 (＝$1,000,000＋$1,000,000)。

(2)選項(2)：敘述是正確的，**答案為本選項**。

(3)選項(3)：敘述是錯誤的，**「庫藏股票」$50,000 應列為權益之最後一項並列為減項**，而非作為「普通股股本」的減項。

(4)選項(4)：敘述是錯誤的，**已發行股本之股數為 200,000 股**(＝100,000 股＋100,000 股)，**流通在外股數方為 195,000 股**(＝已發行股本之股數 200,000 股－庫藏股票之股數 5,000 股)。

7.甲公司股本為 10 億元，每股面額 10 元。股東會通過決議發放每股現金股利 1.2 元及股票股利 0.8 元，則下列對其財務報表影響之敘述何者錯誤？
(1)保留盈餘減少 2 億元　　　　　　(2)負債增加 1.2 億元
(3)負債增加 2 億元　　　　　　　　(4)股東權益減少 1.2 億元

答案：(3)

☞ 補充說明：

股東會通過決議日即為宣告日，應為之分錄為(為簡化，分錄之金額以「億」元為單位)：

1.宣告現金股利之分錄為：

xxxx/xx/xx	保留盈餘	1.2 億	
	應付股利		1.2 億

2.宣告股票股利之分錄為：

xxxx/xx/xx	保留盈餘	0.8 億	
	待分配股票股利		0.8 億

由以上分錄可知答案為選項(3)，正確答案應是負債增加 1.2 億元。

【95年普考試題】

1.庫藏股之再發行價格超過買回成本的部分，在財務狀況表上應列為：

(1)股本的一部分　　　　　　　　　(2)庫藏股成本的一部分

(3)資本公積的一部分　　　　　　　(4)股東權益之減項

答案：(3)

  📖補充說明：

    庫藏股之再發行(即出售)庫藏股票之分錄為：

xxxx/xx/xx	現金　　　　　　　　　　　　xx,xxx①
	庫藏股票　　　　　　　　　　　　xx,xxx②
	【仍有其他會計科目】　　　　　　x,xxx③

    題目告知再發行價格(出售價格)超過買回成本，表示分錄之①較大，②較小。為使分錄借貸平衡，貸方要補科目(即③)，**其為「資本公積－庫藏股票交易」**，答案為選項(3)。

2.公司有10,000股之6%、每股面額$50之累積特別股，以及20,000股、每股面額$50之普通股同時發行在外。上一年度公司並未宣告股利，因此有一年之特別股積欠股利。若公司本年欲宣告$96,000之股利，則分配給特別股及普通股之股利分別是：

(1)特別股$30,000，普通股$66,000

(2)特別股$32,000，普通股$64,000

(3)特別股$33,000，普通股$63,000

(4)特別股$60,000，普通股$36,000

答案：(4)

  📖補充說明：

    計算如下：

     特別股總面額＝$50×10,000股＝$500,000

     普通股總面額＝$50×20,000股＝$1,000,000

     特別股及普通股總面額＝$500,000＋$1,000,000＝$1,500,000

	特別股	普通股
積欠股利	$30,000①	—
按股利率 6% 分配	30,000②	—③
剩餘數的分配	—④	36,000⑤
	$60,000⑥	$36,000⑦

①＝特別股總面額$500,000×6%。

②＝特別股總面額$500,000×6%。

③、④**因為特別股沒有參加分配剩餘股利之權利，故無此二項金額。**

⑤剩餘未分配之現金股利金額＝$96,000－①－②。

⑥＝①＋②。

⑦＝⑤。

⑥＋⑦＝發放現金股利金額$96,000。

依前列計算可知答案為選項(4)。

3. 忠孝公司94年1月1日誤將一筆機器的修繕費用10萬元，借記機器設備，該機器的折舊率為每年20%，如果該筆錯誤到95年底仍未改正，則下列敘述何者為真？
(1) 95年底機器設備的累計折舊少計4萬元
(2) 95年度的淨利虛減8萬元
(3) 95年度淨利虛減6萬元
(4) 95年底保留盈餘虛增6萬元

答案：(4)

補充說明：

分析各選項如下：

1. 選項(1)：95年底機器設備的累計折舊會「**多計**」4萬元＝10萬元×20%×2年，而非「少計」。

2. 選項(2)及選項(3)：95年度的淨利虛減「**2萬元**」，即折舊費用多計之金額，而非「8萬元」及「6萬元」。

3. 選項(4)：95年底保留盈餘是會虛增6萬元，其等於多計的機器設備帳面金額(＝10萬元－累計折舊多計金額4萬元)，**答案為本選項。**

【95年初等特考試題】

1. 宣告現金股利時，應貸記：
(1)應付股利　　　　　　　　　　(2)現金
(3)保留盈餘　　　　　　　　　　(4)股利

答案：(1)

2. 某公司以每股$30購回其普通股2,000股，並以成本法入帳，則其應作之分錄為：
(1)借：庫藏股票$60,000，貸：現金$60,000
(2)借：股本$60,000，貸：現金$60,000
(3)借：股本$20,000，借：資本公積$40,000，貸：現金$60,000
(4)借：保留盈餘$60,000，貸：現金$60,000

答案：(1)

📝 補充說明：

購回庫藏股票之分錄為：

xxxx/xx/xx	庫藏股票	60,000	
	現金		60,000

由上列分錄可知**答案為選項**(1)。

3. 【依IAS或IFRS改編】下列那一項交易不影響權益？
(1)設備資產折舊之提列　　　　　(2)商品之銷售
(3)購置房屋　　　　　　　　　　(4)宣告並發放現金股利

答案：(3)

📝 補充說明：

1. 選項(1)及選項(2)：提列折舊及銷售商品會影響本期淨利，本期淨利會結轉保留盈餘，**進而影響權益**。
2. 選項(3)：若以現金購置房屋，則會增加房屋及減少現金之資產會計科目金額，**不會影響權益金額，答案為本選項**。
3. 選項(4)：宣告並發放現金股利會造成保留盈餘減少，**進而影響權益**。

4. 5%的股票股利代表：

(1)流通在外股數增加 5%，股東權益總金額也增加 5%

(2)流通在外股數增加 5%，股東權益總金額卻減少 5%

(3)流通在外股數增加 5%，但股東權益總金額不變

(4)流通在外股數增加 5%，但股東權益總金額的變化則視股票市價高低而定

答案：(3)

> 補充說明：

宣告並發放股票股利之分錄為：

xxxx/xx/xx	保留盈餘	xx,xxx	
	普通股股本		xx,xxx

由上列可知宣告並發放股票股利會**使流通在外股數增加，但不會造成股東權益總金額變動**，答案為選項(3)。

5.庫藏股在財務狀況表上列為：

(1)資產加項 (2)負債減項

(3)股東權益加項 (4)股東權益減項

答案：(4)

> 補充說明：

庫藏股票應列為權益之最後一項並列為減項。

【95 年四等地方特考試題】

1.前期損益調整項目應列示於：

(1)當年度現金流量表中 (2)當年度財務狀況表中

(3)當年度損益表中 (4)當年度保留盈餘表中

答案：(4)

> 補充說明：

本題答案為保留盈餘表，國際財務報導準則並未規定須編製保留盈餘表，**若適用國際財務報導準則，前期損益調整項目應列示於權益變動表，並應以稅後金額列示**。

【95年五等地方特考試題】

1. 以下關於庫藏股票的說明與會計分錄，何者為正確？
(1)庫藏股票指公司已經發行，經收回且已經註銷的股票
(2)庫藏股票的交易，若再出售售價高於原購入成本，則差額應認列利潤
(3)庫藏股票的交易，若再出售售價低於原購入成本，則差額應借記「資本公積－庫藏股票交易」
(4)期末的庫藏股票，應作為「保留盈餘」的減項

答案：(3)

☞補充說明：

分項說明各選項如下：

1. 選項(1)：敘述是錯誤的，庫藏股票指公司已經發行，經收回但**尚未註銷**的股票。
2. 選項(2)：敘述是錯誤的，庫藏股票的交易，若再出售售價高於原購入成本，**差額應貸記資本公積**。
3. 選項(3)：庫藏股票的交易，若再出售售價低於原購入成本，則差額應借記「資本公積－庫藏股票交易」，若仍有不足，則再借記保留盈餘，**本選項之答案雖不完整，但仍是惟一正確的答案**。
4. 選項(4)：敘述是錯誤的，期末的庫藏股票，**應作為股東權益總額的減項**而非為「保留盈餘」的減項。

2. 以下關於股東權益的說明，何者為正確？
(1)代表該公司的價值
(2)包括「資本公積」與「保留盈餘」
(3)若發生「累積虧損」，則公司的股東權益必為負值
(4)各期經營損益需結轉至「資本公積」

答案：(2)

☞補充說明：

分項說明各選項如下：

1. 選項(1)：敘述是錯誤的，股東權益並無法表達公司的價值，**其僅為資產減負債後的剩餘帳面金額。**
2. 選項(2)：敘述是正確的，股東權益是包括「資本公積」與「保留盈餘」，但並非以此二項為限，**答案為本選項。**
3. 選項(3)：敘述是錯誤的，**公司發生「累積虧損」會造成股東權益減少，但並不一定會使股東權益變成負值**，因為尚有普通股股本及資本公積等項目。
4. 選項(4)：敘述是錯誤的，**各期經營損益需結轉至「保留盈餘」**而非「資本公積」。

第十二章　投資

重點提示：

- 本章主題
  1. **債務工具**投資(如：投資其他企業發行之公司債)。
  2. **權益工具**投資(如：投資其他企業發行之股票)。

- 金融資產的定義

  金融資產包括**現金、另一企業之權益工具**(如股票)**、合約權利**及將以或可能**以企業本身權益工具交割之合約**。

- 適用會計準則之說明

  現行國際財務報導準則對於金融工具投資之準則，有國際財務報導準則(IFRS)第 9 號「金融工具」及國際會計準則(IAS)第 39 號「金融工具：認列與衡量」。

  國際財務報導準則第 9 號「金融工具」原訂生效日為 2013 年 1 月 1 日，但國際會計準則理事會(IASB)於 2011 年 7 月決議將國際財務報導準則第 9 號「金融工具」延後二年適用，**表示於 2015 年 1 月 1 日前仍適用國際會計準則第 39 號「金融工具：認列與衡量」**，但自 2015 年 1 月 1 日起方適用國際財務報導準則第 9 號「金融工具」(屆時國際會計準則第 39 號內相關規定就不再適用，除非將其內容納入國際財務報導準則第 9 號)。

  我國金融監督管理委員會(簡稱金管會)規定我國 2013 年適用國際財務報導準則(IFRS)時，並非採用國際會計準則第 39 號「金融工具：認列與衡量」之 2010 年版本(因為此版本已配合國際財務報導準則第 9 號「金融工具」之內容修改部分內容)，而係採用國際會計準則第 39 號之 2009 年版本。**我國考選部說明自民國 101 年起，試題如涉及財務會計準則規定，其作答以當次考試上一年度經行政院金融監督管理委員會認可之國際財務報導準則正體中文版。**

本章將依國際會計準則第 39 號「金融工具：認列與衡量」之 2009 年版本改編題目並解題，且使用我國行政院金融監督管理委員會於民國 100 年 7 月 7 日發布修正之「證券發行人財務報告編製準則」及臺灣證券交易所股份有限公司於民國 100 年 9 月 2 日公告修訂之「一般行業會計項目會計科目及代碼」所列示之會計科目。

●投資工具及會計處理之架構

有關投資工具及會計處理之架構列示如下：

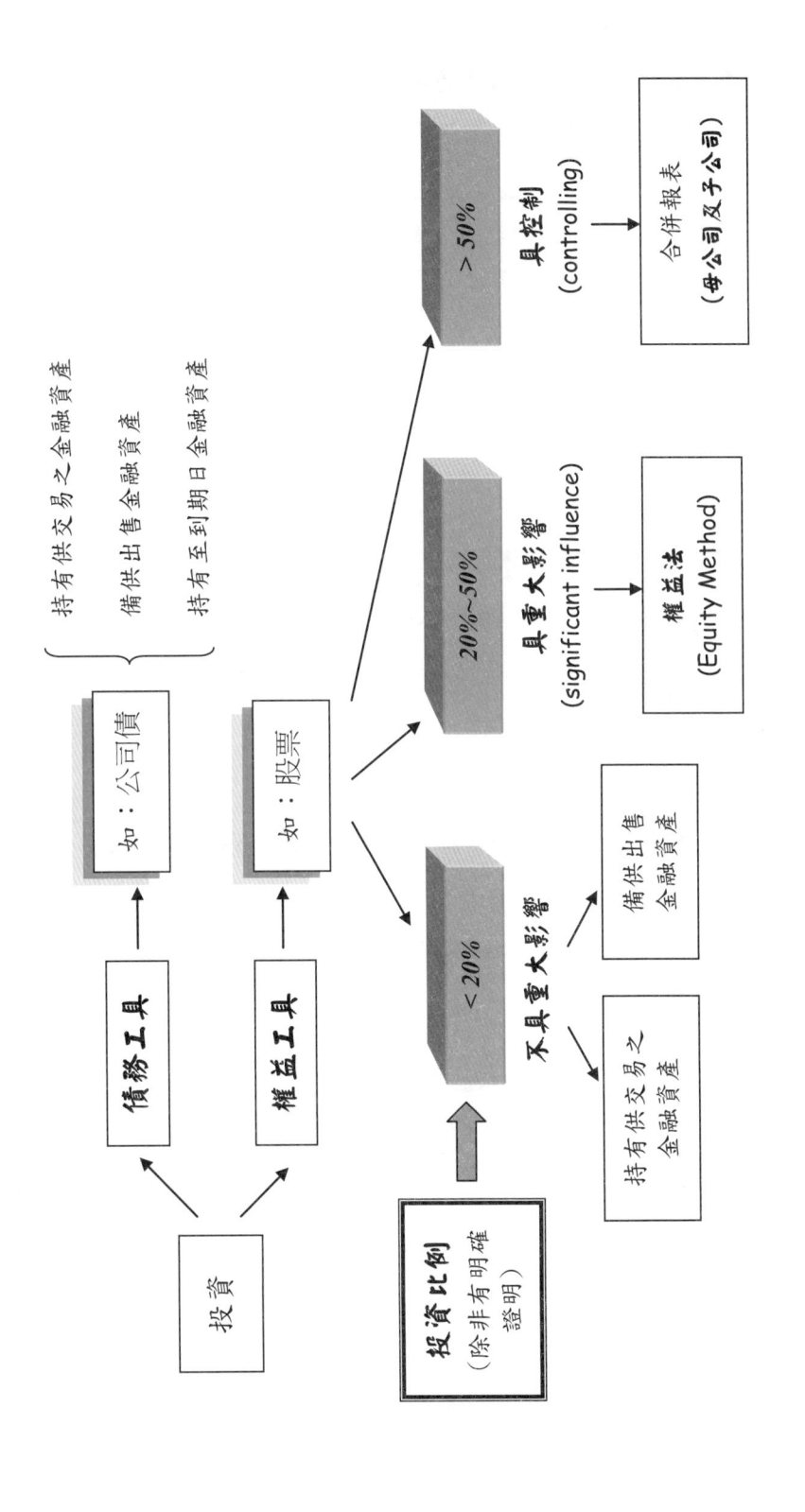

```
投資
├── 債務工具 (如：公司債)
│   ├── 持有供交易之金融資產
│   ├── 備供出售金融資產
│   └── 持有至到期日金融資產
└── 權益工具 (如：股票)
    ├── 投資比例 < 20%  不具重大影響
    │   ├── 備供出售金融資產
    │   └── 持有供交易之金融資產
    ├── 20%~50%  具重大影響 (significant influence) → 權益法 (Equity Method)
    └── > 50%  具控制 (controlling) → 合併報表 (母公司及子公司)
```

投資比例（除非有明確證明）

第 3 頁（第十二章 投資）

● 投資具重大影響

企業投資直接或間接持有被投資者 20% 以上之表決權時，則推定投資者具重大影響，除非能明確證明不具重大影響。當企業投資被投資企業具重大影響時，被投資企業稱為關聯企業。

> **定義：**關聯企業係指投資者對其有重大影響之企業，重大影響係指參與被投資者財務及營運政策決策之權力。

投資關聯企業之會計處理原則上應採用權益法。採權益法之會計處理重點如下：

1. 投資關聯企業**原始入帳金額依成本認列**。

2. 取得日後之帳面金額**將隨投資者認列所享有之被投資者損益份額**(即依被投資者損益按投資比例認列之金額)**而增減**。

3. 收取被投資者之利潤分配(如發放股利)，會減少該投資之帳面金額。

● 投資具控制

當企業投資另一個體而具控制時，投資企業為母公司，被投資企業為子公司。相關名詞定義為：

1. 所謂控制係指主導某一個體之財務及營運政策決策之權力，以從其活動中獲取利益。

2. 子公司係指由另一個體(母公司)所控制之個體。

3. 母公司係指擁有一個或多個子公司之個體。

母公司直接或透過子公司間接擁有一個體超過半數之表決權，除在極端情況下，有明確證據顯示該所有權未構成控制者外，即推定存在控制。母公司雖僅直接或間接擁有一個體半數或未達半數之表決權，但若有下列情況之一者，仍存在控制：

1. 經由與其他投資者之協議，**具超過半數表決權之權力**。

2. 依法令或協議，具**主導**該個體財務及營運政策之權力。

3. **具任免**董事會(或類似治理單位)大多數成員之權力，且由該董事會(或類似治理單位)**控制**該個體。

4. **具掌握**董事會(或類似治理單位)會議大多數表決權之權力，且由該董事會(或類似治理單位)**控制**該個體。

除特定情況下，**母公司應依規定提出合併財務報表，將其對子公司之投資納入該合併財務報表中**。

● 投資成本之決定

原始認列金融資產時，若金融資產**非屬透過損益按公允價值衡量者，企業應按公允價值加計直接可歸屬於取得金融資產之交易成本衡量**；此表示**若屬透過損益按公允價值衡量者，其交易成本應列為費用**。

● 投資之分類及定義

債務工具或不具重大影響之權益工具投資可分類為：

1. **透過損益按公允價值衡量之金融資產**：指符合下列條件之一的金融資產：
   (1) **持有供交易之金融資產**：其取得金融資產之主要目的**係為短期內出售**。
   (2) 原始認列時被企業指定為透過損益按公允價值衡量之金融資產。

2. **持有至到期日金融資產**：係指該金融資產**具有固定或可決定之付款金額及固定到期日**(如：公司債每期付息，到期日支付票面金額)，且企業有**積極意圖及能力**持有至到期日。

3. **放款及應收款**：係指該金融資產於活絡市場無報價，且具固定或可決定之付款金額。

4. **備供出售金融資產**：係指被指定為備供出售，或未被分類為放款及應收款、持有至到期日或透過損益按公允價值衡量之金融資產。

以上若係投資債務工具且分類為持有至到期日金融資產及備供出售金融資產，仍須做折、溢價攤銷，**但一般慣例不另設折、溢價會計科目，而是直接調整相關投資會計科目之帳面金額。**

● 投資之重分類

1. **不得**將原始認列時已被企業指定為透過損益按公允價值衡量之任何金融工具**自透過損益按公允價值衡量之種類重分類出來。**

2. 原始認列後，**企業不得將任何金融工具重分類為透過損益按公允價值衡量之種類。**

3. 原始認列時列為持有供交易之金融資產，**當金融資產不再為短期內出售之目的而持有，則該金融資產得自透過損益按公允價值衡量(即持有供交易之金融資產)之種類重分類出來。**國際財務報導準則說明僅在罕見情況(罕見情況係源自於異常且高度不可能於短期內再發生之單一事項)下得自透過損益按公允價值衡量之種類重分類出來；**若企業有意圖及能力持有該金融資產至可預見之未來或到期日者，可重分類為持有至到期日金融資產。**

4. 分類為備供出售金融資產，原可符合放款及應收款之定義，且企業有意圖及能力持有該金融資產至可預見之未來或到期日者，**得自備供出售之種類重分類至放款及應收款之種類。**

5. 若因意圖或能力之改變，**致使投資不再適合分類為持有至到期日金融資產時，該投資應重分類為備供出售。**

6. 只要金額並非很小之持有至到期日投資出售或重分類，而不符合分類為持有至到期日金融資產之任一條件時，**所有剩餘持有至到期日投資均應重分類為備供出售金融資產。**

- 票面利率與市場利率(或稱有效利率)之關係

    1. 投資公司債，若該公司債之票面利率 **大於** 市場利率，則會 **溢價投資**
    (即投資成本會**大於**票面金額)。

    2. 投資公司債，若該公司債之票面利率 **小於** 市場利率，則會 **折價投資**
    (即投資成本會**小於**票面金額)。

    3. 投資公司債，若該公司債之票面利率 **等於** 市場利率，則會 **平價投資**
    (即投資成本會**等於**票面金額)。

- 股票股利之會計處理

    因投資而取得股票股利時，**應作備忘記錄，記載增加的股數**。

- 投資當年度獲配股利之會計處理

    我國實務係於次年度分配上年度之盈餘(宣告發放股利)，**故投資當年度獲配股利時應沖減相關投資會計科目之帳面金額。**

【101年普考試題】

1.甲公司於 X1 年 1 月 1 日以每股$15 投資乙公司股票 90,000 股,並支付手續費$10,000,此投資佔乙公司股權 25%,甲公司對乙公司具有重大影響力,乙公司 X1 年度淨利$1,000,000,乙公司股票 X1 年底之市價為每股$20,試問甲公司 X1 年底之關聯企業投資帳面金額為多少?

(1)$1,360,000　　(2)$1,610,000　　(3)$1,790,000　　(4)$1,800,000

答案:(2)

補充說明:

1.本題所使用之「具有重大影響力」用詞,**於適用國際財務報導準則時,應改為「具重大影響」**。

2.建議以 T 字帳分析「採用權益法之投資」會計科目金額之變動,即可求得甲公司「採用權益法之投資」會計科目之餘額,計算如下:

採用權益法之投資

原始投資 　$15×90,000 股＋$10,000 　＝$1,360,000 按比例認列關聯企業 X1 年淨利 　$1,000,0000×25%＝$250,000	
X1 年底之餘額?	

X1 年底「採用權益法之投資」會計科目之餘額
＝$1,360,000＋$250,000＝$1,610,000

【101年初等特考試題】

1.**【依 IAS 或 IFRS 改編】**企業採權益法處理之投資在投資股票當年度收到現金股利時,應視為:

(1)投資收益　　　　　　　　(2)投資成本之增加
(3)投資成本之減少　　　　　(4)股利收入

答案:(3)

✎補充說明：

於權益法之下，不論是否於投資股票當年度或以後年度，**收到現金股利均應列為投資帳列金額**(會計科目為：採用權益法之投資)的減少。

2.【依 IAS 或 IFRS 改編】A 公司持有 B 公司 40%股權，對 B 公司具重大影響，當 B 公司有淨利時，A 公司應如何認列？
(1)借記：備供出售金融資產
(2)借記：採用權益法之投資
(3)借記：投資收入
(4)借記：股利收入

答案：(2)

✎補充說明：

採權益法依投資比例認列關聯企業之淨利時，**應借記：採用權益法之投資，貸記：採用權益法認列之關聯企業利益之份額**(過去會計科目為：投資收入)。

【100 年普考試題】

1.【依 IAS 或 IFRS 改編】甲公司 X2 年 12 月 31 日採用權益法之投資餘額為$800,000。X1 及 X2 年與前述投資相關之所有資料如下：

(一)X1 年 1 月 1 日甲公司依市價購入乙公司普通股 20,000 股，並支付$6,000 手續費，乙公司流通在外總股數為 80,000 股。

(二)X1 年 6 月 15 日及 7 月 20 日為乙公司的除息日及股利發放日，每股除息$2，X1 年的淨利為$300,000。

(三)X2 年 6 月 1 日及 7 月 1 日為乙公司 X2 年的除息日及股利發放日，每股除息$2.5，X2 年的淨利為$400,000。

此外，甲公司於 X3 年 1 月 20 日以每股$42 出售 12,000 股，並支付$3,000 手續費。

試作：

(一)記錄甲公司 X1 年 1 月 1 日的分錄。

(二)計算乙公司 X1 年 1 月 1 日每股市價。

(三)計算甲公司 X1 年 12 月 31 日採用權益法之投資會計科目餘額。

(四)記錄甲公司 X3 年 1 月 20 日的分錄。

(五)針對 X3 年出售投資的交易，說明甲公司在 X3 年度之現金流量表(間接法)應如何表達？

解題：

投資比例＝20,000 股÷乙公司流通在外總股數 80,000 股＝25%

先推算原始投資成本，計算如下：

採用權益法之投資

原始投資　　　　　？	按比例認列關聯企業 X1 年發放股利 $2×20,000 股＝$40,000
按比例認列關聯企業 X1 年淨利 $300,000×25%＝$75,000	按比例認列關聯企業 X2 年發放股利 $2.5×20,000 股＝$50,000
按比例認列關聯企業 X2 年淨利 $400,000×25%＝$100,000	
X2 年底之餘額$800,000	

原始投資？＋$75,000＋$100,000－$40,000－$50,000＝$800,000

原始投資＝$715,000

(一)甲公司 X1 年 1 月 1 日的分錄為：

x1/01/01	採用權益法之投資	715,000	
	現金		715,000

(二)乙公司 X1 年 1 月 1 日每股市價

＝$(715,000－6,000)÷20,000 股＝**$35.45**

(三)甲公司 X1 年 12 月 31 日採用權益法之投資科目餘額：

＝$715,000＋$75,000－$40,000＝**$750,000**

(各項金額之計算，請參閱前列 T 字帳之內容)

(四)甲公司 X3 年 1 月 20 日出售投資時之分錄為：

x3/01/20	現金	501,000①	
	採用權益法之投資		480,000②
	處分投資利益		21,000③

補充說明：

①為出售價款(＝$42×12,000 股－$3,000)。

②除列(沖銷)出售部分之投資會計科目帳列金額(＝X1 年底採用權益法之投資會計科目餘額$800,000÷20,000 股×12,000 股)。

③＝①－②。

甲公司 X3 年 1 月 20 日出售投資乙公司 12,000 股後，**投資比例由 25% 降為 10%**〔＝(原始投資股數 20,000 股－出售股數 12,000 股)÷乙公司流通在外總股數 80,000 股〕，**甲公司對乙公司已不具重大影響，故應將「採用權益法之投資」會計科目餘額轉列備供出售金融資產**。轉列分錄為：

x3/01/20	備供出售金融資產	336,000②	
	採用權益法之投資		320,000①
	金融資產重分類		
	淨損益		16,000③

補充說明：

①除列(沖銷)「採用權益法之投資」會計科目餘額。

②為新分類，以當日投資乙公司之公允價值為入帳金額〔＝(原始投資股數 20,000 股－出售股數 12,000 股)×乙公司每股$42〕。

③＝②－①。

(五)X3 年出售投資的交易在甲公司 X3 年度之現金流量表(間接法)之表達：

1. 來自**營業活動**之現金流量應**扣減處分投資利益$21,000**。

2. 來自**投資活動**之現金流量流入增加**$501,000**。

2.臺北公司於 X1 年 9 月 1 日共支付現金$204,265，取得面額$200,000、票面利率 6%之公司債，該公司債於每年 4 月 1 日及 10 月 1 日各付息一次，X5 年 10 月 1 日到期，臺北公司擬持有至到期日，並以直線法攤銷溢折價。X1 年度該公司應認列之利息收入和攤銷額各為多少？

(1)利息收入$4,060 及折價攤銷$60

(2)利息收入$3,940 及折價攤銷$60

(3)利息收入$4,061.25 及折價攤銷$61.25

(4)利息收入$3,938.75 及折價攤銷$61.25

答案：(1)

補充說明：

國際財務報導準則規定須採有效利息法攤銷折、溢價，並未說明可以採用直線法攤銷折、溢價。本題仍依直線法攤銷溢折價解題，以備國家考試出此類題型才會解題。計算如下：

1. X1 年 9 月 1 日~X5 年 10 月 1 日共 49 個月。

2. X1 年 9 月 1 日~X1 年 12 月 3 日共 4 個月。

3. **支付現金 $204,265 須分割有多少是給付上次付息日至投資日應先給付的利息金額？有多少是投資公司債的價款？** 計算如下：

    (1)上一次付息日(X1/4/1)至投資日應先給付的利息金額
    $= \$200,000 \times 6\% \times 5/12 = \$5,000$

    (2)投資公司債的價款$= \$204,265 - \$5,000 = \$199,265$

4. X1 年度應認列之折價攤銷金額
    $= \$(200,000 - 199,265) \div 49$ 個月 $\times 4$ 個月 $= \textbf{\$60}$

5. X1 年度應認列之利息收入$= \$200,000 \times 6\% \times 4/12$
    $+$ X1 年度應認列之折價攤銷金額$\$60 = \textbf{\$4,060}$

3.【依 IAS 或 IFRS 改編】「備供出售金融資產」因公允價值下降所造成的金融資產評價調整應列在：
(1)營業損失　　　　　　　　　(2)營業外損失
(3)負債　　　　　　　　　　　(4)權益

答案：(4)

📖 補充說明：

備供出售金融資產依公允價值衡量而下降時，**應借記：備供出售金融資產未實現損益**(此會計科目應列為**權益項目**)，**貸記：備供出售金融資產評價調整**(此會計科目於貸方餘額時，應列為「備供出售金融資產」會計科目的減項)。本題係指「備供出售金融資產未實現損益」會計科目之表達。

【100 年初等特考試題】

1.甲公司於 X1 年 5 月 1 日以每股 $47 購入 1,000 股乙公司股票，手續費 $1,000，作為備供出售金融資產，X1 年 8 月 1 日收到現金股利每股$2，X1 年 12 月 31 日乙公司股票每股市價$49，則甲公司 X1 年應認列之金融資產未實現利益為何？
(1)$1,000　　　(2)$3,000　　　(3)$4,000　　　(4)$6,000

答案：(2)

📖 補充說明：

1. 備供出售金融資產原始認列金額為$48,000(＝$47×1,000 股＋手續費$1,000)。
2. X1 年 8 月 1 日收到現金股利係屬乙公司分配 X0 年之盈餘，**應沖減「備供出售金融資產」會計科目之帳面金額**$2,000(＝$2×1,000 股)。有關投資當年度獲配股利之會計處理說明，請參閱本章之重點提示。
3. X1 年應認列之金融資產未實現利益＝$49×1,000 股
   －「備供出售金融資產」會計科目之帳列餘額$46,000＝**$3,000**

2.【依 IAS 或 IFRS 改編】X1 年 1 月 15 日甲公司以成本$95,000 購入乙公司面額$100,000 之公司債，支付手續費$140，手續費列為當期費用，並將乙公司公司債分類透過損益按公允價值衡量之金融資產。X1 年 6 月 15 日收到乙公司公司債利息$2,500，乙公司公司債 X1 年年底之市價$96,500，若其選擇該金融資產不攤銷，試問下列敘述何者正確？
(1)X1 年年底將產生按公允價值衡量之金融資產利益$1,500
(2)X1 年年底將產生按公允價值衡量之金融資產利益$1,360
(3)X1 年年底將產生按公允價值衡量之金融資產利益$4,000
(4)X1 年年底將產生按公允價值衡量之金融資產利益$4,000

答案：(1)

　補充說明：
1. 甲公司將投資乙公司公司債列為公允價值變動認列為損益之金融資產，其會計科目為「**持有供交易之金融資產**」(過去之會計科目名稱為「交易目的金融資產」)。
2. **按公允價值衡量之利益**(過去稱為「評價利益」)＝$96,500－$95,000＝**$1,500**。

3.甲公司以$75,000 購入乙公司之普通股，但由於乙公司未在公開市場交易，年底無法可靠估計乙公司普通股之公允價值，請問應將該投資列入那一個會計科目？
(1)持有供交易金融資產
(2)備供出售金融資產
(3)持有至到期日金融資產
(4)以成本衡量之金融資產

答案：(4)

　補充說明：
國際財務報導準則規定，**於活絡市場無市場報價且其公允價值無法可靠衡量之權益工具投資，應按成本衡量**。

4.甲公司本期購入乙公司股票$130,000 作為「備供出售金融資產」,期末市價為$100,000,則期末有關「備供出售金融資產」之敘述,何者正確?

(1)列入股東權益中之未實現損失為$0

(2)列入損益表之未實現損失為$30,000

(3)帳面金額為$100,000

(4)帳面金額為$130,000

答案:(3)

> 補充說明:
> 甲公司購入乙公司股票於期末**發生未實現損失**$30,000(=$130,000－$100,000),**該金額應列為權益項目**。經由公允價值衡量之後,投資之**帳面金額為**$100,000。

5.【依 IAS 或 IFRS 改編】甲公司 X1 年購入乙公司股票 8,000 股分類為「備供出售金融資產」,假設乙公司 X2 年每股發放$3 之現金股利,請問甲公司應作何會計記錄?

(1)不需作分錄

(2)借:現金$24,000

(3)借:備供出售金融資產$24,000

(4)貸:備供出售金融資產未實現利益$24,000

答案:(2)

> 補充說明:
> 甲公司收到現金股利$24,000(=$3×8,000 股)時,**應借記:現金,貸記:股利收入**。

6.下列何者不是資本市場投資工具?

(1)政府公債　　　　　　　　(2)國庫券

(3)轉換公司債　　　　　　　(4)特別股

答案:(2)

> 補充說明如下:

根據我國國庫券發行條例的規定，中央政府為調節國庫收支，得發行未滿一年之國庫券，並藉以穩定金融。財政部為調節國庫收支，得洽借未滿一年之借款。**國庫券之發售採標售方式辦理。**

7.【依 IAS 或 IFRS 改編】甲公司於 X1 年年初以每股$60 購買乙公司股票10,000 股，並支付手續費$860，甲公司將這些股票分類為備供出售金融資產。假設乙公司股票於 X1 年年底之市價為每股$56，甲公司如於此時出售將需支付手續費及稅捐$2,480，甲公司於 X1 年年底並無意將此股票出售，試問下列有關甲公司於 X1 年對此股票投資會計處理之敘述何者有誤？

(1)將產生按公允價值衡量之損失$40,000

(2)X1 年年初之入帳金額為$600,860

(3)公允價值變動不認列為當期損益

(4)續後按公允價值衡量無須考量預期處分成本

答案：(1)

補充說明：

1. 投資原始認列金額＝$60×10,000 股＋$860＝$600,860。

2. 備供出售金融資產於 X1 年底應認列未實現損失
   ＝$600,860－$56×10,000 股＝$40,860，**此金額列為權益項目。**

3. 國際財務報導準則規定**金融資產按公允價值衡量不須考慮預期處分成本。**

【100 年四等地方特考試題】

1.【**依 IAS 或 IFRS 改編**】①備供出售金融資產的出售損益，為「取得時之公允價值加上取得成本」與「出售時之售價」的差異數 ②持有至到期日金融資產期末必須以攤銷後成本表達 ③透過損益按公允價值衡量之金融資產的取得成本應列為當期費用 ④持有供交易之金融資產的公允價值變動應列為權益項目，上述描述，有幾項正確？

(1)一項 　　　　(2)兩項 　　　　(3)三項 　　　　(4)四項

答案：(2)

☞補充說明：

分析各項如下：

①敘述是錯誤的，備供出售金融資產出售時應先按公允價值衡量，若無交易成本發生，不會有出售損益。

②敘述是正確的。

③敘述是正確的。

④敘述是錯誤的，**持有供交易之金融資產的公允價值變動應列為損益項目**。

2. 【依 IAS 或 IFRS 改編】X1 年初甲公司以$600,000 購買乙公司普通股 30,000 股分類為備供出售金融資產。X1 年底該項投資之市價為$400,000，X2 年以市價$460,000 出售，試問 X2 年甲公司綜合損益表或損益表(如有列報時)中之損益項目應列示與金融資產投資有關之(損)益為何？

(1)$60,000　　　(2)$140,000　　　(3)$(60,000)　　　(4)$(140,000)

答案：(4)

☞補充說明：

國際財務報導準則規定**備供出售金融資產於除列時，先前認列於權益項目之累計利益或損失，應自權益重分類至損益作為重分類調整。**

本題 X2 年甲公司綜合損益表或損益表(如有列報時)中之損益項目應列示與金融資產投資有關之(損)益 ＝ $600,000 － $$460,000 ＝ **損失 $140,000**，此即先前認列於權益項目之累計利益或損失金額。

3.甲公司於 X1 年 7 月 1 日取得乙公司 30%股權，投資成本與取得之股權淨值相同，已知乙公司 X1 年度淨利為$800,000，X1 年 12 月 1 日發放現金股利$360,000，X2 年度淨利為$640,000，X2 年 12 月 1 日發放現金股利$440,000，淨利假設平均發生，甲公司 X2 年 12 月 31 日投資帳戶餘額為$930,000，則甲公司取得投資之成本為何？

(1)$738,000　　　(2)$858,000　　　(3)$1,002,000　　　(4)$1,122,000

答案：(2)

◎補充說明：

可以 T 字帳分析「採用權益法之投資」會計科目金額之變動，即可推算取得投資之成本，計算如下：

採用權益法之投資

原始投資　　　　　　？	按比例認列關聯企業 X1 年發放股利 $360,0000 \times 30\% = \$108,000$
按比例認列關聯企業 X1 年淨利 $\$800,0000 \times 30\% \times 6/12 = \$120,000$	按比例認列關聯企業 X2 年發放股利 $\$440,0000 \times 30\% = \$132,000$
按比例認列關聯企業 X2 年淨利 $\$640,0000 \times 30\% = \$192,000$	
$\$930,000$ (題目告知)	

原始投資？$+\$120,000+\$192,000-\$108,000-\$132,000=\$930,000$

原始投資＝$858,000

4.甲公司於 X1 年 4 月 1 日以現金$500,000 購入乙公司普通股 50,000 股，乙公司有 200,000 股普通股流通在外，同年 9 月 1 日又以$600,000 增購 45,000 股乙公司普通股。乙公司 X1 年淨利為$800,000，試問甲公司應認列多少投資收益？

(1)$0　　　　(2)$210,000　　　　(3)$380,000　　　　(4)$800,000

答案：(2)

◎補充說明：

1. X1 年 4 月 1 日投資比例＝50,000 股÷200,000 股＝25%
2. X1 年 9 月 1 日投資比例＝45,000 股÷200,000 股＝22.5%
3. 甲公司應認列投資收益
 ＝$800,000 × 25%×9/12＋$800,000 × 22.5%×4/12
 ＝$150,000＋$60,000＝**$210,000**

【100年五等地方特考試題】

1.【依IAS或IFRS改編】甲公司於X1年1月1日買入30%乙公司股票，成本為$200,000，X1年6月30日乙公司發放全部股東的現金股利$50,000，X1年期末乙公司報導淨利$80,000，則X1年12月31日甲公司對於乙公司的採權益法之投資餘額應為：
(1)$209,000　　(2)$224,000　　(3)$230,000　　(4)$239,000

答案：(1)

✎補充說明：
$200,000－$50,000×30%＋$80,000×30%＝**$209,000**

2.【依IAS或IFRS改編】取得下列何種金融資產，所支付之手續費應做為取得成本：①持有供交易　②備供出售　③持有至到期日
(1)僅①②　　(2)僅①③　　(3)僅②③　　(4)①②③

答案：(3)

✎補充說明：
國際財務報導準則規定原始認列金融資產時，若金融資產**非屬透過損益按公允價值衡量者**，企業應按公允價值加計直接可歸屬於取得金融資產之交易成本衡量。

持有供交易之金融資產係屬透過損益按公允價值衡量之投資，故②備供出售及③持有至到期日之金融資產投資成本應加計手續費。

3.【依IAS或IFRS改編】當溢價購入其他公司發行的公司債並列為備供出售金融資產，採用有效利息法攤銷，則：
(1)計入利息收入的金額每期相同
(2)計入利息收入的金額逐期增加
(3)投資公司債之溢價攤銷金額逐期增加
(4)投資公司債之溢價攤銷金額逐期減少

答案：(3)

補充說明：

1. 投資公司債之 溢價 攤銷表格式及說明如下：

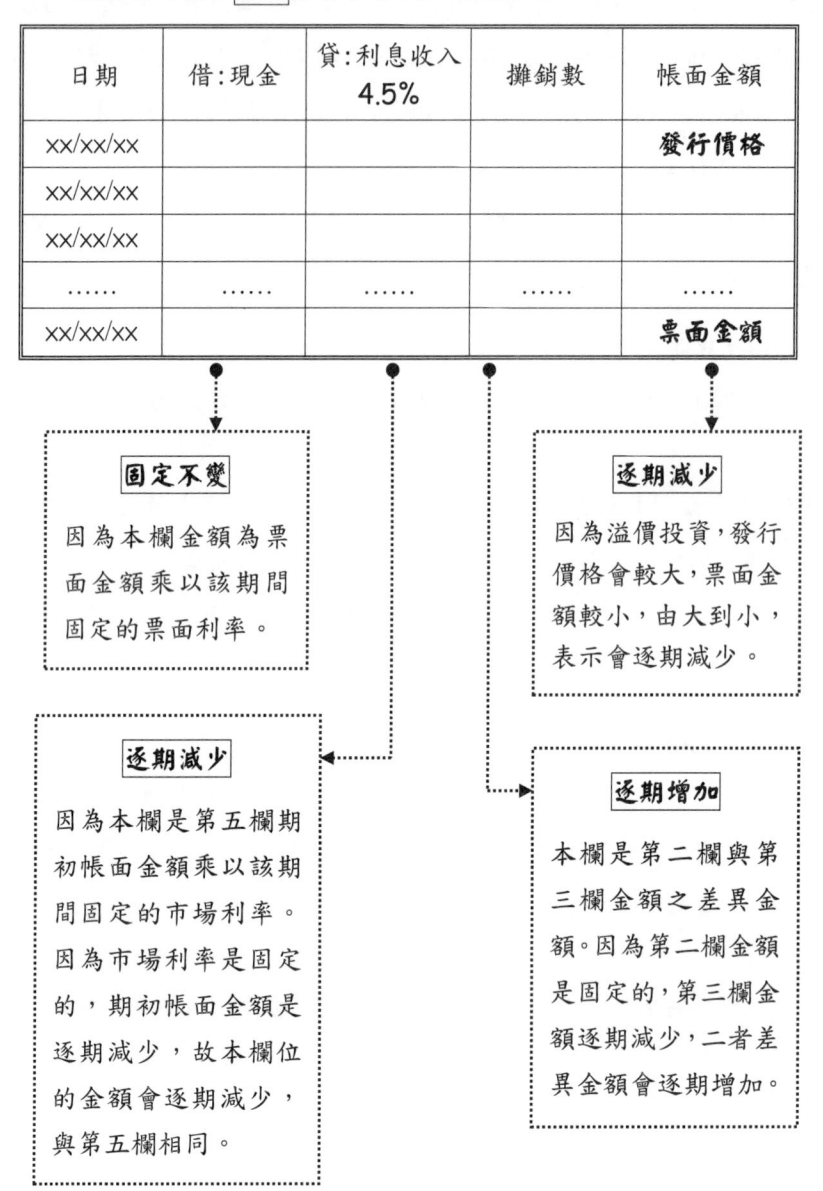

日期	借:現金	貸:利息收入 4.5%	攤銷數	帳面金額
xx/xx/xx				**發行價格**
xx/xx/xx				
xx/xx/xx				
……	……	……	……	……
xx/xx/xx				**票面金額**

固定不變
因為本欄金額為票面金額乘以該期間固定的票面利率。

逐期減少
因為溢價投資，發行價格會較大，票面金額較小，由大到小，表示會逐期減少。

逐期減少
因為本欄是第五欄期初帳面金額乘以該期間固定的市場利率。因為市場利率是固定的，期初帳面金額是逐期減少，故本欄位的金額會逐期減少，與第五欄相同。

逐期增加
本欄是第二欄與第三欄金額之差異金額。因為第二欄金額是固定的，第三欄金額逐期減少，二者差異金額會逐期增加。

2. 選項(1)及選項(2)：敘述是錯誤的，利息收入金額為攤銷表第三欄的金額，其金額應為**逐期減少**。

3. 選項(3)及選項(4)：溢價攤銷金額為攤銷表第四欄的金額，其金額為**逐期增加**，故選項(4)之敘述是錯誤的，**選項(3)的敘述是正確的**。

4.【依 IAS 或 IFRS 改編】下列那一種投資之公允價值變動應認列為當期損益？
(1)持有至到期日金融資產
(2)採權益法之投資
(3)備供出售金融資產
(4)持有供交易之金融資產

答案：(4)

 補充說明：

1. 選項(1)：持有至到期日金融資產**不須認列**公允價值之變動金額。
2. 選項(2)：採權益法之投資**不須認列**公允價值之變動金額。
3. 選項(3)：備供出售金融資產公允價值變動金額**應認列為權益項目**。
4. 選項(4)：持有供交易之金融資產公允價值變動金額應**認列為當期損益項目**。

5.【依 IAS 或 IFRS 改編】甲公司在 X1 年 5 月 3 日以$120,000 購入股票投資，並將其分類為備供出售金融資產。同年 11 月 20 日甲公司處分此投資，得款$116,000，則甲公司應認列：
(1)處分投資利益$116,000
(2)處分投資損失$4,000
(3)按公允價值衡量之未實現損失$4,000
(4)按公允價值衡量之未實現利益$116,000

答案：(2)

 補充說明：

1. X1 年 11 月 20 日處分備供出售金融資產前應先按公允價值衡量，其應認列備供出售金融資產未實現損失$4,000(＝$120,000－$116,000)。
2. 國際財務報導準則規定備供出售金融資產於除列時，先前認列於權益項目之累計利益或損失，應自權益重分類至損益作為重分類調整。本題 X1 年 11 月 20 日應自權益重分類至損益作為重分類調整之金額為(損失)$4,000(國際財務報導準則並未規定重分類至損益之會計科目，歷屆考題大多以處分投資損益列帳)，**此即先前認列於權益項目之累計利益或損失金額**。

【99年普考試題】

1.【依 IAS 或 IFRS 改編】甲公司 X1 年 10 月底以$1,000,000 取得一筆分類為備供出售金融資產之投資，X1 年 12 月底之公允價值為$1,015,000，X2 年 3 月以$1,012,000 處分該金融資產。下列損益表中之數字何者正確？
(1)X1 年度按公允價值衡量之利益為$15,000
(2)X1 年度按公允價值衡量之損失$15,000
(3)X2 年度處分投資損失為$3,000
(4)X2 年度處分投資利益為$12,000

答案：(4)

❧補充說明：

應認列處分投資利益＝$1,012,000－$1,000,000＝**$12,000**

1. 選項(1)及選項(2)：敘述是錯誤的，X1 年度備供出售金融資產按公允價值衡量，**應認列為未實現利益**$15,000，**其屬權益項目**。

2. 選項(3)：敘述是錯誤的，詳下列第 3 項之說明。

3. 選項(4)：國際財務報導準則規定備供出售金融資產於除列時，先前認列於權益項目之累計利益或損失，應自權益重分類至損益作為重分類調整。本題 X2 年 3 月應自權益重分類至損益作為重分類調整之金額為(利益)$12,000(＝$1,012,000－$1,000,000)，此即先前認列於權益項目之累計利益或損失金額。

2.【依 IAS 或 IFRS 改編】因金融資產公允價值變動而認列之未實現損益會計科目之貸方餘額的增加表示：
(1)持有供交易之金融資產公允價值上漲
(2)備供出售金融資產公允價值上漲
(3)持有至到期日金融資產公允價值上漲
(4)持有至到期日金融資產公允價值下跌

答案：(2)

❧補充說明如下：

備供出售金融資產之公允價值變動金額應認列為未實現損益，**其屬權益項目**，該會計科目之貸方餘額增加表示公允價值上漲。

3.甲公司擁有乙公司 70% 之股權，本年度乙公司之淨利為$640,000，並支付$300,000 之現金股利，則甲公司之投資科目當年度的帳面金額將：
(1)增加$238,000
(2)增加$448,000
(3)減少$210,000
(4)不變

答案：(1)

❧補充說明：

$640,000×70%－$300,000×70%＝投資科目帳面金額增加**$238,000**

【99 年初等特考試題】

1.甲公司以折價購入乙公司之公司債作為投資，此種情況隱含該公司債之票面利率與有效利率間之關係為：
(1)票面利率與有效利率相等
(2)票面利率小於有效利率
(3)票面利率大於有效利率
(4)以上皆非

答案：(2)

❧補充說明：

甲公司以折價投資乙公司之公司債，**表示該公司債票面利率較小**，故票面利率小於有效利率(或稱為市場利率)。

2.【依 IAS 或 IFRS 改編】下列金融資產投資何者必須攤銷溢折價？
(1)持有供交易之金融資產(債務工具)
(2)持有至到期日金融資產
(3)備供出售金融資產(權益工具)
(4)採權益法之投資

答案：(2)

❧補充說明：

1.選項(1)持有供交易之金融資產(債務工具)，**其投資之主要目的為短期內出售，期間很短，故不須攤銷溢折價。**
2.選項(3)及選項(4)為**權益工具投資**，不涉及攤銷溢折價之議題。

3.【依 IAS 或 IFRS 改編】甲公司購入乙公司之普通股股份，打算長期持有，待其未來股價上漲後再行售出。試問甲公司應將該權益工具投資分類為：
(1)持有供交易之金融資產　　　　　(2)備供出售金融資產
(3)持有至到期日金融資產　　　　　(4)放款及應收款

答案：(2)

✎補充說明：

投資普通股不可能分類為選項(1)持有至到期日金融資產，因為普通股不會有到期日。題目已說明打算長期持有，故也不可能分類為選項(1)持有供交易之金融資產。若投資之金融資產於活絡市場無報價，且具固定或可決定之付款金額才可分類為選項(4)放款及應收款。本題甲公司購入乙公司之普通股股份最適當分為選項(2)備供出售金融資產。

4.甲公司購買乙公司發行之公司債，該公司債之剩餘年限為五年，甲公司擬長期持有至公司債到期日。若甲公司以直線法攤銷該公司債之溢價，則下列敘述何者錯誤？
(1)每期的利息收入相等
(2)每期的溢價攤銷數相等
(3)每期的利息收入大於利息收現數
(4)未攤銷之溢價餘額愈來愈小

答案：(3)

✎補充說明：

國際財務報導準則規定須採有效利息法攤銷折、溢價，並未說明可以採用直線法攤銷折、溢價。本題仍依直線法攤銷溢折價解題，以備國家考試出此類題型才會解題。

若採用直線法攤銷投資公司債之溢價時，每期利息收現金額、應認列的利息收入、溢價攤銷數均相等，未攤銷之溢價餘額會愈來愈小(攤銷至到期日時，未攤銷之溢價餘額為$0)。

綜合以上說明，可知選項(1)、選項(2)及選項(4)之敘述是正確的。**選項(3)是錯誤的**，因為溢價投資公司債，**每期應認列的利息收入等於每期利息收現金額減溢價攤銷數，故每期的利息收入會小於利息收現數**，而非大於利息收現數。

5.【依 IAS 或 IFRS 改編】下列何者不應列於綜合損益表或損益表(如有列報時)之損益項目？
(1)採權益法認列之投資損益
(2)金融資產投資之出售損失
(3)備供出售金融資產按公允價值衡量之未實現損益
(4)持有供交易之金融資產按公允價值衡量之金融資產利益

答案：(3)

　　✎補充說明：
　　　　備供出售金融資產按公允價值衡量之未實現損益應認列為權益項目。

6.【依 IAS 或 IFRS 改編】權益工具(股權)投資按其對被投資公司之影響程度，可分為下列那幾類？
(1)具合併能力、具有影響、不具重大影響
(2)具有控制、具有重大影響、不具重大影響
(3)具合併能力、具有控制、具有影響
(4)具合併能力、具有控制、具有重大影響、不具重大影響

答案：(2)

　　國際財務報導準則並無「合併能力」一詞。選項(2)所列示的用詞為**現行我國翻譯國際財務報導準則之用詞**。

7. 甲公司持有備供出售之乙公司普通股股票 5,000 股，原始購入成本為每股 $25，該股票在 X1 年底之公允價值為每股$24。乙公司在 X1 年 10 月宣告並發行 10% 股票股利。若 X2 年 5 月乙公司宣告並發放每股$1.5 之現金股利，則甲公司於收到該現金股利時應記錄：

(1)股利收入$8,250　　　　　　(2)股利收入$7,500

(3)股利收入$2,500　　　　　　(4)無須記錄

答案：(1)

☛補充說明：

甲公司可收到之現金股利＝$1.5×(5,000 股×1.1)＝**$8,250，應認列為股利收入。**

【99 年四等地方特考試題】

1. 甲公司 X1 年度「持有至到期日金融資產」的相關資訊如下：

(一) 1 月 1 日以 $103,312 購入乙公司一年前發行的公司債，公司債面額 $100,000，票面利率 9%，市場利率 8%，付息日為每年 12 月 31 日，到期日為 X4 年 12 月 31 日。

(二) 4 月 1 日以$100,750 購入面額$100,000 丙公司之公司債，票面利率 9%，市場利率 9%，付息日為每年 3 月 1 日，到期日為 X5 年 3 月 1 日。

(三) 7 月 1 日以$97,513 購入面額$100,000 丁公司之公司債，票面利率 9%，市場利率 10%，付息日為每年 7 月 1 日，到期日為 X4 年 7 月 1 日。

甲公司採有效利息法攤銷折溢價，且未作迴轉分錄。

試求：(請一律四捨五入至整數位)

記錄甲公司 X1 年 12 月 31 日對乙公司、丙公司及丁公司相關投資的分錄。(每家公司的投資各作一筆分錄)計算甲公司 X2 年度的利息收入。

解題：

1. X1 年 12 月 31 日對乙公司相關投資之分錄為：

x1/12/31	現金	9,000①	
	持有至到期日金融資產		735③
	利息收入		8,265②

✎補充說明：

① 為每期付息日利息收現金額(＝面額(票面金額)$100,000×票面利率9%)，為下列第4項第(1)點攤銷表第二欄之金額。

② 為投資溢價攤銷金額(＝投資成本$103,312×市場利率8%)，為下列第4項第(1)點攤銷表第三欄之金額。

③＝①－②，為下列第4項第(1)點攤銷表第四欄之金額。

2. X1年12月31日對丙公司相關投資之分錄為：

x1/12/31	應收利息	6,750	
	利息收入		6,750①

✎補充說明：

① 為報導期間結束日(X1年12月31日)應認列利息收入金額(＝面額(票面金額)$100,000×票面利率9%×9/12)。

本項折、溢價攤銷金額，因為投資金額$100,750中內含付息日3月1日至4月1日之利息$750 (＝面額$100,000×票面利率9%×1/12)，故投資成本為$100,000 (＝投資金額$100,750－$750)，投資成本等於公司債面額(票面金額)，表示投資無折、溢價金額。

3. X1年12月31日對丁公司相關投資之分錄為：

x1/12/31	應收利息	4,500①	
	持有至到期日金融		
	資產	376③	
	利息收入		4,876②

✎補充說明：

① 為應計利息金額(＝面額$100,000×票面利率9%×6/12)，為下列第4項第(3)點攤銷表第二欄之金額乘以6/12。

② 為利息收入認列金額 (＝投資成本$97,513×市場利率10%×6/12)，為下列第4項第(3)點攤銷表第三欄之金額乘以6/12。

③ 為投資折價攤銷金額＝②－①，為下列第4項第(3)點攤銷表第四欄之金額乘以6/12。

4.甲公司 X2 年度的利息收入為：

(1)投資乙公司之公司債於 X2 年度之利息收入為：

編製溢價攤銷表，即可求得答案，列示如下：

日期	借:現金	貸:利息收入 8%	攤銷數	帳面金額
x1/01/01				$103,312
x1/12/31	$9,000	$8,265	$735	102,577
x2/12/31	9,000	**8,206**	794	101,783
……	……	……	……	……

此即投資乙公司之公司債於 X2 年度之利息收入

(2)投資丙公司之公司債於 X2 年度之利息收入為：

面額$100,000×票面利率 9%＝**$9,000**

(3)投資丁公司之公司債於 X2 年度之利息收入為：

編製溢價攤銷表，即可求得答案：

日期	借:現金	貸:利息收入 10%	攤銷數	帳面金額
x1/07/01				$97,513
x2/07/01	$9,000	$9,751	－$751	98,264
x3/07/01	9,000	9,826	－$826	99,090
……	……	……	……	……

投資丁公司之公司債於 X2 年度之利息收入
＝$9,751×6/12＋$9,826×6/12＝**$9,789**

(4)投資乙公司、丙公司及丁公司之公司債於 X2 年度之利息收入合計

金額＝$8,206＋$9,000＋$9,789＝**$26,995**

2.高雄公司於 X1 年初依股權淨值取得屏東公司 30%普通股股權,採權益法處理此投資。X1 年底該投資帳戶餘額為$354,000。屏東公司 X1 年度淨利為$250,000,宣告並發放股票股利$60,000,則高雄公司 X1 年初對屏東公司普通股投資之成本為:

(1)$300,000　　　(2)$297,000　　　(3)$283,000　　　(4)$279,000

答案:(4)

補充說明:

可以 T 字帳分析「採用權益法之投資」會計科目金額之變動,即可推算取得投資之成本,計算如下:

採用權益法之投資

原始投資　？	
按比例認列關聯企業 X1 年淨利 $250,0000×30%＝$75,000	
$354,000 (題目告知)	

原始投資？＋$75,000＝$354,000

原始投資＝**$279,000**

> 高雄公司對於屏東公司宣告並發放之股票股利,**應以附註表達增加的股數,不須編製分錄**,其**不會影響「採用權益法之投資」會計科目之金額**。

3.【依 IAS 或 IFRS 改編】下列四種情況之權益工具(股權)投資共有幾項應採權益法處理?①投資於有表決權之股權 15%,且具有控制　②投資於有表決權之股權 30%,但不具重大影響　③投資於有表決權之股權 10%,且不具重大影響　④投資於有表決權之股權 20%,且具有重大影響

(1)皆不適用　　　(2)一項　　　(3)二項　　　(4)三項

答案:(3)

補充說明如下:

權益工具(股權)投資若具有重大影響應採權益法之會計處理，至於擁有多少表決權之股權並非惟一的關鍵因素。各項分析如下：

①具有控制，表示一定具有重大影響，**應採權益法**。

②不具重大影響，不應採權益法。

③不具重大影響，不應採權益法。

④具有重大影響，**應採權益法**。

【99年五等地方特考試題】

1.【**依 IAS 或 IFRS 改編**】備供出售金融資產重分類為持有供交易之金融資產時，應：
(1)不得重分類為持有供交易之金融資產
(2)於重分類時以帳面金額與公允價值二者較高者，作為持有供交易之金融資產的成本
(3)於重分類時以帳面金額與公允價值二者較低者，作為持有供交易之金融資產的成本
(4)於重分類時以帳面金額作為持有供交易之金融資產的成本

答案：(1)

> 🔖補充說明：
> 國際財務報導準則規定，**金融資產於原始認列後，企業不得將任何金融工具重分類為透過損益按公允價值衡量之種類**；持有供交易之金融資產即屬透過損益按公允價值衡量之金融資產。

2.【**依 IAS 或 IFRS 改編**】甲公司 X1 年以$43,000購入乙公司普通股分類為備供出售金融資產，若該投資 X1 年底之公允價值為$37,000，而 X2 年底之公允價值為$47,000，請問 X2 年底該金融資產依公允價值衡量之分錄中，關於「備供出售金融資產未實現損益」科目應(假設期初未作迴轉分錄)：

(1)不必作貸方調整   (2)貸：$4,000

(3)貸：$6,000   (4)貸：$10,000

答案：(4)

◎補充說明：

1. X1 年底備供出售金融資產依公允價值衡量，因公允價值下降$6,000（＝$43,000－$37,000），**應借記：備供出售金融資產未實現損益，此會計科目應列為權益項目。**

2. X2 年底備供出售金融資產依公允價值衡量，截至 X2 年底公允價值共上升$4,000(＝$47,000－$43,000)，其應調整「備供出售金融資產未實現損益」會計科目之金額及借貸方以 T 字帳分析如下：

備供出售金融資產未實現損益

X1 年底餘額　　$6,000	X2 年底應調整之金額　？
	X2 年底應有之餘額$4,000

X2 年底應調整之金額＝X2 年底應有之餘額$4,000
　　　　　　　　　＋X1 年底餘額$6,000＝**$10,000**

3. 甲公司於 X1 年 6 月 30 日以$120,000 購入面額$100,000 票面利率 5%之債券，作為「持有至到期日金融資產」，該債券期末公允價值為$130,000，則甲公司有關此資產之會計處理，下列敘述何者為真？
(1) X1 年利息收入$2,500
(2) 期末債券之帳面金額小於$120,000
(3) 期末債券之帳面金額為$120,000
(4) 期末債券之帳面金額為$130,000

答案：(2)

◎補充說明：

由題目可知甲公司是以溢價方式投資債券，**並應採有效利息法攤銷溢價，表示持有至到期日金融資產的帳面金額會逐期減少至票面金額，故答案為選項**(2)。持有至到期日金融資產於報導期間結束日不須按公允價值衡量，故選項(4)的答案並不正確。雖然題目未告知債券的持有期間及市場利率，但可以確定選項(1)所列示的利息收入答案是錯誤的，因其未考量溢價攤銷金額。

4.【依 IAS 或 IFRS 改編】下列敘述何者有誤？

(1)現金、債務工具及權益工具均屬金融資產

(2)國庫券是貨幣市場金融工具

(3)3 個月內到期之國庫券只可當投資，不能歸類為現金

(4)投資 3 個月內到期且信用風險很低之金融工具，一般會將此金融工具歸屬為現金或約當現金

答案：(3)

✎補充說明：

因為國庫券的債務人為國家，其風險小、流動性強，若現金係指現金及約當現金，則選項(3)之敘述是錯誤的。

5.【依 IAS 或 IFRS 改編】甲公司於 X1 年 7 月 1 日以$92,278 購入面額$100,000 公司債，4 年期，票面利率 8%，有效利率 10%，每年 6 月 30 日及 12 月 31 日付息，該投資分類為持有至到期日金融資產，X1 年 12 月 31 日該公司債公允價值為$93,268，甲公司將此公司債重分類為備供出售金融資產，則甲公司應：

(1)認列金融資產已實現利益$376

(2)認列金融資產未實現利益$376

(3)認列金融資產已實現利益$238

(4)認列金融資產未實現利益$238

答案：(2)

✎補充說明：

由持有至到期日金融資產重分類為備供出售金融資產之後，**該投資應按公允價值衡量，其公允價值變動金額應列為未實現損益，其屬權益項目**。金融資產未實現利益金額之計算如下：

1.編製折價攤銷表如下：

日期	借:現金	貸:利息收入 5%	攤銷數	帳面金額
x1/07/01				$92,278
x1/12/31	$4,000	$4,614	−$614	92,892
……	……	……	……	……

2.金融資產未實現利益金額

　＝X1 年 12 月 31 日公司債公允價值$93,268

　−X1 年 12 月 31 日投資科目帳面金額$92,892＝**$376**

6.【依 IAS 或 IFRS 改編】甲公司於 X1 年 1 月 1 日以$95,500 價格並另支付手續費$3,500 購入面額$100,000，票面利率 10% 之公司債投資，該公司債每年 6 月 30 日及 12 月 31 日收息。若甲公司將此投資分類為持有供交易之金融資產，則購入此債券時之會計處理何者錯誤？

(1)該債券之現金支出金額為$99,000

(2)該債券之入帳金額為$95,500

(3)將支付$3,500 之手續費認列為費用

(4)該債券之入帳金額為$100,000

答案：(4)

✎補充說明：

甲公司投資時之分錄為：

x1/01/01	持有供交易之金融資產	95,500	
	手續費	3,500	
	現金		99,000

第 33 頁 (第十二章 投資)

【98 年普考試題】

1.【依 IAS 或 IFRS 改編】權益工具(股權)投資若獲配股票股利，應：
(1)貸記股利收入
(2)貸記投資
(3)註明取得股數不作分錄
(4)貸記投資收益

答案：(3)

2.【依 IAS 或 IFRS 改編】①備供出售金融資產　②持有至到期日金融資產③持有供交易之金融資產　④以成本衡量之金融資產，上述金融資產取得時之交易成本，有幾項得列為當期費用？
(1)零項　　　　　(2)一項　　　　　(3)二項　　　　　(4)三項以上

答案：(2)

　　　✎補充說明：
　　　　國際財務報導準則規定原始認列金融資產時，若金融資產非屬透過損益按公允價值衡量者，企業應按公允價值加計直接可歸屬於取得或發行金融資產之交易成本衡量。**本題僅持有供交易之金融資產屬透過損益按公允價值衡量之投資，其交易成本應列為當期費用。**

【98 年初等特考試題】

1.【依 IAS 或 IFRS 改編】甲公司支付$290,000 購入乙公司面額$300,000 之公司債。該投資分類為持有至到期日金融資產，則甲公司在債券持有期間中應做：
(1)債券投資之折價攤銷　　　　　(2)債券投資之溢價攤銷
(3)無須做溢折價攤銷　　　　　　(4)以上皆非

答案：(1)

　　　✎補充說明：
　　　　甲公司投資金額低於乙公司之公司債面額，故為折價投資；另因分類為持有至到期日金融資產，須做折價攤銷。

2.【依 IAS 或 IFRS 改編】甲公司依契約約定，可操控乙公司之財務、營運及人事方針，在會計上，甲公司對乙公司具有：
(1)合併能力　　　　　　　　　　(2)控制
(3)重大影響　　　　　　　　　　(4)無重大影響

答案：(2)

✍補充說明：
國際財務報導準則定義控制係指主導某一個體之財務及營運政策決策之權力，以從其活動中獲取利益。

3.【依 IAS 或 IFRS 改編】甲公司於 X1 年 9 月 1 日買入公司債作為投資，分類為持有至到期日金融資產。購入價款$120,000，另支付券商手續費$5,000 及應計利息$4,000。則甲公司購入該項債券投資之成本為：
(1)$120,000　　(2)$5,000　　(3)$125,000　　(4)$3,000

答案：(3)

✍補充說明：
投資成本＝$120,000＋$5,000＝**$125,000**

4.【依 IAS 或 IFRS 改編】甲公司有一備供出售金融資產投資，該投資於報導期間結束日因按公允價值衡量而應調整之金額為$3,500，但會計人員在進行期末調整時誤將 $3,500 登錄為$5,300。試問此項錯誤將造成當期之財務報表何種影響？
(1)損益表或綜合損益表之損益項目與財務狀況表均有誤
(2)僅財務狀況表有誤
(3)現金流量表與財務狀況表均有誤
(4)僅損益表有誤

答案：(2)

✍補充說明：
備供出售金融資產於報導期間結束日按公允價值衡量而調整之金額，**只會影響資產(投資)及權益科目，故僅財務狀況表有誤。**

【98年四等地方特考試題】

1.**【依 IAS 或 IFRS 改編】**甲公司於 X1 年初購入乙公司面額$2,000,000，5 年期公司債，分類為持有至到期日金融資產，每年 6 月 30 日及 12 月 31 日發放利息，有關資料如下：

期　間	現金利息	利息收入	投資帳面金額
X1 年初	—	—	$1,934,042
X1.06.30	80,000	A	1,941,074
X1.12.31	B	C	?
X2.06.30	D	E	F

試求：

(一)說明甲公司對此持有至到期日金融資產投資之折溢價係採何法進行攤銷(請說明理由)。

(二)市場利率與票面利率分別為何？

(三)計算 C 及 F。

(四)X2 年 6 月 30 日乙公司以$640,000 出售三分之一公司債之出售利益(損失)為何？

(五)求 X2 年 9 月 30 日持有至到期日金融資產之帳面金額。

解題：

(一)甲公司對於持有至到期日金融資產之折溢價**應採有效利息法進行攤銷**，因為採用有效利息法會使各付息期間的有效利率相同。

(二)市場利率與票面利率分別為：

　1.市場利率：

　　(1)A－$80,000＝1,941,074－$1,934,042

　　　A＝$87,032

　　(2)A＝$1,934,042×市場利率？%

　　　$87,032＝$1,934,042×每半年市場利率？%

　　　每半年市場利率＝4.5%，**每年市場利率＝9%**

2.票面利率：

$80,000＝面額$2,000,000×每半年票面利率？%

每半年票面利率＝4%，**每年票面利率＝8%**

(三)計算 C 及 F 如下：

1. C＝$1,941,074×4.5%＝**$87,348**

2. ?＝$1,941,074－$(80,000－87,348)＝$1,948,422

3. E＝$1,948,422×4.5%＝$87,678

4. F＝$1,948,422－$(80,000－87,678)＝**$1,956,100**

(四)X2 年 6 月 30 日乙公司出售三分之一公司債之出售利益(損失)為：

1. 出售時三分之一投資的帳面金額

＝F×1/3＝$1,956,100×1/3＝$652,033

2. **出售損失**＝$652,033－出售價格$640,000＝**$12,033**

(五)X2 年 9 月 30 日持有至到期日金融資產之帳面金額：

1. X2 年 7 月 1 日至 X2 年 9 月 30 日應計利息

＝$2,000,000 × 2/3 × 4% × 3/6＝$26,667

2. X2 年 7 月 1 日至 X2 年 9 月 30 日利息收入

＝$1,956,100 × 2/3 × 4.5% × 3/6＝$29,342

3. X2 年 7 月 1 日至 X2 年 9 月 30 日折價攤銷金額

＝利息收入$29,342－應計利息$26,667＝$2,675

4. X2 年 9 月 30 日持有至到期日金融資產之帳面金額

＝$1,956,100×2/3＋2,675＝**$1,306,742**

2.【依 IAS 或 IFRS 改編】「備供出售金融資產未實現損失」的增加表示：
(1)淨利減少
(2)營業外損失的增加
(3)資產減少
(4)權益增加

答案：(3)

📖補充說明：

「備供出售金融資產未實現損失」的增加表示**投資及權益科目之金額均為減少**，故答案為選項(3)。

【98年五等地方特考試題】

1.【依 IAS 或 IFRS 改編】甲公司購買乙公司之普通股股票，並預期於 10 日後出售。試問甲公司應將該金融資產投資分類為：
(1)持有供交易之金融資產
(2)備供出售金融資產
(3)持有至到期日金融資產
(4)放款及應收款

答案：(1)

📖補充說明：

題目告知甲公司購買乙公司普通股股票**預期於10日後出售**，其符合**持有供交易之金融資產之定義**。

2.甲公司持有備供出售之乙公司普通股股票 5,000 股，原始購入成本為每股 $25，該股票在 X1 年底之公允價值為每股$24。乙公司在 X1 年 10 月宣告並發行 10% 股票股利。若 X2 年 8 月甲公司以每股 $26 之價格出售 3,000 股之乙公司股票，則甲公司應作記錄為：
(1)投資處分利益$6,000
(2)投資處分利益$9,818
(3)投資處分利益$3,000
(4)投資處分利益$8,530

答案：(2)

📖補充說明如下：

1. 國際財務報導準則規定**備供出售金融資產於除列時,先前認列於權益項目之累計利益或損失,應自權益重分類至損益作為重分類調整。**

2. 應認列處分投資利益
   = $26×3,000 股 － 〔($25×5,000 股)÷(5,000 股×1.1)〕×3,000 股
   = $78,000 － $68,182 = **$9,818**

3. 【依 IAS 或 IFRS 改編】對於持有至到期日金融資產投資,通常以下列何種方式處理?
   (1)不要作折溢價攤銷,也不要設折溢價科目
   (2)不要作折溢價攤銷,但要設折溢價科目
   (3)要作折溢價攤銷,但不要設折溢價科目
   (4)要作折溢價攤銷,也要設折溢價科目
   答案:(3)

4. 甲公司以溢價購入公司債作為投資,此種情況隱含該公司債之票面利率與有效利率間之關係為:
   (1)票面利率與有效利率相等   (2)票面利率小於有效利率
   (3)票面利率大於有效利率   (4)無法判定
   答案:(3)

   ✍補充說明:
   溢價購入公司債表示該公司債之票面利率較高,票面利率會大於有效利率(或為市場利率)。

【97年普考試題】

1.【依 IAS 或 IFRS 改編】備供出售金融資產之未實現損失應列為：
(1)財務狀況表流動負債之加項
(2)損益表之營業外損失
(3)財務狀況表權益之減項
(4)財務狀況表保留盈餘之減項

答案：(3)

✎補充說明：
　　備供出售金融資產依公允價值衡量之未實現損益**應列為權益項目**。

【97年初等特考試題】

1.【依 IAS 或 IFRS 改編】下列何情形被視為「投資公司對被投資公司具有控制」之可能性最小？
(1)經由與其他投資者之協議，具超過半數表決權之權力
(2)投資公司持有被投資公司有表決權之股份表決權最高者
(3)依法令或協議，具主導該個體財務及營運政策之權力
(4)具任免董事會(或類似治理單位)大多數成員之權力，且由該董事會(或類似治理單位)控制該個體

答案：(2)

✎補充說明：
　　選項(2)投資公司持有被投資公司有表決權之股份表決權最高者，並不表示投資公司對被投資公司具有控制；**應視投資公司是否主導被投資公司之財務及營運政策決策之權力，以從其活動中獲取利益**。詳細說明請參閱本章重點提示。

2.【依 IAS 或 IFRS 改編】甲公司投資於乙公司發行之公司債,並依公允價值衡量,且將公允價值變動列為損益。嗣後,甲公司因某些特殊原因,希冀將該投資進行重分類。試問相關之會計處理為:
(1)必須將其重分類備供出售金融資產
(2)必須將其重分類持有至到期日金融資產
(3)僅於罕見情況得自透過損益按公允價值衡量之種類重分類出來
(4)以上均非

答案:(3)

補充說明:

選項(3)為國際財務報導準則之規定。

3.【依 IAS 或 IFRS 改編】下列何種投資於其公允價值發生變化時,應認列於損益並表達於綜合損益表或損益表(如有列報時)中?
(1)備供出售金融資產
(2)持有供交易之金融資產
(3)持有至到期日金融資產
(4)採權益法之投資

答案:(2)

補充說明:

1.選項(1):備供出售金融資產按公允價值衡量之公允價值變動金額,**應認列為權益項目**。

2.選項(2):持有供交易之金融資產按公允價值衡量之公允價值變動金額,**應認列為當期損益項目**。

3.選項(3):持有至到期日金融資產**不須按公允價值衡量,故不會認列公允價值之變動金額**。

4.選項(4):採權益法之投資**不須按公允價值衡量,故不會認列公允價值之變動金額**。

4.【依 IAS 或 IFRS 改編】甲公司以每股$30 購入 5,000 股乙公司股票,並支付手續費$250,甲公司擬近期內出售此股票,試問下列有關此交易之會計處理說明何者錯誤?

(1)購入股票之現金為$150,250

(2)該股票之帳面金額為$150,000

(3)手續費$250 應認列為當期費用

(4)公司應將該類股票分類為備供出售金融資產

答案:(4)

✎補充說明:

因為甲公司擬近期內出售乙公司之股票,**應分類為持有供交易之金融資產;持有供交易之金融資產的交易成本應列為費用而非投資成本。**

5.【依 IAS 或 IFRS 改編】甲公司於 X1 年 7 月 1 日支付$105,417 取得面額$100,000,票面利率 8%之公司債投資,該公司債每年 6/30 及 12/31 付息,該債券之有效利率為 6%。該債券投資屬備供出售金融資產,則甲公司於 X1 年度應認列之利息收入為:

(1)$3,163　　　　　(2)$4,000　　　　　(3)$4,217　　　　　(4)$3,000

答案:(1)

✎補充說明:

$105,417 × 6% × 6/12＝**$3,163**

【97 年四等地方特考試題】

1.宜蘭公司 X1 年初以$967,021 購入花蓮公司 8%公司債 1,000 張,每張面值$1,000,每年 6/30 及 12/31 付息,X4 年底到期,市場利率為 9%,該公司採有效利息法攤銷折溢價,試問 X1 年之利息收入為何?

(1)$80,000　　　　　(2)$87,190　　　　　(3)$88,144　　　　　(4)$88,244

答案:(2)

✎補充說明如下:

編製折價攤銷表，即可求得 X1 年之利息收入。計算如下：

日期	借:現金	貸:利息收入 4.5%	攤銷數	帳面金額
x1/01/01				$967,021①
x1/06/30	$40,000②	$43,516③	−$3,516④	970,537⑤
x1/12/31	40,000②	43,674⑥	−3,674⑦	974,211⑧
……	……	……	……	……

①為投資成本。

②＝每張面值$1,000×1,000 張×每半年之票面利率 4%。

③＝①×4.5%。

④＝②－③。

⑤＝①－④＝$967,021－(－$3,516)。

⑥＝⑤×4.5%。

⑦＝②－⑥。

⑧＝⑤－(－$3,674)。

X1 年之利息收入
＝$43,516
＋$43,674
＝**$87,190**

2.【依 IAS 或 IFRS 改編】下列敘述何者有誤？

(1)「持有供交易之金融資產」及「原始認列時指定為透過損益按公允價值衡量之金融資產」的會計處理完全一樣

(2)取得「原始認列時指定為透過損益按公允價值衡量之金融資產」的交易成本不可當作當期費用

(3)出售「持有供交易之金融資產」所取得的現金列為現金流量表中營業活動現金的流入

(4)在報導期間結束日必須以公允價值衡量「持有供交易之金融資產」

答案：(2)

☞補充說明：

透過損益按公允價值衡量之金融資產的交易成本應列為當期費用。選項(1)、選項(3)及選項(4)之敘述是正確的。

3.【依 IAS 或 IFRS 改編】①備供出售金融資產－公司債　②持有至到期日金融資產　③原始認列時指定為透過損益按公允價值衡量之金融資產－公司債　④持有供交易金融資產－公司債，上述金融資產之會計處理，有幾項必須攤銷取得時所產生之折溢價？

(1)一項　　　　　(2)二項　　　　　(3)三項　　　　　(4)四項

答案：(2)

✎補充說明：

①及②二項須做折、溢價攤銷。

【97 年五等地方特考試題】

1.【依 IAS 或 IFRS 改編】甲公司於 X1 年 7 月 1 日支付$103,000 取得面額$100,000，票面利率 8%之公司債投資，該公司債每年 6/30 及 12/31 付息。若甲公司擬在近期內將該債券出售，且 X1 年底該債券之公允價值為$105,400，則 X1 年底甲公司應作之調整為：

(1)認列備供出售金融資產未實現利益$5,400

(2)認列備供出售金融資產未實現利益$2,400

(3)借記備供出售金融資產$105,400

(4)認列透過損益按公允價值衡量之金融資產利益$2,400

答案：(4)

✎補充說明：

因為甲公司擬在近期內將債券出售，**故應分類為持有供交易之金融資產，其按公允價值衡量之公允價值變動金額**$2,400(＝$105,400－$103,000)**應認列為透過損益按公允價值衡量之金融資產利益**。

2.【依 IAS 或 IFRS 改編】甲公司以$105,000 價格購買乙公司發行之 3 年期面額 $100,000 公司債，作為備供出售金融資產並支付券商手續費$3,000。此外，甲公司為支應該交易的資金需求而進行融資，並支付該筆借款利息共$3,500。試問甲公司投資乙公司債券之入帳成本為：

(1)$100,000　　　(2)$105,000　　　(3)$108,000　　　(4)$111,500

答案：(3)

  📝 補充說明：

    投資成本＝$105,000＋$3,000＝**$108,000**

3.【依 IAS 或 IFRS 改編】甲公司 X1 年底結帳時當年度淨利$191,000，但發現下列會計處理有誤：X1 年初投資乙公司 30% 之股票 30,000 股，成本$135,000，X1 年底乙公司淨利$15,000，甲公司應採權益法處理，但誤以成本衡量。X1 年底正確淨利為(不考慮所得稅)：
(1)$190,500   (2)$191,500   (3)$194,000   (4)$195,500

答案：(4)

  📝 補充說明：

    $191,000＋$15,000×30%＝**$195,500**

4.【依 IAS 或 IFRS 改編】下列對於持有至到期日金融資產的描述，何者正確？
(1)期末按公允價值衡量時所產生的未實現損失應列在損益表
(2)期末按公允價值衡量時所產生的未實現損失應列在財務狀況表
(3)買進債券之溢價的攤銷會造成認列之利息收入低於收現數
(4)買進債券之折價的攤銷，應貸記：持有至到期日債券投資折價，借記：利息收入

答案：(3)

  📝 補充說明：

   1.選項(1)及選項(2)之敘述是錯誤的，**因為持有至到期日金融資產不須按公允價值衡量。**

   2.買進持有至到期日金融資產(債券)之溢價攤銷時，應借記：利息收入，貸記：持有至到期日金融資產(持有至到期日金融資產投資時有折、溢價，一般不另設折、溢價科目，而是直接調整投資會計科目的帳面金額)，其會造成利息收入低於收現數，**故選項(3)之敘述是正確的。**

3.買進持有至到期日金融資產(債券)之折價攤銷時，**應借記：持有至到期日金融資產，貸記：利息收入**，故選項(4)之敘述是錯誤的。

5.若企業進行債券投資之折價攤銷，則下列選項何者正確？
(1)每次付息日所認列之利息收入較所收取之現金利息高
(2)每次付息日所認列之利息收入較所收取之現金利息低
(3)每次付息日所認列之利息收入與所收取之現金利息相同
(4)以上皆非

答案：(1)

✎補充說明：

舉例說明：買進持有至到期日金融資產(債券)之折價攤銷時，應借記：持有至到期日金融資產，貸記：利息收入，**故企業進行債券投資之折價攤銷，將造成所認列的利息收入較利息收現數**(即題目所稱之「收取之現金利息」)**高，答案為選項**(1)。

【96年普考試題】

1.【**依 IAS 或 IFRS 改編**】樂活公司在 95 年 1 月 1 日以$490,400 購買 2%，面額 $500,000 之債券，收息日為每年年底，98 年底到期。債券之 95 年底公允價值為$460,000；樂活公司在 96 年 4 月 1 日將債券以$510,000 加計利息出售。樂活公司僅持有該筆債券投資，該債券出售後即無其他投資。
假設公允價值漲跌均為正常波動。
試求：
(一)假設樂活公司將債券分類為持有供交易之金融資產，則該項投資對 95 年度及 96 年度淨利之影響金額各為何？
(二)假設樂活公司將債券分類為備供出售金融資產，折溢價採直線法攤銷；則該項投資對 95 年度及 96 年度淨利之影響金額各為何？
(三)假設樂活公司將債券分類為持有至到期日金融資產，且樂活公司持有該筆公司債至到期日並未提前出售，折溢價採直線法攤銷，債券之 96 年底公允價值為$470,000；則該項投資對 95 年度及 96 年度淨利之影響金額各為何？

解題：

國際財務報導準則規定須採有效利息法攤銷折、溢價，並未說明可以採用直線法攤銷折、溢價。本題仍依直線法攤銷溢折價解題，以備國家考試出此類題型才會解題。

先計算每年折價攤銷金額＝$(500,000－490,400)÷4 年＝**$2,400**

(一)樂活公司將債券分類為持有供交易之金融資產，則該項投資對 95 年度及 96 年度淨利之影響金額為：

1.對 95 年度淨利之影響金額為：

(1)**透過損益按公允價值衡量之金融資產損失**
＝$490,400－$460,000＝$30,400

(2)**利息收入**＝$500,000×2%＝$10,000

(3)前列第(1)項及第(2)項合計**造成淨利減少$20,400**(＝$30,400－$10,000)。

2.對 96 年度淨利之影響金額為：

(1)**透過損益按公允價值衡量之金融資產利益**
＝$510,000－$460,000＝$50,000

(2)**利息收入**＝$500,000 × 2% × 3/12＝$2,500

(3)前列第(1)項及第(2)項合計**造成淨利增加$52,500**(＝$50,000＋$2,500)。

(二)樂活公司將債券分類為備供出售金融資產，折溢價採直線法攤銷；則該項投資對 95 年度及 96 年度淨利之影響金額為：

1.對 95 年度淨利之影響金額為：

利息收入＝$500,000×2%＋$2,400＝$12,400

造成淨利增加$12,400

2.對96年度淨利之影響金額為：

(1)利息收入＝$500,000×2%×3/12＋$2,400×3/12＝$3,100

(2)處分投資利益＝$510,000－〔$490,400＋$2,400×(1＋3/12)〕
＝$16,600

> 為截至96/4/1之帳面金額

(3)前列第(1)項及第(2)項合計**造成淨利增加$19,700**(＝$3,100＋$16,600)。

(三)樂活公司將債券分類持有至到期日金融資產，且樂活公司持有該筆公司債至到期日並未提前出售，則該項投資對95年度及96年度淨利之影響金額為：

1.對95年度淨利之影響金額為：

利息收入＝$500,000×2%＋$(500,000－490,400)÷4年＝**$12,400**

造成淨利增加$12,400

2.對96年度淨利之影響金額為：

利息收入＝$500,000×2%＋$(500,000－490,400)÷4年＝**$12,400**

造成淨利增加$12,400

☞持有至到期日金融資產不須按公允價值衡量。

2.高雄公司持有台北公司30%股權，採權益法處理，當台北公司發放股票股利時，高雄公司應：

(1)貸記股利收入　　　　　　　　(2)貸記長期股權投資

(3)僅做備忘分錄，註明取得股數　(4)以上皆可

答案：(3)

☞**補充說明：**

投資企業對於被投資企業宣告發放之**股票股利**，並未支付另任何成本，**故僅須做備忘記錄，註明取得股數**。

【96年初等特考試題】

1.【依 IAS 或 IFRS 改編】甲公司 2005 年 1 月 1 日購買乙公司 30% 之普通股作為長期投資,共支付價款$1,000,000,該年度乙公司獲利$200,000。2006 年 5 月 1 日乙公司發放現金股利$50,000,2006 年度乙公司虧損$100,000,則 2006 年底結帳後,甲公司「採用權益法之投資」帳戶餘額較投資日:

(1)增加$15,000　　　　　　　　　(2)增加$30,000

(3)增加$50,000　　　　　　　　　(4)增加$75,000

答案:(1)

補充說明:

建議以 T 字帳分析「採用權益法之投資」會計科目金額之變動,即可推算甲公司「採用權益法之投資」帳戶之增減金額,計算如下:

採用權益法之投資

原始投資　　　　　$1,000,000	按比例認列關聯企業2006年發放股利 $50,0000×30%=$15,000
按比例認列關聯企業 2005 年淨利 $200,0000×30%=$60,000	按比例認列關聯企業 2006 年淨損 $100,0000×30%=$30,000
2006 年底之餘額?	

$1,000,000 + $60,000 − $15,000 − $30,000

　=2006 年底「採用權益法之投資」會計科目之餘額?

$1,000,000 + 變動金額 $15,000

　=2006 年底「採用權益法之投資」會計科目之餘額$1,015,000

2.下列有關基金之敘述,何者完全正確?
(1)以基金從事投資發生收益時,應借記現金,貸記償債基金收入
(2)使用擴充廠房基金建造廠房後,同時所提列之擴充廠房準備應轉回現金帳戶
(3)償債基金設置後,不一定要提撥償債基金準備,因兩者性質不同
(4)擴充廠房準備提足後,企業即可從事擴充購買所需要之廠房設備

答案：(3)

> 補充說明：
> 1. 選項(1)：應借記基金科目。
> 2. 選項(2)：擴充廠房基金與擴充廠房準備並不相同，**擴充廠房基金有實際提撥現金；擴充廠房準備為保留盈餘指撥，並未實際提撥現金。**
> 3. 選項(3)：敘述是正確的，答案為本選項。
> 4. 選項(4)：擴充廠房準備為保留盈餘指撥，並未實際提撥現金；**其目的在於限制保留盈餘用以發放股利。**

3.【依 IAS 或 IFRS 改編】採權益法之投資，當關聯企業於投資當年度發放現金股利時，投資企業應貸記：
(1)股利收入　　　　　　　　　　(2)投資損益
(3)採權益法之投資　　　　　　　(4)應收股利

答案：(3)

> 補充說明：
> 採權益法之投資，當關聯企業(被投資企業)宣告發放現金股利時，會造成關聯企業之保留盈餘減少，進而造成權益減少；**投資企業應按投資比例連動減少投資科目之帳列金額。**

【96年四等地方特考試題】

1. 甲公司在民國 94 年 1 月 1 日，以$300,000 購買乙公司 25%之普通股，乙公司 94 年之淨利為$80,000，並支付$40,000 之現金股利，試問甲公司投資科目在民國 94 年 12 月 31 日之餘額為何？
(1)$290,000　　(2)$300,000　　(3)$310,000　　(4)$320,000

答案：(3)

> 補充說明：
> $300,000 + $80,000×25% − $40,000×25% = **$310,000**

2.【依 IAS 或 IFRS 改編】信正公司以 $200,000 之價格購入 8 年期，面額 $240,000 之公司債作為備供出售金融資產。五年後依面額售出，信正公司採直線法攤銷該投資之溢折價。則出售該投資時信正公司會發生之損益為：
(1)利益$40,000　　　　　　　　　(2)損失$15,000
(3)利益$15,000　　　　　　　　　(4)$0

答案：(3)

📖 **補充說明：**

國際財務報導準則規定須採有效利息法攤銷折、溢價，並未說明可以採用直線法攤銷折、溢價。本題仍依直線法攤銷溢折價解題，以備國家考試出此類題型才會解題。計算如下：

1. 總折價金額＝面額$240,000－投資成本$200,000＝$40,000

2. 已攤銷折價金額(截至第五年底)
   ＝總折價金額$40,000÷8 年×已攤銷年數 5 年＝$25,000

3. 未攤銷折價餘額(截至第五年底)
   ＝總折價金額$40,000－已攤銷折價金額$25,000＝$15,000
   或＝總折價金額$40,000÷8 年×尚未攤銷年數 3 年＝$15,000

4. 出售時之投資帳面金額
   ＝面額$240,000－未攤銷折價餘額$15,000＝$225,000
   或＝投資成本$200,000＋已攤銷折價金額$25,000＝$225,000

5. 出售投資之損益
   ＝出售投資價格$240,000－出售時之投資帳面金額$225,000
   ＝**利益$15,000**

6. 快速解題：
   本題出售投資價格為面額，故出售投資之損益即為未攤銷折價餘額；有未攤銷折價餘額表示投資科目帳面金額較面額(即售價)小，表示出售投資價格較高，可知為出售利益。

【96年五等地方特考試題】

1.【依 IAS 或 IFRS 改編】具有固定或可決定之收取金額與固定到期日,且企業有積極意圖及能力持有至到期日之債券投資,應屬於:
(1)持有供交易之金融資產　　　　(2)備供出售金融資產
(3)持有至到期日金融資產　　　　(4)放款及應收款

答案:(3)

✎補充說明:

題目之敘述即為選項(3)持有至到期日金融資產之定義。

2.【依 IAS 或 IFRS 改編】甲公司在 X1 年 1 月 1 日以$100,000 購買乙公司面額$100,000 之公司債分類為備供出售金融資產。該債券將於 X2 年 12 月 31 日到期,票面利率為 6%,付息日為每年 6 月 30 日及 12 月 31 日。甲公司在每次收到乙公司支付之利息時,應:
(1)貸記利息收入$6,000　　　　(2)借記利息收入$6,000
(3)貸記利息收入$3,000　　　　(4)借記利息收入$3,000

答案:(3)

✎補充說明:

每次(每半年)收到利息之金額＝
＝面額$100,000×每半年票面利率 3%＝**$3,000**

3.【依 IAS 或 IFRS 改編】在權益法之下,下列何種情況可能導致投資企業帳上「採權益法之投資」金額的減少?
(1)關聯企業宣告股票股利
(2)關聯企業宣告現金股利,或股票股利時
(3)關聯企業宣告現金股利,或發生虧損時
(4)關聯企業宣告現金,或股票股利,或關聯企業發生虧損時

答案:(3)

✎補充說明如下:

會導致投資公司帳上「採權益法之投資」金額減少之情況，為該等交易將造成關聯企業權益(股東權益)減少者。

關聯企業宣告現金股利或發生虧損時，均會造成該企業權益減少；**關聯企業宣告股票股利會使保留盈餘減少，「待分配股票股利」增加，二者均為權益項目，一增一減，關聯企業之權益總金額並未發生增、減變動，故關聯企業宣告股票股利並不會造成投資企業帳上「採權益法之投資」金額的減少。**

4. 甲公司於 X1 年 2 月 1 日以$98,500 購入面額$100,000，票面利率 10%之公司債，投資該公司債每年 1 月 31 及 7 月 31 日付息，並支付手續費$4,500。若甲公司擬持有該債券至到期日，則下列何者敘述正確：
(1)該債券投資需考慮折價攤銷
(2)該債券投資之有效利率等於 10%
(3)該債券投資需考慮溢價攤銷
(4)該債券投資之有效利率超過 10%

答案：(3)

✎補充說明：

1. 甲公司投資之公司債為持有至到期日金融資產，支付之手續費 $4,500 應列為投資成本，故投資成本(持有至到期日金融資產之原始認列金額)為$103,000(＝$98,500＋$4,500)，**投資溢價為**$3,000(投資成本$103,000－面額$100,000)。

2. 因為甲公司之**投資成本高於該公司債之面額，表示有效利率較低。**

【95 年普考試題】

1. 甲公司擁有乙公司 10,000 股的普通股，占其股權的 10%，而乙公司在年底宣布每股發放$2 之現金股利及 20% 之股票股利，當時乙公司股價為$50(面值為$10)，則甲公司應如何作分錄？

(1) 應收現金股利　　　　20,000
　　應收股票股利　　　　100,000
　　　　股利收入　　　　　　　　　120,000

(2) 應收現金股利　　　　20,000
　　應收股票股利　　　　20,000
　　　　股利收入　　　　　　　　　40,000

(3) 應收現金股利　　　　20,000
　　　　股利收入　　　　　　　　　20,000

(4) 不須作分錄

答案：考選部公布之答案為「答(4) 給分」，請參閱下列之補充說明

📖 **補充說明：**

題目之用詞為「宣布」，「宣布」是否等於「宣告」，由考選部公布之答案可推知題目之原意認為「宣布」不等於「宣告」，因尚未宣告，故不須作分錄。

2. 【依 IAS 或 IFRS 改編】在權益法下，當關聯企業發放現金股利，投資企業帳上「採權益法之投資」之帳面金額會：

(1) 增加　　　　　　　　　　　(2) 減少
(3) 無影響　　　　　　　　　　(4) 不一定

答案：(2)

📖 **補充說明：**

採權益法之投資，當關聯企業發放現金股利時，造成關聯企業之保留盈餘減少，進而造成權益減少；**投資企業應按投資比例連動減少投資科目之帳列金額。**

【95年初等特考試題】

1.甲公司於 2005 年 5 月 1 日購入乙公司七年期的公司債十張,每張面額為 $10,000,票面利率 6%,每年 2 月 1 日及 8 月 1 日各付息一次。甲公司實際支付出現金合計$108,000。則其投資成本為:

(1)$106,500　　(2)$108,000　　(3)$100,000　　(4)$109,500

答案:(1)

> 補充說明:
>
> 1. 2005/2/1 至 2005/5/1 之利息金額
>   ＝$10,000 × 10 張 × 6% × 3/12＝$1,500
>
> 2. 現金支付數$108,000
>   －2005/2/1 至 2005/5/1 之利息金額$1,500＝**$106,500**

2.【依 IAS 或 IFRS 改編】甲公司民國 94 年底持有供交易金融資產投資總成本為$300,000,總市價為$260,000,至民國 95 年時,部分投資已經出售,民國 95 年底剩餘股票的總成本為$275,000,總市價為$270,000,持有供交易金融資產評價調整科目餘額為$40,000(貸方),則:

(1)民國 95 年應認列$5,000 之透過損益按公允價值衡量之金融資產損失

(2)民國 95 年應認列透過損益按公允價值衡量之金融資產利益$35,000

(3)民國 95 年無法計算透過損益按公允價值衡量之金融資產利益或損失,因當期出售投資之詳細資料無法取得

(4)民國 95 年應認列透過損益按公允價值衡量之金融資產利益$10,000

答案:(2)

> 補充說明:
>
> 可以 T 字帳分析「持有供交易之金融資產評價調整」會計科目金額之變動,即可求得答案,計算如下:

持有供交易之金融資產評價調整	
95年底應調整金額　？	餘額　　　　$40,000
	95年底應有之餘額 $5,000

95年底應調整金額？
　　＝95年應認列透過損益按公允價值衡量之金融資產利益
　　＝$40,000－95年底應有之餘額$5,000
　　＝**$35,000**，此科目應調整金額為借方金額，**其貸方科目為利益**

3.【依 IAS 或 IFRS 改編】公司購買有價證券做為投資，其非屬透過損益按公允價值衡量之投資，因而支出之佣金、手續費等附加費用，應列為：
(1)營業費用　　　　　　　　　(2)遞延借項
(3)投資成本　　　　　　　　　(4)其他費用

答案：(3)

☞補充說明：

國際財務報導準則規定原始認列金融資產時，**若金融資產非屬透過損益按公允價值衡量者，企業應按公允價值加計直接可歸屬於取得或發行金融資產之交易成本衡量。**

【95年四等地方特考試題】

1.【依 IAS 或 IFRS 改編】短期債券投資通常具有高度的變現性，若投資之企業分類為持有供交易之金融資產，並列為流動資產，係因為該金融資產符合下列那一項條件？
(1)從購買日算起三個月內將被出售
(2)企業主要為交易目的而持有之資產
(3)下一年度或下一營業週期內，以較短為準，將被出售
(4)營業循環

答案：(2)

☞ 補充說明：

依國際財務報導準則之規定，**企業應將下列資產分類為流動資產**：

1. 企業預期於其**正常營業週期中**實現該資產，或意圖將其出售或消耗。
2. 企業**主要為交易目的**而持有之資產。
3. 企業預期於報導期間後**十二個月內**實現該資產。
4. **現金或約當現金**，但已被限制於報導期間後至少十二個月，用以交換或清償負債者除外。

2.【依 IAS 或 IFRS 改編】永安公司以溢價購入債券數張分類為持有供交易之金融資產，則此溢價：
(1)視為投資成本的一部分，並於持有期間攤銷
(2)視為投資成本的一部分，並於發行期間攤銷
(3)直接認列為當期損失
(4)視為投資成本的一部分，但不必攤銷

答案：(4)

☞ 補充說明：

因持有供交易之金融資產取得之主要目的為短期內出售,故不須攤銷折、溢價。

【95 年五等地方特考試題】

1.【依 IAS 或 IFRS 改編】甲公司 2005 年底結帳時當年度淨利$191,000，但發現下列會計處理有誤：2004 年初投資乙公司 30% 之股票 30,000 股，成本$135,000，2004 年乙公司淨利$10,000，2005 年初甲公司收到$5,000 之現金股利，2005 年乙公司淨利$15,000，甲公司按成本衡量。2005 年底正確淨利為(不考慮所得稅)：
(1)$190,500　　　(2)$194,000　　　(3)$195,500　　　(4)$197,000

答案：(1)

☞ 補充說明如下：

2005年底正確淨利＝$191,000－$5,000＋$15,000×30%＝**$190,500**

> 此金額不須再乘以投資比例，因其為甲公司收到之現金股利金額，而非乙公司發放股利的總金額。

☞「2004年乙公司淨利$10,000」不須納入計算，**因為該金額與甲公司 2005年 之淨利無關**。

2.公司設置擴充廠房基金，在實際動用於擴廠前，以部分現金購入十年期政府建設公債，會計分錄應借記：
(1)有價證券　　　　　　　　(2)長期投資
(3)短期投資　　　　　　　　(4)擴充廠房基金投資

答案：(4)

☞補充說明：

　　因為是以擴充廠房基金投資，故應借記：擴充廠房基金投資。

3.購買公司債時產生公司債折價，此時下列何種情況成立：
(1)市場利率高於票面利率
(2)市場利率等於票面利率
(3)市場利率低於票面利率
(4)以上皆非

答案：(1)

☞補充說明：

　　公司債折價表示票面利率較低，市場利率會較高。

4.公司對其持股超過多少百分比的投資，原則上應編製合併財務報表？
(1) 20%　　　　(2)25%　　　　(3)50%　　　　(4)一律均必須編製

答案：(3)

☞補充說明如下：

國際財務報導準則規定某一企業對另一企業具「控制」時，應編製合併報表。母公司直接或透過子公司間接擁有一個體 超過半數之表決權，除在極端情況下，有明確證據顯示該所有權未構成控制者外，即推定存在控制。有關某一企業對另一企業具「控制」時之會計處理，請參閱本章之重點提示。

5.【依 IAS 或 IFRS 改編】某公司於 97 年 7 月 1 日以$310,000 價格，購得票面金額$300,000，年息 10%，102 年 7 月 1 日到期，每年 7 月 1 日為付息日之五年期公司債券，作為持有至到期日金融資產。該公司以直線法攤銷折價、溢價，則 97 年底，該筆持有至到期日金融資產科目之餘額為：
(1)$300,000　　　(2)$308,000　　　(3)$309,000　　　(4)$310,000

答案：(3)

　📖補充說明：

國際財務報導準則規定須採有效利息法攤銷折、溢價，並未說明可以採用直線法攤銷折、溢價。本題仍依直線法攤銷溢折價解題，以備國家考試出此類題型才會解題。計算如下：

1. 總溢價金額＝投資成本$310,000－票面金額$300,000＝$10,000。

2. 截至 97 年底已攤銷溢價金額＝$10,000÷5 年×6/12＝$1,000。

3. 截至 97 年底未攤銷溢價金額
　＝總溢價金額$10,000－截至 97 年底已攤銷溢價金額$1,000
　＝$9,000

4. 截至 97 年底持有至到期日金融資產帳面金額
　＝投資成本$310,000－截至 97 年底已攤銷溢價金額$1,000
　　＝**$309,000**
　或
　＝票面金額$300,000＋截至 97 年底未攤銷溢價金額$9,000
　　＝**$309,000**

第十三章　現金流量表

重點提示：

● 現金流量表中現金流入及流出之分類

　1. 來自營業活動之現金流量：**與損益科目有關**之現金流入或流出。

　2. 來自投資活動之現金流量：**與資產科目**(須排除與損益有關之科目)**有關**之現金流入或流出。

　3. 來自籌資活動之現金流量：**與負債及權益科目**(須排除與損益有關之科目)**有關**之現金流入或流出。此分類過去稱為「融資活動」，更早以前稱為「理財活動」，**我國現行翻譯國際財務報導準則採「籌資活動」之用詞**，以下歷屆考題不論原以「融資活動」或「理財活動」列示，如有必要均已改列為「籌資活動」，不再個別註明。

● 具 選擇性歸類 之項目

依前項之說明，**收取利息、支付利息、收取股利及支付股利所造成的現金流量，應分別歸類為來自營業活動、營業活動、營業活動及籌資活動之現金流量**。國際財務報導準則對於收取利息、支付利息、收取股利及支付股利所造成的現金流量， 可由企業選擇 其於現金流量表中之歸類，其分別可另歸類為來自**投資活動、籌資活動、投資活動及營業活動**之現金流量。將上列說明以表格彙總列示如下：

項目	一般慣例之歸類	可選擇之歸類
收取利息	營業活動	投資活動
支付利息	營業活動	籌資活動
收取股利	營業活動	投資活動
支付股利	籌資活動	營業活動

以下歷屆考題若有收取利息、支付利息、收取股利及支付股利所造成的現金流量，**均以一般慣例之歸類為解題依據**。

- 現金流量表的編製基礎為現金及約當現金。國際財務報導準則對於約當現金之定義及說明為：

  「約當現金係指短期並具高度流動性之投資，該投資可隨時轉換成定額現金且價值變動之風險甚小。……**通常只有短期內(例如，自取得日起三個月內)到期之投資**方可視為約當現金」。

- 現金流量表的編製方法有「**直接法**」及「**間接法**」**二種方法**；其主要差異為來自營業活動之現金流量的計算過程；**另於間接法應揭露利息及所得稅支付數**。

  國際財務報導準則**鼓勵企業採用直接法**報導營業活動之現金流量。

- **持有供交易之金融資產所產生的現金流入及流出，應歸類為來自營業活動現金流量**。國際會計準則第39號「金融工具：認列與衡量」規定，因交易目的而持有之證券所產生的現金流量應歸類為來自營業活動之現金流量，此分類自2015年1月1日起於適用國際財務報導準則第9號「金融工具」之規定時(屆時就不再適用國際會計準則第39號之規定)，就不再適用。

- 編製現金流量表時，對於非現金交易(即不影響現金之投資及籌資活動)應為補充揭露。「非現金交易」之實例如：以長期票據購買土地、發行股票購買設備、發行股票清償債務等

【101年普考試題】

1.甲公司在 X1 年綜合損益表有利息費用$70,000，現金流量表中現金支付之利息為$65,000，X1 年初財務狀況表之應付利息為$50,000。甲公司在 X1 年並無預付利息及利息資本化發生，試問甲公司在 X1 年底之應付利息餘額為多少？

(1)$20,000　　　　(2)$55,000　　　　(3)$65,000　　　　(4)$85,000

答案：(2)

> 補充說明：
>
> 利息費用與利息現金支付數之關係為：
>
> 利息費用$70,000＋應付利息減少數？＝利息現金支付數$65,000
>
> 或
>
> 利息費用$70,000－應付利息增加數？＝利息現金支付數$65,000
>
> **由上列算式可知為第二式，表示 X1 年應付利息增加**$5,000(＝$70,000－$65,000)，X1 年初應付利息為$50,000，X1 年底應付利息應為$55,000(＝$50,000＋$5,000)。

2.甲公司在 X1 年底以成本$500,000，累計折舊$200,000 的運輸設備換入公允價值$400,000 之機器設備，另支付現金$60,000。試問該交易對甲公司在 X1 年淨投資活動現金流量的影響為多少？

(1)流入$160,000　　　　　　　(2)流出$40,000
(3)流入$100,000　　　　　　　(4)流出$60,000

答案：(4)

> 補充說明：
>
> 以運輸設備交換機器設備，因有支付現金$60,000，故交換交易對甲公司在 X1 年淨投資活動現金流量的影響金額為流出現金$60,000。

【101年初等特考試題】

1.現金流量表的「現金」係包含現金與約當現金,下列何者最不適合列入「現金」範圍?
(1)2個月內到期之國庫券
(2)1個月內到期之定期存款
(3)10天內到期之商業本票
(4)持有之上市公司股票

答案:(4)

> ✎補充說明:
> 現金流量表的編製基礎為現金及約當現金,**通常只有短期內(如自取得日起三個月內)到期之投資方可視為約當現金**;答案為選項(4)。

2.甲公司本年度淨利為$550,000,由財務報表同時得到下列資料:折舊費用$117,500,存貨增加$13,000,應付帳款減少$4,000。根據上述資料,本年度來自營業活動之現金流量為:
(1)$541,000　　(2)$650,500　　(3)$676,500　　(4)$684,500

答案:(2)

> ✎補充說明:
> 來自營業活動之現金流量
> =淨利$550,000+折舊費用$117,500−存貨增加$13,000
> −應付帳款減少$4,000=**流入$650,500**

【100年普考試題】

1.應付公司債溢價的攤銷,在依間接法編製之現金流量表中,是當作:
(1)來自營業活動之現金流量中本期淨利之加項
(2)來自營業活動之現金流量中本期淨利之減項
(3)籌資活動之現金流量之加項
(4)籌資活動之現金流量之減項

答案:(2)

✎補充說明：

應付公司債溢價攤銷時之分錄為：

| xxxx/xx/xx | 應付公司債溢價　　　　　　xx,xxx |
| | 　利息費用　　　　　　　　　　　　xx,xxx |

此項分錄會使利息費用減少，進而造成本期淨利增加，**但實際並未流入現金流量**，故採間接法計算來自營業活動之現金流量時，**此應付公司債溢價攤銷金額應自本期淨利中扣除。**

2.甲公司發行普通股$5,000,000，由乙公司以現金購入，此項交易在兩公司分別被列為：
(1)甲公司：投資活動，乙公司：籌資活動
(2)甲公司：籌資活動，乙公司：投資活動
(3)甲乙公司皆為投資活動
(4)甲乙公司皆為籌資活動

答案：(2)

✎補充說明：

甲公司為發行普通股之公司，因為發行普通股與權益科目有關，**故甲公司應將發行普通股取得之現金歸類為來自籌資活動之現金流入**。乙公司為投資普通股之公司，其列帳投資科目係與資產科有關，**故乙公司應將購入股票所支付之現金歸類為因投資活動之現金流出**。

【100年初等特考試題】

1.出售一設備有利益$9,000，其原始成本為$32,000，出售當時之累計折舊為$24,000，則此交易產生之投資活動現金流量為：
(1)$1,000　　　(2)$8,000　　　(3)$9,000　　　(4)$17,000

答案：(4)

✎補充說明如下：

出售設備時之分錄為：

xxxx/xx/xx	現金	?	
	累計折舊－設備	24,000	
	設備		32,000
	處分設備利益		9,000

由上列出售設備之分錄可知**出售設備之價款為$17,000**，此即來自投資活動現金流入金額。

2.甲公司本期銷貨收入為$242,000，期初應收帳款餘額為$88,000，期末應收帳款餘額為$62,000，期初預付貨款餘額$67,000，期末預付貨款餘額$52,000，期初預收貨款餘額$82,000，期末預收貨款餘額$61,000，則銷貨收現數為何？
(1)$236,000　　　(2)$247,000　　　(3)$262,000　　　(4)$283,000

答案：(2)

✎補充說明：

1.分析應收帳款之當年度變動金額：

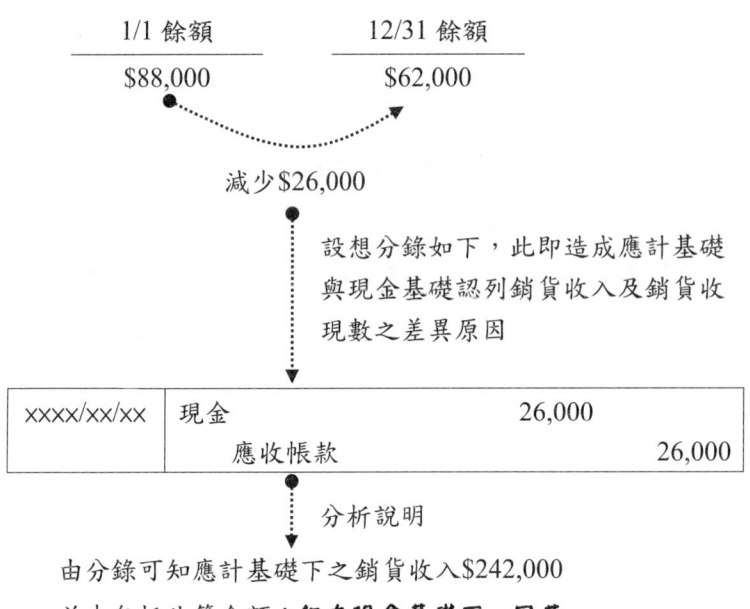

1/1 餘額	12/31 餘額
$88,000	$62,000

減少$26,000

設想分錄如下，此即造成應計基礎與現金基礎認列銷貨收入及銷貨收現數之差異原因

xxxx/xx/xx	現金	26,000	
	應收帳款		26,000

分析說明

由分錄可知應計基礎下之銷貨收入$242,000並未包括此筆金額；但在現金基礎下，因其有流入現金，故應列為銷貨收入的 加項 ，以計算銷貨收現數。

2.分析預收貨款之當年度變動金額：

```
     1/1 餘額              12/31 餘額
     $82,000                $61,000
```

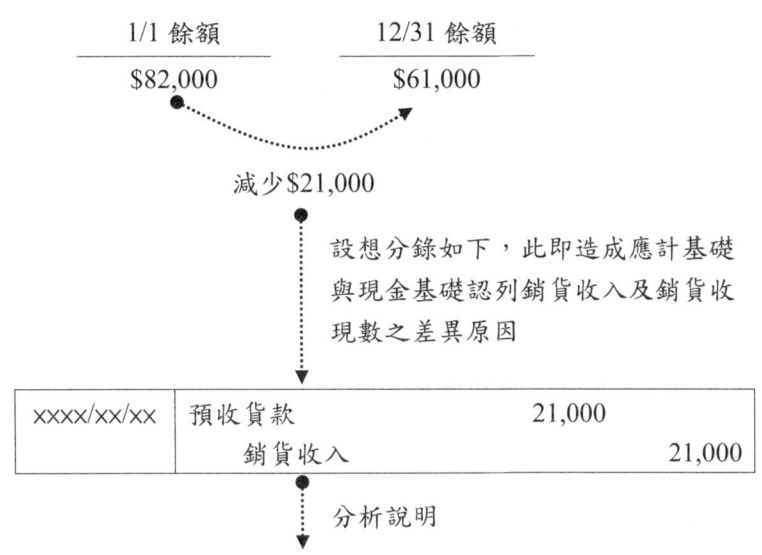

減少 $21,000

設想分錄如下，此即造成應計基礎與現金基礎認列銷貨收入及銷貨收現數之差異原因

xxxx/xx/xx	預收貨款	21,000	
	銷貨收入		21,000

分析說明

由分錄可知應計基礎下之銷貨收入$242,000已包括此筆金額；**但在現金基礎下，因其未有流入現金，故應列為銷貨收入的 減項** ，以計算銷貨收現數。

3.預付貨款與銷貨收現數無關，故不須分析。

4.綜合以上分析，銷貨收現數＝銷貨收入$242,000＋應收帳款減少數$26,000－預收貨款減少數$21,000＝**$247,000**。

3.【依 IAS 或 IFRS 改編】甲公司 X1 年各帳戶的有關資料：應付帳款減少$6,000，專利權攤銷費用$10,000，應付公司債折價攤銷$1,000，應收帳款減少$9,000，預付費用增加$2,000，出售舊設備損失$32,000，購買持有供交易金融資產$50,000，支付現金股利$30,000，當年淨利$100,000，則來自營業活動的現金流量為：

(1)$112,000　　　(2)$120,000　　　(3)$142,000　　　(4)$144,000

答案：(4)

✎補充說明如下：

來自營業活動的現金流量

＝淨利$100,000－應付帳款減少$6,000＋專利權攤銷費用$10,000

＋應付公司債折價攤銷$1,000＋應收帳款減少$9,000

－預付費用增加$2,000＋出售舊設備損失$32,000＝**$144,000**

4.若採用間接法編製現金流量表，下列何者應作為營業活動現金流量之調整項目？
(1)呆帳費用 　　　　　　　　(2)購買不動產、廠房及設備
(3)貸款予他公司　　　　　　　(4)發放股票股利

答案：(1)

🖎補充說明：

僅選項(1)呆帳費用與損益科目有關，進而會影響來自營業活動現金流量。

5.下列何者最有助於預測未來獲利？
(1)稅後淨利　　　　　　　　　(2)稅前淨利
(3)保留盈餘　　　　　　　　　(4)營業單位稅前淨利

答案：(4)

🖎補充說明：

選項(4)營業單位稅前淨利為企業主要營業活動的獲利能力，為企業可持續產生的獲利能力而非一時產生的，是最有助於預測未來之獲利。選項(1)稅後淨利及選項(2)稅前淨利可能包括其他損益項及停業單位損益，該等項目並非經常性發生之項目，可能會誤導預測企業未來之獲利。

【100年四等地方特考試題】

1.甲公司 X9 年度淨利為$10,000，呆帳費用$500，存貨減少數$750，應收帳款淨額增加數$5,000，則 X9 年營業活動之淨現金流入為何？
(1) $5,750　　(2)$6,250　　(3)$14,250　　(4)$14,750

答案：(1)

> 補充說明：
>
> 來自營業活動的現金流量
> 　＝淨利$10,000＋呆帳費用$500＋存貨減少數$750
> 　　－應收帳款淨額增加數(排除提列呆帳之金額$500)$5,500
> ＝流入$5,750

【100年五等地方特考試題】

1.【依 IAS 或 IFRS 改編】甲公司 20X1 年 1 月 1 日的現金餘額為$35,400，下列是該公司 20X1 年度的有關資訊：

銷貨收現數	$32,500
購貨付現數	8,500
折舊費用	$300
發行公司債收現	20,000
購買持有供交易之金融資產	10,000
出售不動產、廠房及設備損失	500
支付員工薪資	3,000
發放現金股利	2,500
購置不動產、廠房及設備	4,500
收到利息收入	120
收到投資金融資產之現金股利	300
支付營業費用	3,200
償還非流動負債	3,000
出售不動產、廠房及設備收現	2,800

則 20X1 年度來自營業活動之現金流量金額為：
(1)$8,220　　(2)$17,920　　(3)$18,020　　(4)$18,220

答案：(1)

> 補充說明如下：

來自營業活動之現金流量

＝銷貨收現數$32,500－購貨付現數$8,500

－購買持有供交易之金融資產10,000－支付員工薪資$3,000

＋收到利息收入$120＋收到投資金融資產之現金股利$300

－支付營業費用$3,200＝**流入$8,220**

2.承上題，20X1年度來自投資活動之現金流量為：

(1)淨流出$1,700 　　　　　　　　(2)淨流出$11,400

(3)淨流出$11,700　　　　　　　　(4)淨流出$11,780

答案：(1)

　　✎補充說明：

　　　來自投資活動之現金流量

　　　　＝出售不動產、廠房及設備收現$2,800

　　　　　　－購置不動產、廠房及設備$4,500＝**流出－$1,700**

3.承前二題，20X1年度來自籌資活動之現金流量為：

(1)淨流入$14,500　　　　　　　　(2)淨流入$14,800

(3)淨流入$14,920　　　　　　　　(4)淨流入$17,000

答案：(1)

　　✎補充說明：

　　　來自籌資活動之現金流量

　　　　＝發行公司債收現$20,000－發放現金股利$2,500

　　　　　　－償還非流動負債$3,000＝**流入$14,500**

4.承前三題，20X1年12月31日的現金餘額為：

(1)$56,140　　(2)$56,420　　(3)$56,840　　(4)$57,020

答案：(2)

　　✎補充說明如下：

20X1 年 12 月 31 日的現金餘額

＝20X1 年 1 月 1 日的現金餘額$35,400

＋來自營業活動之淨現金流入$8,220

－來自投資活動之淨現金流出$1,700

＋來自籌資活動之淨現金流入$14,500＝**$56,420**

【99 年普考試題】

1.甲公司本期淨利$60,000，提列折舊$1,000，攤銷無形資產$1,000，發行新股$50,000 償還負債，期初現金餘額$73,000，試問期末現金餘額為何？
(1)$135,000　　　(2)$185,000　　　(3)$183,000　　　(4)$184,000

答案：(1)

補充說明：

期末現金餘額＝期初現金餘額$73,000＋本期淨利$60,000

＋提列折舊$1,000＋攤銷無形資產$1,000＝**$135,000**

2.處分長期投資發生的損失會影響淨利，此項目於以間接法計算營業活動現金流量時：
(1)並非營業活動，應予扣除
(2)並非營業活動，應予加回
(3)屬於營業活動，應予扣除
(4)屬於營業活動，應予加回

答案：(2)

補充說明：

處分長期投資發生的損失已於本期淨利扣除,但處分長期投資所產生的現金流量已歸類為來自投資活動之現金流量;**處分長期投資發生的損失應於來自營業活動之現金流量項內(間接法)由本期淨利加回。**

【99年初等特考試題】

1.甲公司 X7 年淨利為$70,000，另有處分不動產、廠房及設備損失$18,000 與應收帳款減少$3,000 兩項，則該年度營業活動之淨現金流入為多少？
(1)$49,000　　　(2)$55,000　　　(3)$85,000　　　(4)$91,000

答案：(4)

> 補充說明：
> 來自營業活動之現金流量
> ＝淨利$70,000＋處分不動產、廠房及設備損失$18,000
> ＋應收帳款減少$3,000＝**$91,000**

2.以間接法編製現金流量表，在計算來自營業活動的現金時，對於本期淨利之調整項目，下列處理何者正確？
(1)折舊費用為本期淨利之減項
(2)應收帳款增加為本期淨利之減項
(3)應付薪資增加為本期淨利之減項
(4)預付費用減少為本期淨利之減項

答案：(2)

> 補充說明：
> 1.選項(1)、選項(3)及選項(4)均應列為本期淨利的**加項**。
> 2.選項(2)應收帳款增加應列為本期淨利的**減項，答案為本選項**。

【99年四等地方特考試題】

1.**【依 IAS 或 IFRS 改編】**甲公司 X9 年出售採權益法處理之 A 公司股票獲得現金$700,000，處分不動產、廠房及設備獲得現金$500,000 同時發生處分不動產、廠房及設備利得$100,000，購買運輸設備付出現金$600,000，購買 B 公司股票分類為持有供交易之金融資產付出現金$200,000，請計算甲公司 X9 年投資活動之現金流量？
(1)$300,000　　　(2)$400,000　　　(3)$500,000　　　(4)$600,000

答案：(4)

☞補充說明：

　　來自投資活動之現金流量

　　　＝出售採權益法處理之 A 公司股票獲得現金$700,000

　　　　＋處分不動產、廠房及設備獲得現金$500,000

　　　　－購買運輸設備付出現金$600,000＝**$600,000**

【99年五等地方特考試題】

1.發放現金股利$12,000 對於現金流量表之影響為何？

(1)營業活動現金增加$12,000　　　　(2)營業活動現金減少$12,000

(3)投資活動現金增加$12,000　　　　(4)籌資活動現金減少$12,000

答案：(4)

☞補充說明：

　　發放現金股利$12,000 會減少保留盈餘，其與權益科目有關，故應歸類為籌資活動之現金流出。

2.甲公司於年度中處分某項機器設備，該設備之成本為$400,000，處分時之累計折舊為$100,000，產生處分利得為$50,000，試問下面敘述此項交易對公司現金流量之影響何者正確？

(1)籌資活動現金流量增加$350,000

(2)營業活動現金流量減少$50,000 且投資活動現金流量增加$350,000

(3)對營業活動現金流量無影響

(4)營業活動現金流量增加$350,000

答案：(3)

☞補充說明：

　　出售機器設備之分錄為：

xxxx/xx/xx	現金	?	
	累計折舊－機器設備	100,000	
	機器設備		400,000
	處分機器設備利益		50,000

由上列分錄可推算出售機器設備之價款為$350,000，其應歸類為來自投資活動之現金流入；另處分機器設備利益並未產生來自營業活動之現金流量，其於來自營業活動之現金流量之表達，將依採直接法或間接法而有不同，分別為：

1. **直接法**：於來自營業活動之現金流量中，不須表達處分機器設備利益。

2. **間接法**：於來自營業活動之現金流量中，本期淨利應 扣除 處分機器設備利益$50,000，因為本期淨利中 已加計 該處分機器設備利益，將已加計之金額予以扣除，以表達其並未產生來自營業活動之現金流量。建議本項說明要確實了解，以免 誤以為 選項(2)的答案是正確的！

3. 【依 IAS 或 IFRS 改編】甲公司設備成本於 X2 年減少$80,000，累計折舊減少$48,000，甲公司於 X2 年曾出售設備一批，成本$200,000，出售設備利益$13,000，X2 年提列之折舊費用合計$110,000，其餘成本之差異係以現金購入新運輸設備，甲公司 X2 年度來自投資活動現金流量為何？

(1)淨流出$52,000　　　　　　　　(2)流出$65,000
(3)流出$78,000　　　　　　　　　(4)淨流出$175,000

答案：(2)

✎ **補充說明：**

1. 以 T 字帳分析設備及累計折舊會計科目金額之變動如下：

    設：X2 年初設備餘額為 X，X2 年初設備累計折舊餘額為 Y

    設備

X2 年初	X	出售設備	$200,000
購入新運輸設備	?		
X2 年底	$X-\$80,000$		

    X＋購入新運輸設備 ？－出售設備$200,000＝X-\$80,000$

    購入新運輸設備＝$120,000

累計折舊—設備

出售設備除列金額 ?	X2年初	Y
	提列折舊數	$110,000
	X2年底	Y－$48,000

$$Y + 提列折舊數\$110{,}000 - 出售設備除列金額? = Y - \$48{,}000$$

出售設備除列金額＝$158,000

2.出售設備之分錄為：

xxxx/xx/xx	現金	?	
	累計折舊—設備	158,000	
	設備		200,000
	處分設備利益		13,000

由上列分錄可推算出售設備之價款為**$55,000**。

3.綜合以上分析，可知甲公司 X2 年度來自投資活動之現金流量為：

出售設備現金流入$55,000－購入新運輸設備現金流出$120,000

＝來自投資活動之**淨現金流出$65,000**

【98年普考試題】

1.

甲公司
比較財務狀況表
X9年及X8年12/31

	X9/12/31	X8/12/31		X9/12/31	X8/12/31
現金	$24,000	$16,000	應付帳款	$162,000	$160,000
應收帳款	164,000	174,000	普通股(每股		
土地	150,000	129,000	面額@$10)	500,000	460,000
機器	750,000	650,000	資本公積	29,000	26,000
累計折舊	(256,000)	(230,000)	保留盈餘	141,000	93,000
總計	$832,000	$739,000	總計	$832,000	$739,000

X9 年度其他相關資料：

(一)出售一部成本$70,000，累計折舊$52,000 之機器，收到現金$23,000，另外用現金添購新機器。

(二)發行 2,000 股普通股換取土地一塊，其餘現金增資。

試編製甲公司 X9 年度現金流量表(間接法)。

解題： X9 年之現金流量表如下：

甲公司 現金流量表 X9 年度		
來自營業活動之現金流量		
本期淨利		$48,000
調整項目：		
折舊費用	$78,000	
處分機器設備利益	(5,000)	
應收帳款減少	10,000	
應付帳款增加	2,000	85,000
來自營業活動之淨現金流入		133,000
來自投資活動之現金流量		
處分機器設備	23,000	
購買機器設備	(170,000)	
來自投資活動之淨現金流出		(147,000)
來自籌資活動之現金流量		
發行股票		22,000
本期現金增加數		8,000
期初現金餘額		16,000
期末現金餘額		$24,000
非現金交易(不影響現金流量之投資及籌資活動)		
發行普通股 2,000 股取得土地		

2.【依 IAS 或 IFRS 改編】以現金$520,000 出售帳面金額為$490,000 之採用權益法之投資，其對現金流量表之影響為：
(1)來自投資活動現金流入$520,000
(2)來自投資活動現金流入$520,000，來自營業活動現金流入$30,000
(3)來自投資活動現金流入$30,000
(4)來自籌資活動現金流入$520,000

答案：(1)

☞補充說明：

出售投資之分錄為：

xxxx/xx/xx	現金	520,000	
	採用權益法之投資		490,000
	出售投資利益		30,000

由上列分錄可知來自投資活動現金流入$520,000，**另採間接法計算來自營業活動現金流量時，本期淨利應扣除出售投資利益**$30,000。

3.①應收款收現$20,000　②支付現金股利$100　③收到股票股利 20 股(每股面額$10，市價$15)　④收到利息$200。上述項目對營業活動淨現金流量之影響為增加：
(1)$20,100　　　(2)$20,200　　　(3)$20,300　　　(4)$20,400

答案：(2)

☞補充說明：

對來自營業活動淨現金流量之影響數
＝應收款收現$20,000＋收到利息$200＝**$20,200**

【98 年初等特考試題】

1.甲公司本月不含折舊費用之營業費用為$55,000，月初預付費用餘額$1,600，應付費用餘額$4,000；月底預付費用餘額$3,500，應付費用餘額$5,000，則本月營業費用付現數為：
(1)$52,100　　　(2)$54,100　　　(3)$55,900　　　(4)$57,900

答案：(3)

✎補充說明：

1. 分析預付費用之當年度變動金額：

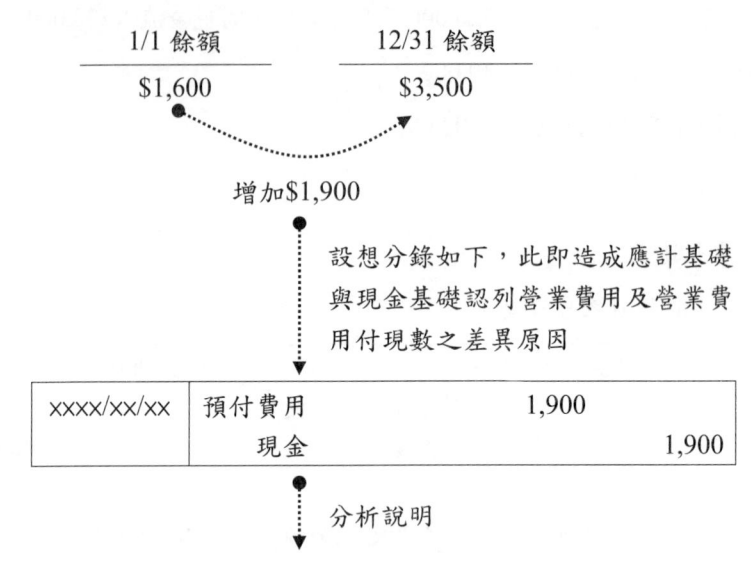

1/1 餘額	12/31 餘額
$1,600	$3,500

增加$1,900

設想分錄如下，此即造成應計基礎與現金基礎認列營業費用及營業費用付現數之差異原因

| xxxx/xx/xx | 預付費用 | 1,900 | |
| | 現金 | | 1,900 |

分析說明

由分錄可知應計基礎下之營業費用$55,000並未包括此筆金額；但在現金基礎下，因其有流出現金，故應列為營業費用的 加項 ，以計算營業費用付現數。

2. 分析應付費用之當年度變動金額：

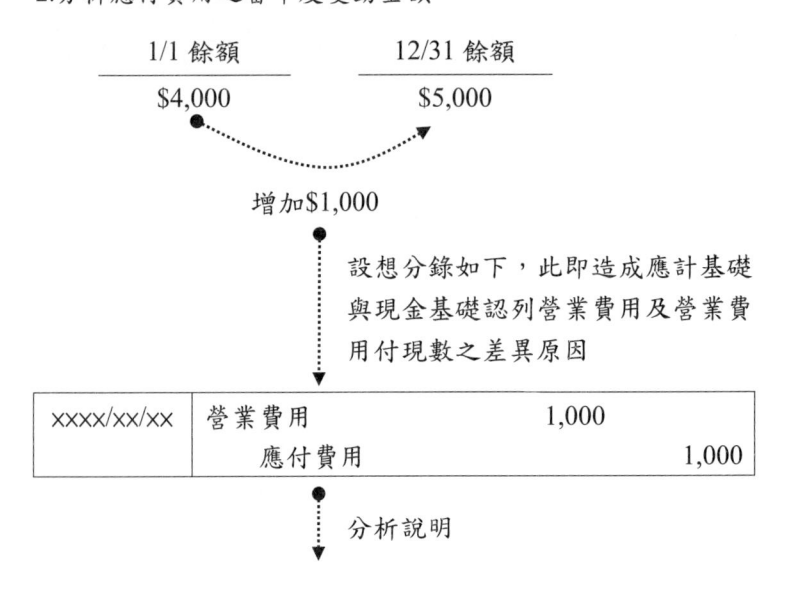

1/1 餘額	12/31 餘額
$4,000	$5,000

增加$1,000

設想分錄如下，此即造成應計基礎與現金基礎認列營業費用及營業費用付現數之差異原因

| xxxx/xx/xx | 營業費用 | 1,000 | |
| | 應付費用 | | 1,000 |

分析說明

由分錄可知應計基礎下之營業費用$55,000已包括此筆金額；**但在現金基礎下，因其未有流出現金，故應列為營業費用的 減項，以計算營業費用付現數。**

3. 綜合以上分析，**營業費用付現數**＝營業費用$55,000＋預付費用增加數$1,900－應付費用減少數$1,000＝**$55,900**。

2. 在編製現金流量表時，「公司發行之可轉換公司債轉換為普通股」應如何報導？
(1)列為投資活動　　　　　　　(2)列為籌資活動
(3)只須作補充揭露　　　　　　(4)不必作任何表達與揭露

答案：(3)

✎ 補充說明：

「公司發行之可轉換公司債轉換為普通股」**屬非現金交易(不影響現金之投資及籌資活動)，僅須作補充揭露即可。**

3. 【依 IAS 或 IFRS 改編】A 公司之投資分類為「持有供交易之金融資產」，日後將此項投資出售後所產生的現金流入應歸類為現金流量表中的：
(1)營業活動　　　　　　　　　(2)投資活動
(3)理財活動　　　　　　　　　(4)籌資活動

答案：(1)

✎ 補充說明：

持有供交易之金融資產所產生的現金流入及流出，應歸類為來自營業活動之現金流量。選項(3)理財活動為選項(4)籌資活動之過去的用詞。

【98年四等地方特考試題】

1.

A公司
損益表
X9年度

銷貨	$180,000
銷貨成本	(95,000)
銷貨毛利	$ 85,000
營業費用（除折舊、呆帳外）	(35,000)
折舊費用	(9,000)
呆帳費用	(1,000)
稅前淨利	$ 40,000
所得稅費用	(10,000)
稅後淨利	$ 30,000

流動資產及流動負債當年度變動如下：

會計科目	增	減
應收帳款		$5,500
備抵呆帳		500
存貨	$3,000	
預付費用	2,000	
應付帳款	6,000	
預收貨款		2,000

試依上列資料以間接法編製計算來自營業活動之現金流入(出)。

解題如下：

<table>
<tr><td colspan="3" align="center">A 公司
現金流量表
X9 年度</td></tr>
<tr><td colspan="3">來自營業活動之現金流量</td></tr>
<tr><td>　本期淨利</td><td></td><td>$30,000</td></tr>
<tr><td>　調整項目：</td><td></td><td></td></tr>
<tr><td>　　折舊費用</td><td>$9,000</td><td></td></tr>
<tr><td>　　**呆帳費用**</td><td>**1,000**</td><td></td></tr>
<tr><td>　　**應收帳款減少**</td><td>**4,000**</td><td></td></tr>
<tr><td>　　存貨增加</td><td>(3,000)</td><td></td></tr>
<tr><td>　　預付費用增加</td><td>(2,000)</td><td></td></tr>
<tr><td>　　應付帳款增加</td><td>6,000</td><td></td></tr>
<tr><td>　　預收貨款減少</td><td>(2,000)</td><td>13,000</td></tr>
<tr><td>　來自營業活動之淨現金流入</td><td></td><td>$43,000</td></tr>
</table>

▶ 可淨額表達如下：

<table>
<tr><td colspan="3" align="center">A 公司
現金流量表
X9 年度</td></tr>
<tr><td colspan="3">來自營業活動之現金流量</td></tr>
<tr><td>　本期淨利</td><td></td><td>$30,000</td></tr>
<tr><td>　調整項目：</td><td></td><td></td></tr>
<tr><td>　　折舊費用</td><td>$9,000</td><td></td></tr>
<tr><td>　　**應收帳款(淨額)減少**</td><td>**5,000**</td><td></td></tr>
<tr><td>　　存貨增加</td><td>(3,000)</td><td></td></tr>
<tr><td>　　預付費用增加</td><td>(2,000)</td><td></td></tr>
<tr><td>　　應付帳款增加</td><td>6,000</td><td></td></tr>
<tr><td>　　預收貨款減少</td><td>(2,000)</td><td>13,000</td></tr>
<tr><td>　來自營業活動之淨現金流入</td><td></td><td>$43,000</td></tr>
</table>

2.編製現金流量表時，公司債轉換為普通股之交易應如何報導？

(1)報導於籌資活動項下　　　　　(2)報導於投資活動項下

(3)報導於營業活動項下　　　　　(4)以上皆非

答案：(4)

▲補充說明：

公司債轉換為普通股之交易**屬非現金交易(不影響現金之投資及籌資活動)**，僅須作補充揭露即可。

【98年五等地方特考試題】

1.銷貨收入加本期應收帳款淨減少數為：

(1)進貨付現數　　　　　　　　　(2)呆帳沖銷數

(3)銷貨收現數　　　　　　　　　(4)應計基礎下的全部銷貨

答案：(3)

▲補充說明：

建議先想想在正常情況下應收帳款減少時之分錄，即可求得答案。正常情況下應收帳款減少時之分錄為：

| xxxx/xx/xx | 現金　　　　　　　xx,xxx |
| | 　應收帳款　　　　　　　　xx,xxx |

由上列分錄可知應收帳款減少造成現金增加，**銷貨收入加本期應收帳款淨減少數會等於銷貨收現數**。

2.甲公司X4年之財務報表中顯示以下數據：

	X4年底	X3年底
存貨	$50,000	$80,000
應付帳款	60,000	20,000

另得知該公司X4年之銷貨成本為$500,000，試問甲公司X4年進貨付現金額為：

(1)$510,000　　　(2)$490,000　　　(3)$430,000　　　(4)$570,000

答案：(3)

 補充說明：

　　1.計算進貨金額如下：

　　　期初存貨$80,000＋進貨？－期末存貨$50,000＝銷貨成本$500,000

　　　　　進貨＝$470,000

　　2.進貨付現金額＝進貨$470,000－應付帳款增加數$40,000

　　　　　＝**$430,000**

3.甲公司本年度淨利為$40,000。本年中存貨減少$14,000，應付帳款減少$16,000，折舊費用為$20,000，處分資產利得為$13,000，其他科目餘額不變。其來自營業活動現金流量為：

(1)$103,000　　　　(2)$21,000　　　　(3)$77,000　　　　(4)$45,000

答案：(4)

 補充說明：

　　來自營業活動現金流量

　　　＝淨利$40,000＋存貨減少$14,000－應付帳款減少$16,000

　　　＋折舊費用$20,000－處分資產利得$13,000＝**$45,000**

【97年普考試題】

1.東東公司94年之折舊費用為$120,000，權益法下之投資收益為$36,000，處分原始成本$120,000，累計折舊$20,000之設備，得款$96,000，購買股票作為長期投資$40,000，發行普通股購買設備$250,000。請問當年度投資活動之淨現金流量為多少？

(1) $256,000　　　　(2)$92,000　　　　(3)$56,000　　　　(4)$292,000

答案：(3)

 補充說明：

　　來自投資活動淨現金流量

　　　＝處分設備得款$96,000－購買股票$40,000＝**$56,000**

【97年初等特考試題】

1. 甲公司本年度來自營業活動之現金流量為$77,000，另有處分不動產、廠房及設備收益$7,000、應收帳款減少$5,000及折舊$9,000，則該公司本期淨利應為？
(1)$66,000　　　　(2)$70,000　　　　(3)$74,000　　　　(4)$80,000

答案：(2)

> **補充說明：**
> 來自營業活動現金流量$77,000
> ＝本期淨利？－處分不動產、廠房及設備收益$7,000
> ＋應收帳款減少$5,000＋折舊$9,000
> **本期淨利＝$70,000**

2. 下列項目何者在現金流量表中應列為籌資活動之現金流量？
(1)出售土地　　　　　　　　(2)購買不動產、廠房及設備
(3)發行公司債　　　　　　　(4)發放股票股利

答案：(3)

> **補充說明：**
> 選項(1)及選項(2)屬來自投資活動之現金流量，選項(4)不會影響現金流量。

3. 以間接法編製現金流量表時，為了計算營業活動的現金流量，下列項目何者必須從本期淨利中減除？
(1)折舊費用　　　　　　　　(2)處分資產利得
(3)應收帳款減少數　　　　　(4)應付公司債折價攤銷

答案：(2)

> **補充說明：**
> 選項(2)處分資產利得**已列為本期淨利的加項**，但處分資產之現金流入已列為投資活動之現金流量，**並未為營業活動流入現金**，故應由本期淨利減除。

【97年四等地方特考試題】

1. 應付公司債折價的攤銷,在依間接法編製之現金流量表中,是當作:
(1)來自營業活動之現金流量中本期淨利之加項
(2)來自營業活動之現金流量中本期淨利之減項
(3)籌資活動之現金流量之加項
(4)籌資活動之現金流量之減項

答案:(1)

✎補充說明:

應付公司債折價攤銷時之分錄為:

| xxxx/xx/xx | 利息費用　　　　　　　　xx,xxx |
| | 　應付公司債折價　　　　　　　xx,xxx |

此項分錄會使利息費用增加,進而造成本期淨利減少,但實際並未流出現金流量,故採間接法計算 來自營業活動之現金流量時,**此應付公司債折價攤銷金額應自本期淨利中加回。**

2. 甲公司 X9 年銷貨收入是$800,000,銷貨成本是$600,000,年初應收帳款$600,000、存貨$640,000、應付帳款$200,000,年底應收帳款$480,000、存貨$720,000、應付帳款$120,000,則當年度該企業自顧客收現金額是多少?
(1)$440,000　　　(2)$680,000　　　(3)$760,000　　　(4)$920,000

答案:(4)

✎補充說明:

X9 年應收帳款變動金額
　＝年初應收帳款$600,000－年底應收帳款$480,000
　＝X9 年應收帳款減少數$120,000

自顧客收現金額
　＝銷貨收入$800,000＋X9 年應收帳款減少數$120,000
　＝**$920,000**

3.下列有關現金流量表之敘述,何者正確?
(1)收到現金股利應列於籌資活動之現金流量
(2)支付現金股利應列於籌資活動之現金流量
(3)購買庫藏股應列於投資活動的現金流量
(4)以現金支付保險費應列於籌資活動的現金流量

答案:(2)

➢ 補充說明:

選項(1)及選項(4)屬來自營業活動之現金流量,選項(3)屬來自籌資活動之現金流量。

【97年五等地方特考試題】

1.企業平價發行之公司債面額$100,000,於今年以$110,000價格提前清償,並支付利息$5,000。該企業採直接法編製現金流量表,則上述交易對今年度「營業活動之現金流量」的影響為:
(1)現金流出$5,000　　　　　(2)現金流出$15,000
(3)現金流出$115,000　　　　(4)無影響

答案:(1)

➢ 補充說明:

支付利息$5,000應歸類為來自營業活動之現金流量,提前清償公司債應歸類為來自籌資活動之現金流量。

2.收到現金股利在現金流量表上為:
(1)營業活動之現金流量　　　(2)投資活動之現金流量
(3)籌資活動之現金流量　　　(4)不列於現金流量表上

答案:(1)

3.甲公司本年度稅後淨利 $750,000，年中並曾發放 $230,000 的現金股利。乙公司擁有甲公司 60%股權，並採間接法編製現金流量表，則投資甲公司之收益，在乙公司本年度現金流量表之營業活動項下，應如何調整本期淨利？
(1)增加$138,000　　　　　　　　(2)減少$138,000
(3)增加$312,000　　　　　　　　(4)減少$312,000

答案：(4)

☞補充說明：

　　因為乙公司擁有甲公司 60% 股權，應採權益法之會計處理。於權益法之下，乙公司會依投資比例認列投資收益$450,000(＝$750,000×60%)，另會收到股利$138,000(＝$230,000×60%)。**乙公司於現金流量表中之來自營業活動現金流量，本期淨利應扣除認列的投資收益$450,000，並加回收到之股利$138,000，淨額為扣除$312,000**($450,000－$138,000)。

【96 年普考試題】

1.編製現金流量表時，以間接法計算營業活動之現金流量，下列何者之敘述為真？
(1)應收帳款增加，應為本期淨利之減項
(2)預付費用增加，應為本期淨利之加項
(3)存貨增加，應為本期淨利之加項
(4)應付帳款增加，應為本期淨利之減項

答案：(1)

☞補充說明：

　　選項(2)及選項(3)應為本期淨利之減項，選項(4)應為本期淨利之加項。

2.下列何者屬於現金流量表之投資活動？
(1)非貨幣性資產交換　　　　　　(2)外界捐贈資產
(3)出售不動產，廠房及設備　　　(4)買回庫藏股

答案：(3)

📝**補充說明：**

選項(1)及選項(2)屬非現金交易(不影響現金之投資及籌資活動)，僅須作補充揭露即可。選項(4)為來自籌資活動之現金流量。

【96年初等特考試題】

1.下列何者係屬現金流量表中之籌資活動？
(1)貸放款項給其他企業　　　　　　　(2)投資應付公司債
(3)舉借長期債務　　　　　　　　　　(4)購入長期性資產
答案：(3)

📝**補充說明：**

選項(1)、選項(2)及選項(4)均為來自投資活動之現金流量。

2.在編製現金流量表時，利息收入與股利收入係屬下列那一項活動？
(1)籌資活動　　　　　　　　　　　　(2)投資活動
(3)營業活動　　　　　　　　　　　　(4)分屬融資與投資活動
答案：(3)

📝**補充說明：**

利息收入與股利收入均為來自營業活動之現金流量。

3.採「直接法」或「間接法」編製現金流量表時，主要差異會出現在下列那一項活動的內容？
(1)不影響現金流量之重大投資或籌資活動
(2)營業活動
(3)投資活動
(4)籌資活動
答案：(2)

📝**補充說明：**

直接法及間接法主要差異為來自營業活動之現金流量的計算過程，另間接法之下須揭露利息及所得稅支付數。

4.下列何種情況下,現金基礎下的淨利會大於應計基礎下的淨利:
(1)現購辦公設備
(2)賒購文具用品
(3)償還賒欠貨款
(4)提供服務尚未收款

答案:(2)

☞ **補充說明:**

選項(2)賒購文具用品因為未付出現金(前題:賒購之文具用品須於當年度耗用並認列為費用),會使現金基礎下的淨利大於應計基礎下的淨利。

【96年四等地方特考試題】

1.【依 IAS 或 IFRS 改編】乙公司民國96年及95年財務報表資料如下:

乙公司
財務狀況表

	96年12月31日	95年12月31日
現金	$ 150,000	$100,000
有價證券(非持有供交易)	40,000	—
應收帳款(淨額)	420,000	290,000
存貨	330,000	210,000
預付費用	50,000	25,000
不動產、廠房及設備	565,000	300,000
累計折舊	(55,000)	(25,000)
	$1,500,000	$900,000
銀行借款	$ 250,000	$ —
應付帳款	265,000	220,000
應付費用	70,000	65,000
應付股利	35,000	—
普通股股本	600,000	485,000
保留盈餘	280,000	130,000
	$1,500,000	$900,000

乙公司

損益表

	民國96年	民國95年
銷貨淨額(包含手續費收入)	$3,200,000	$2,000,000
銷貨成本	2,500,000	1,600,000
銷貨毛利	700,000	400,000
費用	500,000	260,000
本期淨利	$ 200,000	$ 140,000

補充資料：

(一)所有應收帳款及應付帳款均與商品買賣有關。

(二)銷貨條件中並未包括折扣，但若遲延付款，將加收一筆手續費。

(三)應付帳款乃按淨額法入帳，並且均能如期取得折扣。

(四)備抵呆帳餘額本年度並無變動，亦無沖銷呆帳。

(五)本年度銀行借款所得的現金，全用以添購建築物。

(六)本年度曾現金發行普通股，以增加運用資金。

請計算：

1. 民國96年度自客戶收到的現金。

2. 民國96年度因進貨而支付的現金。

3. 民國96年度所支付的現金股利金額。

4. 民國96年度非由營業所產生的現金流入。

5. 民國96年度購買資產所支付的現金。

解題：

1. 民國96年度自客戶收到的現金

＝銷貨淨額3,200,000－應收帳款(淨額)增加$130,000＝**$3,070,000**

2. 民國96年度因進貨而支付的現金計算如下：

(1) 計算進貨金額如下：

期初存貨$210,000＋進貨？－期末存貨$330,000

＝銷貨成本$2,500,000

進貨＝$2,620,000

(2)民國 96 年度因進貨而支付的現金

＝進貨$2,620,000－應付帳款增加數$45,000＝**$2,575,000**

3.民國 96 年度所支付的現金股利金額計算如下：

期初保留盈餘$130,000＋本期淨利$ 200,000－現金股利？

＝期末保留盈餘$280,000

現金股利＝$50,000

民國 96 年度支付的現金股利金額

＝現金股利$50,000－應付股利增加數$35,000＝**$15,000**

4.民國 96 年度非由營業所產生的現金流入：

來自投資活動現金流量

＝購買建築物現金流出$250,000

＋購買不動產、廠房及設備現金流出$15,000

＋投資有價證券(非持有供交易)現金流出$40,000

＝流出$305,000

來自籌資活動現金流量

＝銀行借款現金流入$250,000＋發行普通股現金流入$115,000

－支付的現金股利金額$15,000＝流入$350,000

綜合以上計算，**民國 96 年度非由營業所產生的現金流入(淨額)**

＝來自籌資活動現金流入金額$350,000

－來自投資活動現金流出金額$305,000＝**$45,000**

5.民國 96 年度購買資產所支付的現金計算如下：

本題要求計算之「購買資產」所支付的現金並不明確，分別說明如下：

(1)若所謂的「購買資產」係指**所有的資產**，則答案同前列第 4 項所計算的「來自投資活動現金流量**(流出)$305,000**」。

(2)若所謂的「購買資產」係指**不動產、廠房及設備**，則答案為：

購買資產(僅為不動產、廠房及設備部分)所支付的現金

＝購買**建築物**現金流出$250,000

＋購買**不動產、廠房及設備**現金流出$15,000

＝**流出$265,000**

(3)若所謂的「購買資產」係指**除以銀行借款所購買的建築物以外之不動產、廠房及設備**，則答案為：**現金流出$15,000**。

2.金石公司 94 年度銷貨成本 3,500 萬元，期初存貨 875 萬元，期末存貨 525 萬元，期初應付帳款 1,050 萬元，期末應付帳款 1,400 萬元，試問金石公司 94 年度支付給供應商現金的金額為多少元？
(1)3,500 萬元　　　　　　　　(2)3,150 萬元
(3)1,750 萬元　　　　　　　　(4)2,800 萬元

答案：(4)

✎補充說明：

1.計算進貨金額如下：

期初存貨 875 萬元＋進貨？－期末存貨 525 萬元

＝銷貨成本 3,500 萬元

進貨＝3,150 萬元

2.進貨付現金額＝進貨 3,150 萬元－應付帳款增加數 350 萬元

＝**2,800 萬元**

3. B 公司於 93 年 7 月 1 日，市場利率為 12%之際，發行面額$1,000,000、利率 10%、5 年之公司債，付息日為 12 月 31 日及 6 月 30 日。因此折價發行之金額為$926,390，且該公司採用有效利息法攤銷折價。請問以間接法編製 93 年度現金流量表時，應如何列示此相關事項於營業活動之現金流量？
(1)為本期淨利之加項，加$7,361
(2)為本期淨利之減項，減$7,361
(3)為本期淨利之加項，加$5,583
(4)為本期淨利之減項，減$5,583

答案：(3)

> 補充說明：
>
> 93年度支付利息的金額為$50,000(＝$1,000,000× 每半年的票面利率5%)，利息費用認列金額為$55,583(＝發行價格$926,390×每半年的市場利率 6%)，二者差異金額為**$5,583**，此差異金額即為應付公司債折價攤銷數，於編製現金流量表時，於來自營業活動之現金流量中，應由本期淨利加回此金額。

4.下列那一項在編製現金流量表時，屬於籌資活動？
(1)支付債券利息　　　　　　　　(2)收到利息
(3)發行公司債　　　　　　　　　(4)發放股票股利

答案：(3)

> 補充說明：
>
> 選項(1)及選項(2)為來自營業活動之現金流量，發放股票股利不會影響現金流量。

5.編製現金流量表時，下列何者非為必要資訊？
(1)調整後試算表　　　　　　　　(2)比較財務狀況表
(3)當期損益表　　　　　　　　　(4)其他補充資訊

答案：(1)

> 補充說明：
>
> 選項(1)調整後試算表之資料會表達於當期損益表及財務狀況表。

【96年五等地方特考試題】

1.下列何者係屬於現金流量表中投資活動之現金流量？
(1)發行普通股　　　　　　　　　(2)收到現金股利
(3)購買不動產、廠房及設備　　　(4)償還長期借款

答案：(3)

> 補充說明如下：

選項(1)及選項(4)為來自籌資活動之現金流量，選項(2)為來自營業活動之現金流量。

【95年普考試題】

1. 公司出售設備獲得現金，該筆現金在現金流量表上應當作：

(1)營業活動之現金流入　　　　　　(2)籌資活動之現金流入

(3)投資活動之現金流入　　　　　　(4)營業活動之現金流出

答案：(3)

【95年初等特考試題】

1. 某公司94年初應收貨款餘額$80,000，預收貨款餘額$50,000；年底應收貨款餘額$60,000，預收貨款餘額$100,000，全年銷貨$1,000,000，則該公司94年度自客戶收到貨款共計：

(1)$930,000　　　(2)$970,000　　　(3)$1,030,000　　　(4)$1,070,000

答案：(4)

補充說明：

　　X9年應收貨款變動金額

　　　＝年初應收貨款$80,000－年底應收貨款$60,000

　　　＝X9年應收貨款減少數$20,000

　　X9年預收貨款變動金額

　　　＝年底預收貨款$100,000－年初預收貨款$50,000

　　　＝X9年預收貨款增加數$50,000

　自客戶收到貨款

　　　＝銷貨收入$1,000,000＋X9年應收帳款減少數$20,000

　　　＋X9年預收貨款增加數$50,000＝**$1,070,000**

2.收回貸款在現金流量表中屬於何種項目：
(1)營業活動
(2)籌資活動
(3)投資活動
(4)視情況為營業或投資活動

答案：(3)

✎補充說明：

貸款給他人或其他企業係列為應收款項，故收回貸款為來自投資活動之現金流量。

3.在現金流量表中將現金之流入與流出區分為那些活動？
(1)營業活動、投資活動與籌資活動
(2)投資活動、籌資活動與股利活動
(3)籌資活動、股利活動與營業活動
(4)股利活動、營業活動與投資活動

答案：(1)

【95年四等地方特考試題】

1.高峰公司94年底財務狀況表資料如下：

現金	$ XXX	應付帳款	$ 13,200
應收帳款	9,440	應付公司債	8,800
存貨	6,136		
土地	2,640	普通股股本	15,840
機器設備	22,000	保留盈餘	3,872
減：累計折舊	(3,608)		
	$ 41,712		$ 41,712

95年交易資料如下：

(一)淨利$4,048。

(二)機器設備之折舊$1,496。

(三)機器設備(成本$1,600，累計折舊$640)以$1,200出售，且另支付現金$2,000購買機器設備。

(四)應收帳款及存貨分別減少$1,320及$1,232。

(五)應付帳款減少$1,144。

(六)購買長期股票投資$1,408。

(七)宣告並發放現金股利$2,560。

試作：以上述資料計算94年底高峰公司帳上之現金餘額，並編製95年之現金流量表。

解題：

  1.94年底高峰公司帳上之現金餘額

    ＝資產總額$41,712－應收帳款$9,440－存貨$6,136－土地$2,640

    －機器設備(淨額)$18,392＝**$5,104**

  2.95年之現金流量表如下：

高峰公司
現金流量表
95年度

來自營業活動之現金流量		
本期淨利		$4,048
調整項目：		
折舊費用	$1,496	
處分機器設備利益	(240)	
應收帳款減少	1,320	
存貨減少	1,232	
應付帳款減少	(1,144)	2,664
來自營業活動之淨現金流入		6,712
來自投資活動之現金流量		
處分機器設備	$1,200	
購買機器設備	(2,000)	
購買長期股票投資	(1,408)	
來自投資活動之淨現金流出		(2,208)
籌資活動之現金流量		
支付現金股利		(2,560)
本期現金增加數		1,944
期初現金餘額		5,104
期末現金餘額		$7,048

2.請利用下列資料計算公司當年度營業活動之現金流量：

淨損	$12,300
折舊費用	8,200
抵押借款減少	15,000
出售土地利得	7,500
存貨增加	2,050
應付帳款增加	6,150
土地售價	8,000

(1)流出$7,500　　　　　　　　(2)流出$500
(3)流入$0　　　　　　　　　　(4)流入$15,500

答案：(1)

　補充說明：

來自營業活動之現金流量＝淨損－$12,300＋折舊費用$8,200
－出售土地利得$7,500－存貨增加$2,050
＋應付帳款增加$6,150＝**流出－$7,500**

3.現金流量表最主要的目的，係在表達下列何者，在一個會計期間的變動狀況？
(1)營運資金　　　　　　　　　(2)約當現金
(3)現金及約當現金　　　　　　(4)流動資產及流動負債

答案：(3)

　補充說明：

國際財務報導準則規定**現金流量表的編製基礎為現金及約當現金**。

4.甲公司將成本$21,000，累計折舊 $7,000 之設備出售，產生出售資產損失 $4,000。在現金流量表中，此項交易在投資活動應以多少金額表達？
(1)$10,000　　　(2)$14,000　　　(3)$18,000　　　(4)$32,000

答案：(1)

　補充說明如下：

第 37 頁（第十三章 現金流量表）

出售設備之分錄為：

xxxx/xx/xx	現金	?
	累計折舊—設備	$7,000
	處分設備損失	4,000
	設備	21,000

由上列分錄可推算出售設備之價款為**$10,000**，**此為來自投資活動之現金流入**；另採間接法計算來自營業活動之現金流量時，**本期淨利應加回處分設備損失$4,000，因為處分設備損失已列為本期淨利的減項，但其並未造成來自營業活動現金流出**，故應予以加回。

【95年五等地方特考試題】

1.宣告並發放股票股利應報導於現金流量表中那一項活動？
(1)投資活動
(2)籌資活動
(3)不影響現金流量之重大投資或籌資活動
(4)以上皆非

答案：(4)

　　✎補充說明：

　　　　宣告並發放股票股利僅會增加股數，並不會影響現金流量，其也不是非現金交易(不影響現金流量之投資或籌資活動)。

2.下列那一個項目不會出現在採直接法編製之現金流量表？
(1)支付供應商款　　　　　　(2)收自客戶款
(3)折舊費用　　　　　　　　(4)出售設備收現金額

答案：(3)

　　✎補充說明：

　　　　選項(3)折舊費用僅於採間接法編製現金流量表時才會出現；採直接法編製現金流量表係直接列示損益表項目於現金基礎下之金額，**折舊費用不會影響現金流量，故不會出現在採直接法編製之現金流量表。**

3. 某公司 94 年度之淨利為 $35,000，損益表中之其他資訊尚包括：折舊費用 $12,000、出售設備損失$3,000 與出售土地利益$8,500，試問該公司 94 年現金流量表中營業活動之現金流量為：

(1)$47,000　　　　(2)$41,500　　　　(3)$47,500　　　　(4)$38,500

答案：(2)

補充說明：

來自營業活動之現金流量

＝淨利 $35,000＋折舊費用$12,000＋出售設備損失$3,000

－出售土地利益$8,500＝**$41,500**

第十四章　財務報表比率及分析

重點提示：

● 本章主題

　1. 水平分析

　2. 垂直分析

　3. 比率分析

● **水平分析是為不同年度、相同項目之比較，又稱為動態分析或趨勢分析**，可為絕對金額之比較、絕對金額之變動金額比較或以某一年為基期將各年度之該項金額化為百分比以看出趨勢。

● **垂直分析是為同一年度內不同項目間之比較，又稱為靜態分析**，其可為共同比分析或比率分析。

● 共同比分析

共同比分析時，是以某一項目之金額為 100%，再將其他項目除以該 100%項目之金額，以了解各項目為該 100%項目金額之比例，**損益表是以銷貨收入淨額為 100%，財務狀況表是以資產總額(＝負債加權益之總額)為 100%**。共同比分析適用於不同規模企業之比較，可避免比較絕對金額之缺點。

● 比率分析

係計算同一年度內不同項目間之比率。比率分析可了解企業之流動性、償債能力、財務結構、獲利能力(績效)及資產運用情形。列示常用之比率如下：

(一)財務結構

　1. 負債比率＝負債總額÷資產總額

　2. 權益比率＝權益(股東權益)÷資產總額

(二)償債能力

    1. 流動比率＝流動資產 ÷ 流動負債

    2. 速動比率＝速動資產 ÷ 流動負債

            或（流動資產－存貨－預付費用）÷ 流動負債

    3. 利息保障倍數＝息前稅前淨利 ÷ 利息費用

(三)獲利能力(績效)

    1. 銷貨毛利率＝銷貨毛利 ÷ 銷貨收入淨額

    2. 營業利益率＝營業利益 ÷ 銷貨收入淨額

    3. 淨利率＝本期淨利 ÷ 銷貨收入淨額

    4. 每股盈餘

      ＝(本期淨利－特別股股利)÷流通在外普通股加權平均股數

    5. 總資產報酬率

      ＝〔本期淨利＋利息費用×(1－稅率)〕÷ 平均總資產

    6. 股東權益報酬率＝本期淨利 ÷ 平均股東權益

    7. 每股淨值(又稱每股帳面金額)

      ＝淨值(普通股股東權益) ÷ 普通股流通在外股數

(四)資產週轉率(使用效率)

    1. 應收帳款週轉率＝銷貨收入淨額 ÷ 平均應收帳款

    2. 應收帳款收現天數＝365 天(或 360 天) ÷ 應收帳款週轉率

    3. 存貨週轉率＝銷貨成本 ÷ 平均存貨

    4. 平均存貨週轉天數＝365 天(或 360 天) ÷ 存貨週轉率

    5. 不動產、廠房及設備週轉率

      ＝銷貨收入淨額 ÷ 平均不動產、廠房及設備

    6. 總資產週轉率＝銷貨收入淨額 ÷ 平均總資產

(五)股票投資價值

    1. 本益比＝每股市價 ÷ 每股盈餘

    2. 股利收益率(又稱股票殖利率)＝每股股利 ÷ 每股市價

    3. 股利發放率＝每股股利 ÷ 每股盈餘＝現金股利 ÷ 本期淨利

【101年初等特考試題】

1. 甲公司本期的所得稅費用為$34,000，本期淨利為稅前淨利的75%，毛利率為銷貨的40%，銷貨成本為銷管費用的3倍，除銷管費用外，本期無其他的損益項目，則本期的銷貨收入為若干？

(1)$1,360,000　　(2)$680,000　　(3)$850,000　　(4)$1,700,000

答案：(2)

✎ 補充說明：

1. 題目告知「本期淨利為稅前淨利的75%」，可知稅率為25%（＝1－75%）。

2. 稅前淨利＝所得稅費用為$34,000÷25%＝$136,000。

3. 銷貨收入－銷貨成本－銷管費用＝稅前淨利，因為銷貨成本為銷管費用的3倍，銷貨收入＝銷貨成本÷(1－毛利率40%)，故前列算式可列示為：

　　銷貨收入－銷貨成本－銷管費用＝稅前淨利$136,000

　　→銷貨收入－銷管費用×3倍－銷管費用＝$136,000

　　→銷貨成本÷(1－毛利率40%)－銷管費用×4倍＝$136,000

　　→銷管費用×3倍÷60%－銷管費用×4倍＝$136,000

　　→銷管費用×5倍－銷管費用×4倍＝$136,000

　　→銷管費用＝$136,000

4. 銷貨成本＝銷管費用×3倍＝$136,000×3倍＝$408,000。

5. 銷貨收入＝銷貨成本$408,000÷(1－毛利率40%)＝**$680,000**。

2. 下列那兩個比率相加等於1？
(1)總資產報酬率與股東權益報酬率
(2)負債對總資產比率與股東權益對總資產比率
(3)流動比率與速動比率
(4)每股盈餘與本益比

答案：(2)

補充說明：

答案為選項(2)，因為負債對總資產比率與股東權益對總資產比率之分母均為總資產，分子分別為負債及股東權益，分子之負債及股東權益二者相加會等於總資產，故負債對總資產比率與股東權益對總資產比率二者相加，分子及分母均為總資產，故會等於1。

3.何謂財務報表的「水平分析」？
(1)比較同一家公司不同年度之財務資料
(2)計算各種有用的財務比率
(3)係以共同比財務報表方式分析
(4)可表現應收帳款及存貨週轉率

答案：(1)

補充說明：

選項(2)、選項(3)及選項(4)**均為垂直分析**。

4.下列何者會使公司普通股權益報酬率降低？
(1)股價下跌
(2)買回庫藏股
(3)以10%的成本取得資金並以該資金投資於報酬率為8%的專案
(4)提高普通股每股現金股利

答案：(3)

補充說明：

1.普通股權益報酬率＝本期淨利 ÷ 平均普通股股東權益。

2.分析各選項如下：

(1)選項(1)：股價下跌不會影響本期淨利及普通股股東權益，**其不會造成普通股權益報酬率降低。**

(2)選項(2)：買回庫藏股不會影響本期淨利但會使普通股股東權益減少，**會造成普通股權益報酬率上升。**

(3)選項(3)：以10%的成本取得資金並以該資金投資於報酬率為8%的專案會使本期淨利減少，本期淨利結轉保留盈餘，將使普通

股股東權益減少,分子、分母同步減少,**將造成普通股權益報酬率降低**(前提:原普通股權益報酬率小於100%),**答案為本選項**。

(4)選項(4):提高普通股每股現金股利不會影響本期淨利,但會使普通股股東權益減少,**會造成普通股權益報酬率上升**。

5.甲公司 X1 年初淨值為$3,000,000,負債對資產比率為 40%,則該公司 X1 年初負債為:
(1)$2,000,000　　　(2)$3,000,000　　　(3)$4,000,000　　　(4)$5,000,000

答案:(1)

✎補充說明:

1.題目所稱之「淨值」,即為權益總額。

2.負債總額÷資產總額＝40%,表示:
　　權益總額÷資產總額＝60%(＝1－40%)
　　$3,000,000÷資產總額＝60%
　　資產總額＝$5,000,000

3.負債總額＝資產總額$5,000,000－權益總額$3,000,000
　　　　　＝**$2,000,000**

6.若投入資本$4,000,000、保留盈餘$6,000,000 且普通股股數 500,000,請問每股帳面金額為:
(1)$20　　　(2)$12　　　(3)$8　　　(4)$10

答案:(1)

✎補充說明:

每股帳面金額
＝$(4,000,000＋6,000,000)÷普通股股數 500,000 股＝**$20**

7.甲公司的財務報表資料顯示如下:銷貨收入$810,000,銷貨成本$520,000,營業淨利$90,000,本期淨利$60,000,期初存貨$53,000,期末存貨$47,000,期初應收帳款$86,000,期末應收帳款$94,000。則該公司之存貨週轉率為:
(1)10.4次　　　　(2)9次　　　　(3)16.2次　　　　(4)1.2次

答案:(1)

補充說明:

存貨週轉率＝銷貨成本÷平均存貨
　　　　　＝$520,000÷$(53,000＋47,000)＝**$10.4**

【100年普考試題】

1.【**依IAS或IFRS改編**】以下係甲公司的相關資料:
(1) X6年1月1日的存貨及應收帳款分別為 $40,000及$20,000。
(2) X6年的進貨、進貨折讓、進貨運費及銷貨運費分別為$201,000、$5,000、$4,000及$12,500。
(3) 毛利率為銷貨之30%,X6年銷貨(均為賒銷)金額為$300,000。
(4) 應收帳款平均收款期間為36天(一年360天)。
(5) X6年平均不動產、廠房及設備金額為$100,000,平均總資產金額為$240,000。

試求:
假設一年360天,計算甲公司X6年的:
(一)總資產週轉率
(二)應收帳款期末餘額
(三)平均存貨銷售天數
(四)營運週期

解題:

(一)**總資產週轉率**
＝銷貨收入淨額÷平均總資產＝$300,000÷$240,000＝**1.25次**

(二)應收帳款期末餘額

1.由題目告知應收帳款平均收款期間為 36 天，可推算應收帳款週轉率為：

360 天÷應收帳款週轉率＝36 天

應收帳款週轉率＝10 次

2.由應收帳款週轉率，可推算應收帳款期末餘額為：

銷貨收入淨額÷平均應收帳款＝應收帳款週轉率 10 次

$300,000÷平均應收帳款＝10 次

平均應收帳款＝$30,000

(1/1 應收帳款$20,000＋12/31 應收帳款$？)÷2＝$30,000

1/1 應收帳款$20,000＋12/31 應收帳款$？＝$60,000

12/31 應收帳款(**應收帳款期末餘額**)＝**$40,000**

(三)平均存貨銷售天數

1.銷貨成本＝$300,000×(1－毛利率 30%)＝$210,000

2.計算期末存貨如下：

1/1 存貨$40,000＋進貨$201,000－進貨折讓$5,000

＋進貨運費$4,000－12/31 存貨$？＝銷貨成本$210,000

12/31 存貨＝$30,000

3.存貨貨週轉率＝銷貨成本÷平均存貨

＝$210,000÷〔($40,000＋$30,000)÷2〕＝6 次

4.**平均存貨銷售天數**＝360 天÷存貨貨週轉率 6 次＝**60 天**

(四)**營運週期**＝應收帳款平均收款期間 36 天＋平均存貨銷售天數 60 天

＝**96 天**

2. ①以現金購置機器　②向銀行貸款購置廠房　③提列折舊　④以現金支付提高機器效能之支出　⑤依帳面金額出售機器　⑥以低於帳面金額之市價出售機器　⑦認列資產減損，上述交易發生時，有幾項會影響企業的淨利率？
(1)3項　　　　　(2)4項　　　　　(3)5項　　　　　(4)6項

答案：(1)

☞補充說明：

1. 淨利率＝本期淨利÷銷貨收入淨額。
2. 分析各項是否影響淨利率如下：

①以現金購置機器應借記：機器設備、貸記：現金，**不會影響淨利率**。

②向銀行貸款購置廠房應借記：廠房、貸記：銀行借款，**不會影響淨利率**。

③提列折舊應借記：折舊費用、貸記：累計折舊，**會影響淨利率**。

④以現金支付提高機器效能之支出應借記：機器設備、貸記：現金，**不會影響淨利率**。

⑤依帳面金額出售機器應借記：現金及累計折舊、貸記：機器設備，**不會影響淨利率**。

⑥以低於帳面金額之市價出售機器應借記：現金、累計折舊及處分資產損失、貸記：機器設備，**會影響淨利率**。

⑦認列資產減損，應借記：減損損失、貸記：累計減損，**會影響淨利率**。

3. ①利息保障倍數　②股利支付率　③營運資金　④淨利率，上述項目有幾項不會因支付應付利息而受到影響？
(1)1項　　　　　(2)2項　　　　　(3)3項　　　　　(4)4項

答案：(4)

☞補充說明：

支付應付利息時應借記：應付利息、貸記：現金，此項交易未影響損益項目，但會減少負債及資產。①至④項均不會受到影響；另因支付應付利息會使流動資產及流動負債同時減少，故③不會受到影響。

【100年初等特考試題】

1. 甲公司只有普通股權益，X3 年期初普通股權益為$650,000，期末資產總額為$1,200,000，負債比率為 40%。若 X3 年淨利為$109,600，試問普通股股東權益報酬率為多少？

(1)15.00%　　　(2)15.22%　　　(3)16.00%　　　(4)16.68%

答案：(3)

 ☞補充說明：

  1.期末普通股股東權益＝$1,200,000×(1－40%)＝$720,000。

  2.普通股股東權益報酬率

   ＝淨利$109,600÷〔$(650,000＋720,000)÷2〕＝**16%**

2. 甲公司 X1 年度之銷貨淨額為$200,000，期初存貨為$20,000，進貨淨額為$130,000，過去 3 年平均毛利率為 40%，則甲公司 X1 年度存貨平均銷售日數(假設 1 年為 365 日計)估計為：

(1)4.80 日　　　(2)36.50 日　　　(3)60.80 日　　　(4)76.04 日

答案：(4)

 ☞補充說明：

  1.銷貨成本＝銷貨淨額$200,000×(1－毛利率 40%)＝$120,000

  2.計算期末存貨如下：

   期初存貨$20,000＋進貨淨額$130,000－期末存貨？

   ＝銷貨成本$120,000

   期末存貨＝$30,000

  3.存貨週轉率＝銷貨成本÷平均存貨

   ＝$120,000÷〔$(20,000＋30,000)÷2〕＝4.8 次

  4.平均存貨銷售天數＝365 天÷存貨週轉率 4.8 次＝**76.04 天**

3.會計師發現甲公司錯將長期借款誤列為短期借款，此項錯誤對營運資金及流動比率之影響為何？

(1)營運資金低估，流動比率高估

(2)營運資金高估，流動比率低估

(3)營運資金及流動比率均低估

(4)營運資金及流動比率均高估

答案：(3)

☞補充說明：

1. 甲公司錯將長期借款誤列為短期借款，**造成流動負債高估，非流動負債低估**。
2. 由前列第1項之分析，會計處理錯誤**造成流動負債高估，進而會造成營運資金(流動資產－流動負債)及流動比率(流動資產÷流動負債)低估**。

【100年四等地方特考試題】

1.公司的流動比率為2.6，預付費用為流動資產的10%，存貨為流動資產的30%，則速動比率為：

(1)1.2　　　　　(2)1.45　　　　　(3)1.56　　　　　(4)1.8

答案：(3)

☞補充說明：

1. 流動資產÷流動負債＝流動比率2.6

    流動資產＝流動負債×2.6

2. 速動比率＝速動資產÷流動負債

    ＝(流動資產－預付費用－存貨)÷流動負債

    ＝(流動資產－流動資產×10%－流動資產×30%)÷流動負債

    ＝流動資產×60%÷流動負債

    ＝流動負債×2.6×60%÷流動負債

    ＝流動負債×2.6×60%÷流動負債＝**1.56（倍）**

2.公司第一年及第二年之部分財務報表資料如下：

	應收帳款	存貨	銷貨淨額	銷貨成本
第一年	$72,000	$180,000	$450,000	$180,000
第二年	$88,000	$140,000	$550,000	$320,000

計算甲公司第二年之應收帳款週轉率及存貨週轉率。

(1)應收帳款週轉率＝0.625，存貨週轉率＝2
(2)應收帳款週轉率＝6.875，存貨週轉率＝0.625
(3)應收帳款週轉率＝6.875，存貨週轉率＝1
(4)應收帳款週轉率＝6.875，存貨週轉率＝2

答案：(4)

補充說明：

1.應收帳款週轉率＝銷貨收入淨額$550,000÷平均應收帳款
　　　　　　　　＝$550,000÷〔$(72,000＋88,000)÷2〕＝**6.875 次**

2.存貨週轉率＝銷貨成本÷平均存貨
　　　　　　＝$320,000÷〔$(180,000＋140,000)÷2〕＝**2 次**

【100年五等地方特考試題】

1.丙公司只有發行普通股股票，X5年加權平均流通在外股數為136,400，平均總資產為$1,240,000，總資產週轉率為82.5%，淨利率為16%，試問丙公司X5年的每股盈餘為多少？

(1)$1.2　　　　(2)$2.4　　　　(3)$2.8　　　　(4)$3.6

答案：(1)

補充說明：

1.計算銷貨收入淨額如下：

總資產週轉率＝銷貨收入淨額÷平均總資產＝82.5%
　　　　　　＝銷貨收入淨額÷$1,240,000＝82.5%

銷貨收入淨額＝$1,023,000

2.本期淨利＝銷貨收入淨額$1,023,000×淨利率16％＝$163,680

3.**每股盈餘**＝本期淨利$163,680

　　　　　÷流通在外普通股加權平均股數136,400＝**$1.2**

2.甲公司X10年度稅後淨利為$200,000，折舊費用為$60,000，X10年期末較X10年期初應收帳款增加$200,000、預付費用減少$50,000、應付帳款增加$200,000，而X10年期初負債總額為$800,000，期末負債總額為$900,000，則X10年度營業淨現金流量對負債比率為：

(1)0.11　　　　　(2)0.36　　　　　(3)0.72　　　　　(4)0.84

答案：(2)

　✎補充說明：

　　1.營業(來自營業活動)淨現金流量

　　　＝稅後淨利$200,000＋折舊費用$60,000

　　　　－應收帳款增加數$200,000＋預付費用減少數$50,000

　　　　＋應付帳款增加數$200,000＝$310,000

　　2.平均總負債＝(期初負債總額$800,000＋期末負債總額$900,000)÷2

　　　　　　　　＝$850,000

　　3.營業淨現金流量對負債比率

　　　　＝營業淨現金流量$310,000÷平均總負債$850,000＝**36.47%**

3.乙公司X8年稅後淨利$600,000，所得稅率25％，流動負債$300,000，利息費用$50,000，則乙公司X8年之利息保障倍數為何？

(1)49　　　　　(2)48　　　　　(3)17　　　　　(4)16

答案：(3)

　✎補充說明：

　　1.稅前淨利＝稅後淨利$600,000÷(1－25％)＝$800,000

　　2.**利息保障倍數**＝(稅前淨利＋利息費用)÷利息費用

　　　　　　　　　＝($800,000＋$50,000)÷$50,000＝**17倍**

【99年普考試題】

1. ①流動比率 ②總資產週轉率 ③負債比率 ④總資產報酬率，上述項目有幾項會因為以現金購入持有至到期日債券而改變？

(1)一項　　　　(2)二項　　　　(3)三項　　　　(4)四項

答案：(1)

☞ 補充說明：

1. 以現金購入持有至到期日債券應借記：持有至到期日金融資產，貸記：現金，**其將造成流動資產減少，非流動資產增加**，但不會影響資產總額、負債總額及權益總額，也不會影響損益項目。

2. 分析以現金購入持有至到期日債券是否會影響各項比率如下：

①流動比率：以現金購入持有至到期日金融資產會造成流動資產減少→**會降低「流動比率」**。

②總資產週轉率：以現金購入持有至到期日金融資產不會影響資產總額及損益項目→**不會影響「總資產週轉率」**。

③負債比率：以現金購入持有至到期日金融資產不會影響資產總額、負債總額及權益總額→**不會影響「負債比率」**。

④總資產報酬率：以現金購入持有至到期日金融資產不會影響資產總額及損益項目→**不會影響「總資產報酬率」**。

2. 下列何者最不宜用於衡量企業的流動性？

(1)速動比率　　　　　　　　(2)應收帳款週轉率
(3)資產週轉率　　　　　　　(4)存貨週轉率

答案：(3)

☞ 補充說明：

選項(1)、選項(2)及選項(4)均涉及流動資產及其組成項目，係用以衡量企業的流動性；**選項(3)資產週轉率係衡量總資產之使用效率，而總資產包括流動資產及非流動資產**。

【99年初等特考試題】

1. 若企業本期發生虧損,則其本益比:
(1)應取絕對值,故仍為正值
(2)應等於0
(3)應等於負值
(4)沒有意義,不必計算

答案:(4)

> 補充說明:
>
> 本益比＝每股市價÷每股盈餘。**若企業本期發生虧損,表示每股盈餘為負數(每股虧損),本益比的分母為負數,計算結果不具意義,故不須計算。**

2. 若公司將短期應付票據轉換為長期應付票據,則:
(1)營運資金減少
(2)流動比率減少
(3)速動比率減少
(4)營運資金增加

答案:(4)

> 補充說明:
>
> 若公司將短期應付票據轉換為長期應付票據,會造成流動負債減少,非流動負債增加,負債總額不變→**造成營運資金增加→造成流動比率增加→造成速動比率增加。**

3. 債權人在分析公司財務報表時,其最終目的為何?
(1)評估公司資本支出效益
(2)瞭解公司是否有能力償還本金與利息
(3)分析公司的資本結構
(4)瞭解公司未來的獲利能力

答案:(2)

> 補充說明:
>
> 與債權人攸關的資訊是企業的償債能力。

4.若期初存貨$60,000，當期銷貨成本$600,000，期末存貨$100,000，則以平均存貨計算之的存貨週轉率為：

(1)10.0 次　　　　(2)8.0 次　　　　(3)7.5 次　　　　(4)6.0 次

答案：(3)

補充說明：

存貨週轉率＝銷貨成本÷平均存貨

＝$600,000÷〔$(60,000＋100,000)÷2〕＝**7.5 次**

【99 年四等地方特考試題】

1.甲公司 X1 年度的銷貨毛利為銷貨收入的 40%；營業費用為銷貨毛利的 50%；折舊費用為$240,000，占全部營業費用的 30%，利息費用為營業費用的 10%；所得稅稅率為 20%。

此外，甲公司 X1 年普通股平均流通在外股數為 96,000 股，普通股每股市價為$84。

試求：根據上述資料計算甲公司 X1 年度下列金額或數字：

(一)淨利

(二)淨利率

(三)利息保障倍數

(四)每股盈餘

(五)本益比

解題：

(一)淨利計算如下：

銷貨收入	$4,000,000④
－銷貨成本	2,400,000⑤
＝銷貨毛利	1,600,000③
－營業費用	－800,000①
－利息費用	－80,000②
＝稅前淨利	720,000⑥
－所得稅	－144,000⑦
＝**本期淨利**	**$576,000**⑧

①＝折舊費用$240,000÷30%。

②＝①營業費用×10%。

③＝①營業費用÷50%。

④＝銷貨毛利÷40%。

⑤＝④銷貨收入－③銷貨毛利。

⑥＝③銷貨毛利－①營業費用－②利息費用。

⑦＝⑥稅前淨利×20%。

⑧＝⑥稅前淨利－⑦所得稅。

(二)**淨利率**＝本期淨利÷銷貨收入＝$576,000÷$4,000,000＝**14.4%**

(三)**利息保障倍數**＝(稅前淨利＋利息費用)÷利息費用

　　　　　　　＝(本期淨利＋所得稅＋利息費用)÷利息費用

　　　　　　　＝($576,000＋$144,000＋$80,000)÷$80,000＝**10 倍**

(四)**每股盈餘**＝本期淨利÷流通在外普通股加權平均股數

　　　　　＝$576,000÷96,000 股＝**$6**

(五)**本益比**＝每股市價÷每股盈餘＝$84÷$6＝**14 倍**

2.①利息保障倍數　②流動比率　③營運資金　④營業活動之現金流量對流動負債比率，上述項目有幾項會因為支付應付利息而受到影響？

(1)一項　　　　　(2)二項　　　　　(3)三項　　　　　(4)四項

答案：(2)

　補充說明：

　　1.支付應付利息時應借記：應付利息、貸記：現金，**此項交易未影響損益項目，但會減少流動負債及流動資產。**

　　2.分析支付應付利息對各項之影響如下：

　　　①利息保障倍數：因為支付應付利息不會影響損益項目，故利息保障倍數**不會受到影響**。

　　　②流動比率：支付應付利息是否會使流動比率受到影響，**將視支付應付利息前之流動比率大小而定**，分析如下：

❶支付應付利息前之流動比率為 1 倍時(假設＝流動資產$10÷流動負債$10)，則支付應付利息(假設金額為$1)時，則流動比率＝1 倍(流動資產$9÷流動負債$9)，**流動比率並未改變**。

❷支付應付利息前之流動比率為 2 倍時(假設＝流動資產$20÷流動負債$10)，則支付應付利息(假設金額為$1)時，則流動比率＝2.11 倍(流動資產$19÷流動負債$9)，**會使流動比率增加**。

❸支付應付利息前之流動比率為 0.8 倍時(假設＝流動資產$8÷流動負債$10)，則支付應付利息(假設金額為$1)時，則流動比率＝0.78 倍(流動資產$7÷流動負債$9)，**會使流動比率減少**。

③營運資金：支付應付利息會使流動負債及流動資產均減少，**營運資金**(流動資產－流動負債)**不會受到影響**。

④營業活動之現金流量對流動負債比率：支付應付利息會使來自營業活動之現金流量減少，也會使流動負債減少，**其影響同前列②流動比率之分析，有可能會使營業活動之現金活動對流動負債比率不變、增加或減少**。

綜合以上說明，支付應付利息時，①利息保障倍數及③營運資金不會受到影響，②**流動比率**及④**營業活動之現金流量對流動負債比率可能會有影響也可能沒有影響**。

3.①在途存款　②未兌現支票　③銀行手續費　④銀行免費代收六個月到期的票據，上述與企業編製銀行調節表時相關之事項，有幾項會影響企業的流動比率？
(1)一項　　　　　(2)二項　　　　　(3)三項　　　　　(4)四項

答案：(1)

✎**補充說明：**

1.流動比率＝流動資產÷流動負債。

2.分析各項對流動比率之影響如下：

①在途存款：為企業已列為現金增加，但銀行尚未列入企業存款之金額，**不會影響企業的流動比率**。

②未兌現支票：為企業已列為支出，但銀行尚未列入企業支出之金額，**不會影響企業的流動比率**。

③銀行手續費：為銀行已列為企業支出，但企業尚未列入支出之金額，**會使企業的流動比率減少**。

④銀行免費代收六個月到期的票據：**題目未告知是否已到期收到現金，視為尚未收現，其不會影響企業的流動比率**。

【99年五等地方特考試題】

1.乙公司 X3 年淨利為$1,088,000，並發放特別股股利$408,000、普通股股利$503,200。普通股加權平均流通在外股數為 272,000 股。若普通股本益比為14，則普通股每股市價為多少？
(1)$25.9　　　　　(2)$30.1　　　　　(3)$35　　　　　(4)$56

答案：(3)

　　📖補充說明：

　　　1.每股盈餘＝(淨利$1,088,000－特別股股利$408,000)

　　　　　　　　÷流通在外普通股加權平均股數 272,000 股＝$2.5

　　　2.本益比 14＝普通股每股市價？÷每股盈餘$2.5

　　　　　　普通股每股市價＝$35

2.乙公司 X2 年銷貨收入$220,000，銷貨退回$5,000，銷貨折扣$15,000，期末總資產為$80,000，資產週轉率為2。請問乙公司 X2 年期初總資產為何？
(1)$140,000　　　(2)$120,000　　　(3)$110,000　　　(4)$100,000

答案：(2)

　　📖補充說明：

　　　資產週轉率＝$(220,000－5,000－15,000)

　　　　　　　　÷〔(期初總資產？＋期末總資產$80,000)÷2〕＝2

　　　$200,000＝期初總資產？＋期末總資產$80,000

　　　　　　期初總資產＝$120,000

3.甲公司原流動資產為$150,000，流動負債為$100,000，今若公司償還供應商貨款$50,000，則償還貨款後之流動比率為多少？
(1)0　　　　　　　(2)1.5　　　　　　　(3)2　　　　　　　(4)2.5

答案：(3)

補充說明：

1.償還供應商貨款**前**之流動比率

＝流動資產$150,000÷流動負債$100,000＝1.5 倍

2.償還供應商貨款**後**之流動比率

＝$(150,000－50,000)÷$(100,000－50,000)＝**2 倍**

4.丙公司 X9 年底特別股股本為$100,000、普通股股本為$450,000、保留盈餘為$300,000；X10 年底特別股股本為$200,000、普通股股本為$550,000、保留盈餘為$450,000。丙公司 X10 年度稅後淨利為$56,000，特別股股利為$16,000，普通股股利為$25,000，則 X10 年度普通股股東權益報酬率為：
(1)1.71%　　　　　(2)3.54%　　　　　(3)3.90%　　　　　(4)4.57%

答案：(4)

補充說明：

1.期初普通股股東權益＝普通股股本$450,000＋保留盈餘$300,000＝$750,000。

2.期末普通股股東權益＝普通股股本$550,000＋保留盈餘$450,000＝$1,000,000。

3.**普通股股東權益報酬率**

＝(本期淨利－特別股股利) ÷ 平均普通股股東權益

＝$(56,000－16,000) ÷〔$(750,000＋1,000,000)÷2〕

＝**4.57%**

【98年普考試題】

1.①以現金購置機器　②向銀行貸款購置廠房　③提列折舊　④以現金支付提高機器效能之支出　⑤依帳面金額出售機器　⑥以低於帳面金額之市價出售機器，上述交易發生時，有幾項會影響企業的負債對資產比率？
(1)一項　　　　　　(2)二項　　　　　　(3)三項　　　　　　(4)四項

答案：(3)

　　✎補充說明：

　　　分析各項對於負債對資產比率之影響如下：

　　　①以現金購置機器：會使現金減少，機器增加，資產總額一增一減，**不會影響負債對資產比率**。

　　　②向銀行貸款購置廠房：會使負債增加，廠房增加，**原則上原負債對資產比率會小於1，則會使負債對資產比率增加**。

　　　③提列折舊：會使費用增加，資產減少，**會使負債對資產比率增加**。

　　　④以現金支付提高機器效能之支出：會使現金減少，機器增加，資產總額一增一減，**不會影響負債對資產比率**。

　　　⑤依帳面金額出售機器：會使現金增加，機器帳面金額(機器成本減累計折舊)減少，資產總額一增一減，**不會影響負債對資產比率**。

　　　⑥以低於帳面金額之市價出售機器：會使現金增加，機器帳面金額(機器成本減累計折舊)減少，處分資產損失增加，因為此項交易會使資產增加金額小於減少的金額，資產總額會減少，**進而造成負債對資產比率增加**。

2.①利息保障倍數　②流動比率　③普通股股東權益報酬率　④本益比，上述比率當中，有幾項會因為編製銀行調節表時，「銀行手續費」項目的調節而受到影響？
(1)一項　　　　　　(2)二項　　　　　　(3)三項　　　　　　(4)四項

答案：(4)

　　✎補充說明如下：

編製銀行調節表時,「銀行手續費」調節項目應借記:銀行手續費,貸記:現金。分析「銀行手續費」調節項目對各項之影響如下:

①利息保障倍數:「銀行手續費」調節項目會使本期淨利減少,**故會使利息保障倍數減少。**

②流動比率:「銀行手續費」調節項目會使現金減少,**故會使流動比率減少。**

③普通股股東權益報酬率:「銀行手續費」調節項目會使本期淨利減少,**故會使普通股股東權益報酬率減少。**

④本益比:「銀行手續費」調節項目會使本期淨利減少,進而使每股盈餘減少,本益比之分母(每股盈餘)減少,**故會使本益比增加。**

3.以下為甲公司 X1 年度所有收益費損之相關資料,平均應收帳款為$50,000,平均存貨為$30,000,存貨週轉率為 4,應收帳款週轉率為 5,營業費用為$20,000,請問該公司當年度之淨利為:

(1)$60,000　　　(2)$110,000　　　(3)$30,000　　　(4)$130,000

答案:(2)

▶補充說明:

  1.存貨週轉率＝銷貨成本$?÷平均存貨$30,000＝4

    銷貨成本＝$120,000

  2.應收帳款週轉率＝銷貨收入$?÷平均應收帳款$50,000＝5

    銷貨收入＝$250,000

  3.**本期淨利**＝銷貨收入$250,000－銷貨成本$120,000

    －營業費用$20,000＝**$110,000**

4.下列何者對公司而言為不利之狀況?

(1)應收帳款週轉率高　　　(2)應收帳款週轉平均天數高

(3)存貨週轉率高　　　　　(4)存貨週轉平均天數低

答案:(2)

▶補充說明如下:

1. 選項(1)：應收帳款週轉率高，表示收回應收帳款快速，**對公司是有利的**。
2. 選項(2)：應收帳款週轉平均天數高，表示應收帳款週轉率低，收回應收帳款慢，**對公司是不利的，答案為本選項**。
3. 選項(3)：存貨週轉率高，表示存貨出售速度快，**對公司是有利的**。
4. 選項(4)：存貨週轉平均天數低，表示存貨週轉率高，存貨出售速度快，**對公司是有利的**。

【98年初等特考試題】

1.下列何者不會造成利息保障倍數下降？
(1)利率上升
(2)普通股股利上升
(3)銷貨成本提高而利息費用不變
(4)利率不變下，應付公司債增加而營運收入不變

答案：(2)

✎補充說明：

利息保障倍數＝(稅前淨利＋利息費用)÷利息費用＝ 稅前息前 淨利÷利息費用，分析各選項對利息保障倍數的影響如下：

1. 選項(1)：利率上升不會影響分子之稅前息前淨利金額，但會使分母之利息費用金額增加，**故會使利息保障倍數減少(下降)**。
2. 選項(2)：普通股股利上升，不會影響分子之稅前息前淨利金額，也不影響分母之利息費用金額，**故不會影響利息保障倍數**。
3. 選項(3)：銷貨成本提高而利息費用不變，會使分子之稅前息前淨利金額減少，但不會影響分母之利息費用金額，**故會使利息保障倍數減少**。
4. 選項(4)：利率不變下，應付公司債增加而營運收入不變，表示負債會增加，雖然利率不變，但利息費用之金額會增加。對利息保障倍數而言，不會影響分子之稅前息前淨利金額，但會使分母之利息費用金額增加，**進而使利息保障倍數減少**。

2.下列何者會導致速動比率高估？
(1)應收帳款高估
(2)存貨高估
(3)商譽高估
(4)應付帳款高估

答案：(1)

> 補充說明：
>
> 1.選項(1)：應收帳款為速動資產之一，故應收帳款高估**會導致速動比率高估**。
>
> 2.選項(2)：存貨並非速動資產，其高估**不會影響速動比率**。
>
> 3.選項(3)：商譽並非速動資產，其高估**故不會影響速動比率**。
>
> 4.選項(4)：應付帳款高估會使流動負債高估，**進而導致速動比率低估**。

3.下列敘述何者錯誤？
(1)存貨控制好的公司，其存貨週轉率較高
(2)收款能力佳的公司，其應收帳款週轉率較高
(3)質押的定期存款應屬於現金或約當現金類別
(4)營運狀況佳時，股東偏好較高的負債比率

答案：(3)

> 補充說明：
>
> 1.選項(1)：敘述是正確的。
>
> 2.選項(2)：敘述是正確的。
>
> 3.選項(3)：敘述是錯誤的，**質押的定期存款並不符合現金或約當現金之定義**。有關現金或約當現金之定義，請參閱本書第十三章「現金流量表」之重點提示。
>
> 4.選項(4)：敘述是正確的，營運狀況佳時，若企業負債比率較高，其獲利於支付約定利息費用後均屬股東所享有，對股東較為有利。

【98年四等地方特考試題】

1. **【依 IAS 或 IFRS 改編】**企業年底對於帳列「持有至到期日金融資產」未按公允價值衡量，可能會影響下列幾個財務比率之正確性：①流動比率　②總資產報酬率　③資產週轉率　④現金流量對負債比率　⑤淨利率
(1)0 個　　　　(2)1 個　　　　(3)2 個　　　　(4)3 個以上

答案：(1)

 ✎補充說明：

  企業於報導期間結束日對於「持有至到期日金融資產」不須按公允價值衡量，其應以攤銷後成本衡量。**題目所述企業年底對於帳列「持有至到期日金融資產」未按公允價值衡量是正確的會計處理，不會影響所列財務比率之正確性。**

2. ①利息保障倍數　②股利支付率　③存貨週轉率　④應收帳款週轉率　⑤來自營業活動現金流量對銷貨收入比率　⑥來自營業活動現金流量對銷貨成本比率，上述項目有幾項可用於衡量企業的獲利能力？
(1)1 項　　　　(2)2 項　　　　(3)3 項　　　　(4)4 項

答案：(2)

 ✎補充說明：

  衡量企業獲利能力最主要的項目為本期淨利，來自營業活動現金流量與本期淨利相關，故可用於衡量企業的獲利能力為⑤及⑥。

3. ①流動比率　②總資產報酬率　③資產週轉率　④淨利率，上述項目有幾項不會因為收到應收股利而改變？
(1)1 項　　　　(2)2 項　　　　(3)3 項　　　　(4)4 項

答案：(4)

 ✎補充說明：

  收到應收股利時，應借記：現金，貸記：應收股利，會使資產一增一減，**故對於資產總額、負債總額、權益總額及本期淨利均不會造成影響**；因此收到應收股利並不會影響題目所列之各項比率。

【98年五等地方特考試題】

1.就股東而言，下列財務比率，何者是愈高愈佳？
(1)利息保障倍數　　　　　　　　(2)流動比率
(3)股東權益報酬率　　　　　　　(4)負債比率

答案：(3)

> **補充說明：**
> 題目重點在於以「股東」角度評估，答案為選項(3)。

2.下列對流動比率的敘述何者較為適當？
(1)流動比率係用於評估公司之長期償債能力
(2)流動比率之計算係以流動資產減流動負債
(3)流動比率應與相同產業資料比較分析，以判斷流動比率是否正常
(4)以上皆非

答案：(3)

> **補充說明：**
> 流動比率係用於評估公司之短期償債能力，流動資產減流動負債稱為營運資金。**正確的敘述為選項(3)**。

【97年初等特考試題】

1.甲公司X1年底應收帳款淨額為$20,000，X2年底應收帳款淨額為$30,000，若X2年的賒銷收入淨額為$50,000，則甲公司X2年平均收款天數為(1年以365日計)：
(1)182.5　　　(2)146　　　(3)219　　　(4)100

答案：(1)

> **補充說明：**
> 1.應收帳款週轉率＝$50,000÷〔$(20,000＋30,000)÷2〕＝2次。
> 2.平均收款天數＝365日÷2次＝**182.5日**。

2.下列何者情況下對債權人有利？
(1)利息保障倍數增加　　　　　　(2)負債比率增加
(3)流動資產減少　　　　　　　　(4)存貨平均銷售天數提高

答案：(1)

📖 補充說明：

選項(1)利息保障倍數係用以評估企業支付利息之能力，其增加對債權人是有利的。

3.沖銷陳廢過時的存貨，對公司的流動性有何影響？
(1)增加速動比率　　　　　　　　(2)減少速動比率
(3)增加營運資金　　　　　　　　(4)減少流動比率

答案：(4)

📖 補充說明：

沖銷陳廢過時的存貨應借記：損失，貸記：存貨，其將造成流動資產減少，**營運資金減少，速動資產不變；對於比率之影響為減少流動比率，速動比率不變。**

【97年四等地方特考試題】

1.以下係甲公司的相關資料：

(一) X2 年度銷貨收入(均為賒銷)、銷貨成本、及淨利金額分為別$936,000、$648,000 及$275,000。

(二) X2 年度平均應收帳款為$124,800，營業週期為 98 天。

試求：

假設一年 360 天，計算甲公司 X2 年度的：

1.平均應收帳款收現天數

2.存貨週轉率

3.平均存貨

解題如下：

1. 平均應收帳款收現天數：

    應收帳款週轉率＝$936,000÷$124,800＝7.5 次。

    平均應收帳款收現天數＝360 天÷7.5 次＝**48 天**

2. 存貨週轉率：

    存貨週轉天數＝營業週期 98 天－平均應收帳款收現天數 48 天
    ＝**50 天**

    存貨週轉天數 50 天＝360 天÷存貨週轉率？

    存貨週轉率＝7.2 次

3. 平均存貨：

    存貨週轉率 7.2 次＝銷貨成本$648,000÷平均存貨？

    平均存貨＝$90,000

2. ①賒銷商品 ②收回應收帳款 ③期末認列呆帳費用 ④沖銷應收帳款 ⑤沖銷應收帳款後再收回，上述交易發生時，有幾項會影響應收帳款週轉率？
(1)一項　　　　(2)二項　　　　(3)三項　　　　(4)四項

答案：(4)

✎ **補充說明：**

1. 應收帳款週轉率＝銷貨收入淨額÷平均應收帳款，一般應收帳款週轉率會大於 1。

2. 分析各項對應收帳款週轉率之影響如下：

    ①賒銷商品：應借記：應收帳款，貸記：銷貨收入，會使應收帳款週轉率分子及分母均增加，**進而使應收帳款週轉率減少**。

    ②收回應收帳款：應借記：現金，貸記：應收帳款，會使應收帳款週轉率分母減少，**進而使應收帳款週轉率增加**。

    ③期末認列呆帳費用：應借記：呆帳費用，貸記：備抵呆帳，會使應收帳款週轉率分母減少，**進而使應收帳款週轉率增加**。

    ④沖銷應收帳款：應借記：備抵呆帳，貸記：應收帳款，應收帳款淨額一增一減並未變動，**不會影響應收帳款週轉率**。

⑤沖銷應收帳款後再收回：應編製二項分錄，一為借記：應收帳款，貸記：備抵呆帳，另一借記：現金，貸記：應收帳款，二項分錄合併結果為借記：現金，貸記：備抵呆帳，會使應收帳款週轉率分母減少，**進而使應收帳款週轉率增加。**

3.下列何項最適合用來評估企業的流動性？
(1)資產週轉率　　　　　　　　(2)每股盈餘
(3)現金流量對銷貨收入比率　　(4)現金流量對流動負債比率
答案：(4)

　補充說明：
選項(4)現金流量對流動負債比率最適合用來評估企業的流動性。

【97年五等地方特考試題】

1.共同比財務報表中會選擇一些項目作為100%，這些項目包括那些？
(1)總資產和股東權益　　　　　(2)總資產和銷貨總額
(3)總資產和銷貨淨額　　　　　(4)股東權益和銷貨淨額
答案：(3)

　補充說明：
損益表之共同比分析是以銷貨收入淨額為100%，財務狀況表之共同比分析是以資產總額(＝負債加權益之總額)為100%。

2.下列何者無法反映公司短期償債能力？
(1)流動比率　　　　　　　　　(2)速動比率
(3)股東權益報酬率　　　　　　(4)現金比率
答案：(3)

　補充說明：
選項(1)、選項(2)及選項(4)均用以評估公司短期償債能力，選項(3)股東權益報酬率則用以評估公司的獲利能力。

3.甲公司股票的面額為$20,每股盈餘為$10,股票市價為$100,則其本益比為:

(1) 5　　　　　　(2)10　　　　　　(3)0.2　　　　　　(4)0.1

答案:(2)

☞補充說明:

本益比＝每股市價$100÷每股盈餘$10＝**10 倍**

【96 年普考試題】

1.假設 E 公司 95 年度之淨利率為 0.2,而資產週轉率為 0.5,請問該公司 95 年度之資產報酬率為:

(1) 0.1　　　　　　(2)0.4　　　　　　(3)2.5　　　　　　(4)0.7

答案:(1)

☞補充說明:

1.淨利率＝淨利÷銷貨收入＝0.2

2.資產週轉率＝銷貨收入÷平均總資產＝0.5

3.資產報酬率＝淨利÷平均總資產＝淨利率0.2×資產週轉率0.5＝**10%**

【96 年四等地方特考試題】

1.下列為甲公司民國 96 年度之財務比率:

淨利率	16%
利息保障倍數	11 倍
應收帳款週轉率	4 倍
速動比率	2:1
流動比率	3:1
負債對總資產比率	12%

甲公司民國 96 年度之財務報表如下:

甲公司
比較財務狀況表
民國96年及95年12月31日

	96年12月31日	95年12月31日
資產		
現金	$ 60,000	$ 90,000
短期投資	20,000	50,000
應收帳款(淨額)	?(1)	50,000
存貨	?(2)	100,000
不動產、廠房及設備	400,000	350,000
資產總額	$?(3)	$640,000
負債與股東權益		
應付帳款	$?(4)	$ 60,000
短期應付票據	50,000	70,000
應付公司債	?(5)	40,000
普通股	440,000	400,000
保留盈餘	75,000	70,000
負債與股東權益總額	$?(6)	$640,000

甲公司
損益表
民國96年度

銷貨淨額	$375,000
銷貨成本	180,000
銷貨毛利	195,000
費用項目：	
折舊費用	?(7)
銷售費用	16,000
管理費用	24,000
研發費用	45,000
利息費用	8,000
總費用	?(8)
稅前淨利	?(9)
所得稅(稅率25%)	?(10)
淨利	$?(11)

請利用上述資訊計算出問號空格中的數值。

解題：

答案為：

項目編號	項 目 名 稱	答　案
(1)	應收帳款(淨額)	$137,500
(2)	存貨	108,750
(3)	資產總額	726,250
(4)	應付帳款	58,750
(5)	應付公司債	102,500
(6)	負債與股東權益總額	726,250
(7)	折舊費用	22,000
(8)	總費用	115,000
(9)	稅前淨利	80,000
(10)	所得稅	20,000
(11)	淨利	60,000

各項金額計算如下：

1. 第(1)項：96年12月31日應收帳款(淨額)：

    應收帳款週轉率

    ＝銷貨淨額$375,000÷〔($50,000＋期末應收帳款(淨額)$？)÷2〕

    ＝4倍

    期末(96年12月31日)應收帳款(淨額)＝$137,500

2. 第(11)項：96年度淨利

    淨利＝銷貨淨額$375,000×淨利率16％＝**$60,000**

3. 第(9)項：96年度稅前淨利

    稅前淨利＝淨利$60,000÷(1－25％)＝**$80,000**

    或

    利息保障倍數＝(稅前淨利？＋利息費用$8,000)÷利息費用$8,000

    ＝11倍

    稅前淨利＝$80,000

4. 第(10)項：96年度所得稅

　　所得稅＝稅前淨利$80,000×25%＝**$20,000**

5. 第(8)項：96年度總費用

　　總費用＝銷貨毛利$195,000－稅前淨利$80,000＝**$115,000**

6. 第(7)項：96年度折舊費用

　　折舊費用＝總費用$115,000－$16,000－$24,000－$45,000－$8,000
　　　　　　　＝**$22,000**

7. 第(4)項：96年12月31日應付帳款

　　速動資產＝現金$60,000＋短期投資$20,000
　　　　　　　＋應收帳款(淨額)$137,500＝$217,500

　　速動比率2:1＝速動資產$217,500÷流動負債？

　　　流動負債＝$108,750

　　流動負債＝應付帳款？＋短期應付票據$50,000＝$108,750

　　應付帳款＝$58,750

8. 第(2)項：96年12月31日存貨

　　流動比率3:1＝流動資產？÷流動負債$108,750

　　　流動資產＝**$326,250**

　　流動資產＝現金$60,000＋短期投資20,000
　　　　　　　＋應收帳款(淨額)$137,500＋存貨？＝$326,250

　　存貨＝$108,750

9. 第(3)項：96年12月31日資產總額

　　資產總額＝流動資產$326,250＋不動產、廠房及設備$400,000
　　　　　　　＝**$726,250**

10. 第(6)項：96年12月31日負債與股東權益總額

　　負債與股東權益總額＝資產總額＝**$726,250**

11. 第(5)項：96年12月31日應付公司債

應付公司債＝負債與股東權益總額$726,250－應付帳款$58,750

－短期應付票據$50,000－普通股$440,000

－保留盈餘$75,000＝**$102,500**

2.假設 A 公司之利息費用為 $6,000，稅前淨利為 $42,000，所得稅費用為 $12,000，則該公司之利息保障倍數為：
(1) 5.5 倍　　　　(2)8 倍　　　　(3)5.8 倍　　　　(4)7 倍

答案：(2)

✎補充說明：

利息保障倍數

＝(稅前淨利$42,000＋利息費用$6,000)÷利息費用$6,000＝**8 倍**

3.下列何者可評估公司之獲利能力？
(1)營業淨利率　　　　　　　　(2)流動比率
(3)負債比率　　　　　　　　　(4)利息保障倍數

答案：(1)

✎補充說明：

選項(1)營業淨利率可評估公司之獲利能力。

【96 年五等地方特考試題】

1.甲公司 X7 年底存貨為$2,000，X8 年底存貨為$3,000，X8 年度銷貨成本為$6,000，則甲公司 X8 年的存貨週轉率為：
(1) 3　　　　(2) 2　　　　(3) 2.4　　　　(4) 1

答案：(3)

✎補充說明：

存貨週轉率＝銷貨成本$6,000÷〔($2,000＋$3,000)÷2〕＝**2.4 次**

2.下列何種情況表示公司的財務風險高？
(1)高權益比 (2)高流動比率
(3)高負債比率 (4)高銷貨毛利

答案：(3)

☞ 補充說明：

選項(3)高負債比率表示公司的資金許多來自舉債，利息費用負擔重，表示財務風險高。

3.下列何者對共同比財務報表分析的敘述錯誤？
(1)共同比損益表是以銷貨淨額為總數
(2)共同比財務狀況表是以股東權益總額為總數
(3)適用於不同規模公司的比較
(4)有助於瞭解公司的資本結構

答案：(2)

☞ 補充說明：

財務狀況表之共同比分析是以資產總額(＝負債加權益之總額)為100%。

4.當流動比率較高，但速動比率偏低，則代表公司具有：
(1)較高的應收帳款餘額 (2)較高的流動負債
(3)較高的現金 (4)較高的存貨

答案：(4)

☞ 補充說明：

流動比率較高，但速動比率偏低，表示公司速動資產較少，**也表示流動資產中之非速動資產較多，存貨及預付費用為非速動資產**，故答案為選項(4)。

5.甲公司現金$1,000，應收帳款$2,000，應收票據$3,000，存貨$3,000，流動負債$3,000，則甲公司的速動比率為：

(1) 1　　　　　(2) 2　　　　　(3) 3　　　　　(4) 4

答案：(2)

　　✎補充說明：

　　　　速動比率＝速動資產÷流動負債

　　　　　　　　＝$(1,000＋2,000＋3,000)÷$3,000＝**2 倍**

【95 年普考試題】

1.運用流動比率分析財務報表之缺點是：

(1)可以用百分比、倍數或比例表示

(2)計算困難

(3)不常被分析師用於財務分析上

(4)未考慮流動資產各項目之變現能力不一

答案：(4)

　　✎補充說明：

　　　　流動比率之缺點為其未考慮流動資產各項目之變現能力並不相同。

2. W公司之淨賒銷為$800,000，銷貨成本為$600,000，期初存貨$100,000，期末存貨為$300,000，則存貨週轉率為：

(1) 4　　　　　(2) 3　　　　　(3) 2　　　　　(4) 1

答案：(2)

　　✎補充說明：

　　　　存貨週轉率＝$600,000÷〔($100,000＋$300,000)÷2〕

　　　　　　　　　＝**3 次**

【95年初等特考試題】

1.利息保障倍數(或賺取利息倍數)之計算公式為：

(1)淨利除以利息費用

(2)稅前息前(意即未扣除所得稅費用與利息費用)淨利除以利息費用

(3)利息費用除以淨利

(4)利息支出除以淨利

答案：(2)

2.某公司94年初負債為$2,000,000，股東權益對資產比率為60%。94年度，該公司宣布並發放現金股利$400,000，股票股利$200,000，94年底股東權益為$3,800,000，則該公司94年度盈餘為：

(1)$800,000　　　(2)$1,000,000　　　(3)$1,200,000　　　(4)$1,400,000

答案：(3)

☙補充說明：

1. 94年初負債比率＝1－股東權益對資產比率60%＝40%。

2. 94年初資產總額＝負債$2,000,000÷負債比率40%＝$5,000,000。

3. 94年初股東權益總額

＝資產總額$5,000,000×股東權益對資產比率60%＝$3,000,000

4. 94年初股東權益總額$3,000,000＋94年度盈餘(本期淨利)？

－現金股利$400,000＝94年底股東權益總額$3,800,000

94年度盈餘(本期淨利)＝$1,200,000

☙想一想：為什麼第4項不減除股票股利200,000？

答：因為宣布(宣告)並發放股票股利$200,000，應借記：保留盈餘，貸記：普通股股本，**其對股東權益總額之影響為一增一減，結果並未造成股東權益總額發生變動。**

【95 年四等地方特考試題】

1.有關財務報表分析之敘述,下列何者正確?
(1)企業之流動資產愈多,不動產、廠房及設備資產愈少,表示公司償債能力愈好
(2)任何行業,存貨週轉率愈高愈好
(3)本益比係用以衡量企業支付股利能力之指標
(4)應收帳款收回平均天數超過企業核准賒欠期間,表示企業收帳不力

答案:(4)

補充說明:

分析各選項如下:

1. 選項(1):企業之流動資產愈多僅**表示短期償債能力較佳**,但不動產、廠房及設備資產愈少並不代表公司長期償債能力愈好。

2. 選項(2):任何行業,**存貨週轉率不一定愈高愈好,因為有時存貨週轉率高,可能是因為企業存貨過低**,其有可能會無法滿足客戶訂單之需求。

3. 選項(3):**本益比係用以衡量企業股票股價之合理性**而非支付股利能力之指標。

4. 選項(4):應收帳款收回平均天數超過企業核准賒欠期間,顯示無法於核准賒欠期間收回客戶賒欠的貨款,的確表示企業收帳不力,**答案為本選項**。

2.衡量每一元銷貨產生淨利之百分比為:
(1)每股盈餘 (2)淨利率
(3)股東權益報酬率 (4)資產報酬率

答案:(2)

補充說明:

淨利率係用以衡量每一元銷貨產生淨利之百分比。

【95年五等地方特考試題】

1.某公司的流動比率為2：1，下列那一項交易或活動將使該公司的流動比率下降？
(1)宣告5%的股票股利　　　　　　(2)收到客戶還來短期欠款
(3)清償短期負債　　　　　　　　　(4)賒購商品

答案：(4)

　　✎補充說明：

　　　　分析各選項對流動比率之影響如下：
　　　1.選項(1)：宣告5%的股票股利應借記：保留盈餘，貸記：待分配股票股利，其不會影響流動資產及流動負債，**也就不會影響流動比率**。
　　　2.選項(2)：收到客戶還來短期欠款應借記：現金，貸記：應收帳款，會使流動資產一增一減，流動資產總數並未變動，**故不會影響流動比率**。
　　　3.選項(3)：清償短期負債應借記：短期負債，貸記：現金，會使流動資產減少，流動負債減少，**會使流動比率增加**。
　　　4.選項(4)：賒購商品應借記：購貨，貸記：應付帳款，會使流動負債增加，**會使流動比率減少，答案為本選項**。

2.若銷貨收入為$100,000，銷貨成本$80,000，則毛利率為：
(1) 15%　　　　(2) 20%　　　　(3) 25%　　　　(4) 40%

答案：(2)

　　✎補充說明：

　　　　毛利率＝銷貨毛利÷銷貨收入
　　　　　　　＝$(100,000－80,000)÷$100,000＝**20%**

第十五章　合夥

重點提示：

- 合夥企業特性

　　合夥企業是由二人或多人組成，為企業的共有者，該企業是以營利為目的。合夥企業之特性有：

　1. 合夥人互為代理人

　　　每一位合夥人為合夥企業所為之行為，視為合夥企業之行為；該行為對其他合夥人具有約束力。

　2. 合夥企業是有限年限

　　　合夥企業會因為新合夥人的加入或原合夥人的退出而自動終止該企業。也會因為原合夥人的死亡或無行為能力自動終止該企業。

　3. 對負債負無限清償責任

　　　合夥人對合夥企業的負債負有無限清償責任。當債權人要求合夥企業以資產清償其債權，**若合夥企業的資產不足以清償其債權，其可要求任何合夥人以個人資產清償其債權；因為每一個合夥人均須對合夥企業的負債負責。**

　4. 共同擁有合夥企業的財產

　　　合夥人共同擁有合夥企業的財產。**如果合夥企業解散，每一位合夥人僅能要求退回其資本帳戶的餘額，而不可要求退還原投入的資產。**

- 合夥企業之優點
　1. 結合二位或多位個人的技術及資源。
　2. 較容易設立。
　3. 較不受政府法令的管理及限制。
　4. 較容易作決策，不須經董事會的同意。

● 合夥企業之缺點
　1.合夥人**互為代理人**。
　2.合夥企業為有限年限。
　3.合夥人**對合夥企業之負債負無限清償責任**。

● 合夥契約之內容
　合夥人應簽訂合夥契約，以約定各合夥人之權利及義務等事宜。

● 合夥企業損益之分配
　若合夥契約已有約定合夥企業損益之分配方式，則依其約定；**未約定者，以平均分配方式分配損益金額**。

● 合夥企業之清算程序
　1.**出售非現金資產**，並認列變賣資產的利得及損失。
　2.**依損益分配比率分攤變賣資產的利得及損失**。
　3.**以現金清償合夥企業之負債**。
　4.**依合夥人的資本餘額發還現金**(不是根據損益分配比率)。

【97年普考試題】

1.南海合夥商店甲合夥人出資$400,000，乙合夥人出資$300,000，其損益分配約定如下：乙每年薪資$60,000，甲乙可從稅後淨利中按資本額計息10%，剩餘淨利平均分配，若南海合夥商店95年度稅後淨利為$135,000，則95年度甲、乙可分得淨利：

(1)$40,000；$90,000　　　　　　　　(2)$42,500；$92,500

(3)$67,500；$67,500　　　　　　　　(4)$100,000；$35,000

答案：(2)

補充說明：

稅後淨利$135,000分配如下：

	甲合夥人	乙合夥人
薪資	－①	$60,000②
利息(10%)	$40,000③	30,000④
損益分配	2,500⑤	2,500⑥
	$42,500⑦	**$92,500**⑧

①甲未享有薪資。

②為乙每年之薪資。

③＝甲合夥人出資$400,000×10%。

④＝乙合夥人出資$300,000×10%。

⑤、⑥＝剩餘淨利$5,000(＝稅後淨利$135,000－②－③－④)÷2。

⑦＝③＋⑤。

⑧＝②＋④＋⑥。

【96年普考試題】

1.勝興企業合夥人陳、林、謝三君決定清算,此時勝興企業對外並無負債,資產包括現金$20,000及生財器具$400,000,陳、林、謝三君資本帳戶餘額各為$100,000、$140,000、$180,000,其損益分配比例分別為1:2:3。

試作:(一)若生財器具全數報廢無殘值,陳、林、謝三君分別可分配之現金數額?

(二)若清算完成後,陳君收到分配之現金為$35,000,則生財器具之變現金額為何?

解題:

(一)若生財器具全數報廢無殘值,陳、林、謝三君可分配之現金數額計算如下,**另假設若合夥人資本發生負數,該合夥人會回補現金:**

	現金	+	生財器具	=	陳君資本	+	林君資本	+	謝君資本
清算前餘額	$20,000		$400,000		$100,000		$140,000		$180,000
報廢生財器具	0		(400,000)		(66,667)①		(133,333)②		(200,000)③
小　　計	20,000		0		33,333		6,667		(20,000)
林君補回現金	20,000		0		0		0		20,000
小　　計	40,000		0		33,333		6,667		0
分配現金	**(40,000)**		0		**(33,333)**		**(6,667)**		0
清算後餘額	$0		$0		$0		$0		$0

此列即為答案

①=生財器具報廢損失$400,000×陳君損益分配比例1/6。
②=生財器具報廢損失$400,000×林君損益分配比例2/6。
③=生財器具報廢損失$400,000×謝君損益分配比例3/6。

(二)若清算完成後,陳君收到分配之現金為$35,000,則生財器具之變現金額計算如下:

	陳君資本
清算前餘額	$100,000
出售生財器具	(65,000) ⑤
小　計	35,000 ④
林君補回現金	0 ③
小　計	35,000 ②
分配現金	**(35,000) ①**
清算後餘額	$0

由①往前推算，可得知⑤為$(65,000)，表示陳君分攤的損失為$65,000，則出售生財器具損失總額為$390,000〔＝$65,000÷(1/6)〕，**可推算生財器具之變現金額為$10,000**（＝帳列金額$400,000－出售生財器具損失$390,000）。

【95年初等特考試題】

1. 以下關於合夥企業的描述何者為正確：
(1)責任有限　　　　　　　　　　　(2)業主權益包括保留盈餘
(2)業主權益包括資本公積　　　　　(4)業主權益包括業主往來

答案：(4)

✎ **補充說明：**
　　合夥企業之合夥人負有無限責任；保留盈餘及資本公積為公司組織所使用之會計科目。

【95年四等地方特考試題】

1. 甲乙兩人共組一合夥商店，甲投資一房屋及現金$20,000，房屋原購買成本為$50,000，累計折舊為$20,000，其市價$80,000，但已被甲向銀行抵押借款$20,000，乙同意合夥商店亦同時承受該銀行抵押借款。則甲合夥人投資時之分錄何者正確？

(1) 現金　　　　　　　　　20,000
　　建築物　　　　　　　　80,000
　　　　抵押借款　　　　　　　　　　20,000
　　　　合夥人資本－甲　　　　　　　80,000

(2) 現金　　　　　　　　　20,000
　　建築物　　　　　　　　50,000
　　　　累計折舊－建築物　　　　　　20,000
　　　　抵押借款　　　　　　　　　　20,000
　　　　合夥人資本－甲　　　　　　　30,000

(3) 現金　　　　　　　　　20,000
　　建築物　　　　　　　　30,000
　　　　抵押借款　　　　　　　　　　20,000
　　　　合夥人資本－甲　　　　　　　30,000

(4) 現金　　　　　　　　　20,000
　　建築物　　　　　　　　60,000
　　　　合夥人資本－甲　　　　　　　80,000

答案：(1)

📝補充說明：

因合夥商店承受甲之銀行抵押借款，故應認列該項負債；不須認列甲已提列的建築物累計折舊金額，**應依甲入夥時該建築物之公允價值入帳。**

第十六章 製造業會計

重點提示：

● 製造業之存貨種類
  1. **原料**(包括直接原料及間接原料)
  2. **在製品**：為正在加工且尚未完成的產品。
  3. **製成品**：為已完成並可供銷售的產品。

● 製造成本之項目
  1. **直接原料**：指能合理辨認是直接用於製成品之生產，成為製成品一部份的所有原料，如製造書桌之木材。
  2. **直接人工**：能合理辨認係直接從事製成品之生產所發生之人工成本，如直接從事生產之人工成本；而從事監督工作之廠長的成本，則屬製造費用。
  3. **製造費用**：指直接原料及直接人工以外之製造成本，例如間接原料、間接人工、廠房設備之折舊及水電費用等。

● 製造業之製成品成本表及損益表

  製造業之損益表和買賣業最大差異是為銷貨成本部分，以下列示製造業之損益表(至銷貨毛利)範例如下(金額為假設數)：

台北公司
損益表
xx年度

銷貨收入		$70,000
銷貨成本		
期初製成品存貨	$6,000	
加：製成品成本	41,000	
可供銷售產品成本	47,000	
減：期末製成品存貨	5,000	
銷貨成本		42,000
銷貨毛利		$28,000
……		

（「製成品成本」詳下列「製成品成本表」）

台北公司
製成品成本表
xx年度

直接原料

期初原料存貨	$3,000	
本期進料	12,000	
減:期末原料存貨	4,000	
本期耗用原料		$11,000

直接人工   24,000

製造費用

間接原料	2,000	
間接人工	5,000	
折舊費用	700	
其他製造費用	300	8,000

製造成本   43,000
加:期初在製品存貨   7,000
     50,000
減:期末在製品存貨   9,000
製成品成本 $41,000

● 固定成本及變動成本

固定成本是指 成本總額 在一定時期和一定業務量(如生產量)範圍內,不會因為業務量的增減變動影響而改變的成本。固定成本是指總成本是固定的,**但每單位固定成本是隨著業務量而成反向變動**。例如企業每年廠房租金為$1,000,000,其為固定成本,因為每年租金的總金額是固定的,若企業一年的生產量為 100,000 單位,則每單位的固定成本為$10(=$1,000,000÷100,000 單位);若企業一年的生產量為 125,000 單位,則每單位的固定成本為$8。

變動成本是指 成本總額 會隨著業務量(如生產量)的變動而等比例增減變動的成本。變動成本是指總成本是變動的,**但每單位的變動成本是固定的**。例如企業每生一單位產品須使用一公斤的麵粉,假設一公斤

的麵粉成本為$30，則企業一年生產100,000單位的產品，其變動成本總額為$3,000,000(＝$30×100,000單位)，若企業一年生產125,000單位的產品，其變動成本總額為$3,750,000(＝$30×125,000單位)，但每單位變動成本為$30並未變動。

【101年初等特考試題】

1.在製造業，生產完畢可以出售的存貨稱為：
(1)原料　　　　(2)半成品　　　　(3)製成品　　　　(4)用品盤存

答案：(3)

【100年普考試題】

1.①購入原料　②領用直接原料　③投入直接人工　④認列本月份製造完成並轉至製成品倉庫的產品　⑤認列本月份銷貨及銷貨成本　⑥支付製成品的銷貨運費(起運點交貨)　⑦支付製成品的銷貨運費(目的地交貨)，上述交易中有幾項，其發生之記錄會影響「製成品」帳戶？
(1) 2 項　　　(2) 3 項　　　(3) 4 項　　　(4) 5 項

答案：(1)

> ✎補充說明：
>
> ④及⑤之交易分錄會影響「製成品」帳戶。

【99年普考試題】

1.甲公司 X1 年期初及期末的原料存貨分別為$10,000 及$30,000，當年度直接原料耗用$100,000，間接原料耗用$20,000。X1 年度的購料金額為：
(1)$110,000　　(2)$120,000　　(3)$130,000　　(4)$140,000

答案：(4)

> ✎補充說明：
>
> 期初原料存貨＋購料－期末原料存貨＝直接及間接原料耗用金額
> $10,000＋購料？－$30,000＝$100,000＋$20,000
> 購料＝**$140,000**

【99年四等地方特考試題】

1. ①產品出口的報關費用　②管理部門的辦公室租金　③機器的折舊費用　④按件計酬作業員的薪資　⑤領班的年終獎金。上述有幾項應列為製造費用？
   (1)一項　　　　(2)二項　　　　(3)三項　　　　(4)四項

答案：(2)

✎補充說明：
③機器的折舊費用及⑤領班的年終獎金應列為製造費用

【98年普考試題】

1. ①成衣出口的報關費用　②成衣廠購置布料的成本　③製衣機器的折舊費用　④按件計酬作業員的薪資　⑤領班的年終獎金。上述有幾項屬於加工成本？
   (1)二項以下　　(2)三項　　　　(3)四項　　　　(4)五項

答案：(2)

✎補充說明：
直接人工＋製造費用＝加工成本。③製衣機器的折舊費用、④按件計酬作業員的薪資及⑤領班的年終獎金為加工成本。

【97年普考試題】

1. 葡萄酒製造商購買葡萄的成本為：
   (1)期間成本　　　　　　(2)製造費用
   (3)固定成本　　　　　　(4)變動成本

答案：(4)

✎補充說明：
葡萄酒製造商購買葡萄的成本為直接原料，**因為每一單位的葡萄可製造相同重量的葡萄酒，故其屬變動成本。**

【97年四等地方特考試題】

1.①營業部門的店面租金　②成衣廠購置布料的成本　③依產量法提列的機器折舊　④按件計酬作業員的薪資　⑤領班的健保費。上述有幾項是變動成本？

(1)一項　　　　　(2)二項　　　　　(3)三項　　　　　(4)四項

答案：(3)

> **補充說明：**
> ②成衣廠購置布料的成本、③依產量法提列的機器折舊及④按件計酬作業員的薪資為變動成本。